现代水利施工技术与项目管理

刘红森　李炎森　田佳平◎著

中国原子能出版社

图书在版编目 (CIP) 数据

现代水利施工技术与项目管理 / 刘红森，李炎森，田佳平著 . -- 北京 : 中国原子能出版社 , 2018.9 (2021.10重印)

ISBN 978-7-5022-9424-3

Ⅰ . ①现… Ⅱ . ①刘… ②李… ③田… Ⅲ . ①水利工程—工程施工②水利工程—项目管理 Ⅳ . ① TV5

中国版本图书馆 CIP 数据核字 (2018) 第 232007 号

现代水利施工技术与项目管理

出版发行 中国原子能出版社 (北京市海淀区阜成路 43 号 100048)

责任编辑 杨晓宇

责任印刷 潘玉玲

印　　刷 三河市明华印务有限公司

经　　销 全国新华书店

开　　本 787 毫米 × 1092 毫米　1/16

印　　张 17.875

字　　数 357 千字

版　　次 2018 年 9 月第 1 版

印　　次 2021 年 10 月第 2 次印刷

标准书号 ISBN 978-7-5022-9424-3

定　　价 68.00 元

网址： http//www.aep.com.cn　　**E-mail：** atomep123@126.com

发行电话： 010-68452845

前言

PREFACE

随着国民经济的深入发展，水利水电工程为人们的生活提供了越来越多的便利。在水利水电工程建设中，施工作为关键环节显得越来越重要。对于施工的控制也引起了广泛的关注和深入的研究讨论。

本书着眼于水利水电工程施工控制的发展前沿，系统地阐述了水利水电工程施工控制的基本理论及技术方法，特别是对施工项目的组织、管理、过程控制等相关内容作了详细介绍。目的是为了较系统、全面地介绍在水利水电工程建设中施工控制的知识，以及该领域国际国内一些比较新的热点研究课题和创新技术，使相关专业人员在理论和实际工程应用方面得到较有价值的信息。

由于作者水平有限，对书中存在的不足之处，真诚欢迎读者提出宝贵意见，以便日后进一步改善。

目录
CONTENTS

第一章　水利工程施工

Chapter 1

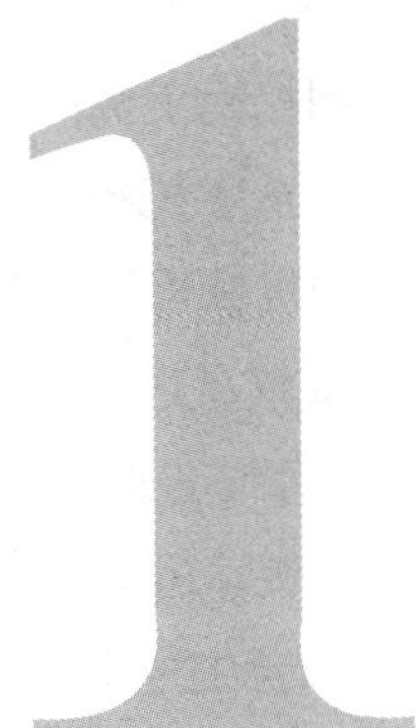

第一节　水利工程施工的发展

近几年来，我国的水利建设处于快速发展的时期，水利工程施工的技术、工艺、材料和设备等方面都取得了举世瞩目的成就。在施工关键技术上取得了新的突破，通过大容量、高效率的配套施工机械装备更新改建，我国大型水利工程施工速度和规模有了很大提高。新型机械设备在堤坝防渗中的应用有效提高了施工效率。

一、土石方施工

土石方工程施工是水利水电工程施工的重要组成部分，我国自 20 世纪 50 年代开始逐步实施机械化施工，至 80 年代以后，土石方工程施工得到快速发展，在工程规模、机械化水平、施工技术等各方面取得了很大的成就，解决了一系列复杂地质、地形条件下的施工难题，如深厚覆盖层的坝基处理、筑坝材料、坝体填筑、混凝土面板防裂、沥青混凝土防渗等施工技术问题，其中在工程爆破技术、土石方工程机械化施工等方面已处于国际先进水平。

（一）土石方明挖

凿岩机具和爆破器材的不断创新，极大地促进了梯段爆破及控制爆破技术的进步，使原有的微差爆破、预裂爆破、光面爆破等技术更趋完善；施工机具的大型化、系统化、自动化使得施工工艺、施工方法取得重大变革。

（1）施工机械

我国土石方明挖施工机械化起步较晚，解放初期兴建的一些大型水电站除黄河三门峡工程外，都经历了从半机械化逐步向机械化施工发展的过程。直到 60 年代末，土石方开挖才形成低水平的机械化施工能力。

在此阶段主要依靠进口设备，可供选择的机械类型很少，谈不上选型配套。70 年代后期，施工机械化得到迅速的发展，在 80 年代中期以后发展尤为迅速。常用的机械设备有：钻孔机械、挖装机械、运输机械和辅助机械等四大类，形成配套的开挖设备。

（2）高陡边坡开挖：近年来开工兴建的大型水电站开挖的高陡边坡较多。

（3）土石方平衡：大型水电工程施工中，十分重视开挖料利用，力求挖填平衡。开挖料用作坝（堰）体填筑料、截流用料和加工制作混凝土砂石骨料等。

（4）控制爆破技术

基岩保护层原为分层开挖，经多个工程试验研究和推广应用，发展到水平预裂（或光面）爆破法和孔底设柔性垫层的小梯段爆破法一次爆除，确保了开挖质量，加快了施工进度。特殊部位的控制爆破技术解决了在新浇混凝土结构、基岩灌浆区、锚喷支护区附近进行开挖爆破的难题。

（二）工程爆破技术

炸药与起爆器材的日益更新，施工机械化水平的不断提高，为爆破技术的发展创造了重要条件。多年来，爆破施工从手风钻为主发展到潜孔钻，并由低风压向中高风压发展，为加大钻孔直径和速度创造了条件；引进的液压钻机，进一步提高了钻孔效率和精度；多臂钻机及反井钻机的采用，使地下工程的钻孔爆破进入了新阶段。

（三）高边坡加固技术

水利工程的高边坡治理情况，高边坡常用的处理方法有抗滑结构、锚固以及减载、排水等综合措施。

（1）混凝土抗滑结构：抗滑桩，抗滑桩能有效而经济地治理滑坡，尤其是滑动面倾角较缓时，效果更好；沉井，沉井在滑坡工程中既起抗滑桩的作用，有时也具备挡土墙的作用；挡墙，混凝土挡墙能有效地从局部改变滑坡体的受力平衡，阻止滑坡体变形的延展；框架、喷护，混凝土框架对滑坡体表层坡体起保护作用并增强坡体的整体性，防止地表水渗入和坡体的风化。框架护坡具有结构物轻、用料省、施工方便、适用面广、便于排水等优点，并可与其他措施结合使用。另外，耕植草本植被也是治理永久边坡的常用措施。

（2）锚固技术：预应力锚索具有不破坏岩体结构、施工灵活、速度快、干扰小、受力可靠、主动承载等优点，在边坡治理中大量应用。大吨位岩体预应力锚固吨位已提高到 6 167 kN，张拉设备出力提高到 6 000 kN，锚索长度达 61.6 m，可加固坝体、坝基、岩体边坡、地下洞室围岩等，达到了国际先进水平。

（3）减载、排水：减载、压坡，在有条件的情况下，减载压坡应是优先考虑的加固措施；排水、截水。

二、建筑物施工

（一）砼施工技术

目前混凝土坝采用的主要技术是：

（1）混凝土骨料人工生产系统进入国际水平。采用人工骨料生产工艺流程，可以调整骨料粒径和级配。生产系统配制了先进的破碎轧制设备；

（2）为满足大坝高强度浇筑混凝土的需要，从拌和、运输和舱面作业等系统配置大容量、高效率的机械设备。使用大型塔机、缆式起重机、胎带机和塔带机，代表了我国混凝土运输的先进水平；

（3）大型工程混凝土温度控制，主要采用风冷骨料技术，效果稳，实用；

（4）减少混凝土裂缝，广泛采用补偿收缩混凝土。应用低热膨胀混凝土筑坝技术，可节省投资，简化温控，缩短工期。有一些高拱坝的坝体混凝土，采用外掺氧化镁进行温度变形补偿；

（5）模板费用一般占混凝土总造价的15%~30%，且直接影响施工速度及混凝土质量和美观。中型工程广泛采用组合钢模板，而大型工程普遍采用大型钢模板的悬臂钢模板。模板尺寸有2 m × 3 m、3 m × 2.5 m、3 m × 3 m多种规格。滑动模板在大坝溢流面、隧洞、竖井、混凝土井中广泛应用。牵引动力有的为液压千斤顶提升，有的为液压提升平台上升，有的有轨拉模，有的已发展为无轨拉模。

（二）泵送混凝土技术

泵送混凝土是指混凝从砼搅拌运输车或储料斗中卸入混凝土泵的料斗，利用泵的压力将混凝土沿管道直接水平或垂直输送到浇筑地点的工艺。目前应用日趋广泛，在我国目前的高层建筑及水利工程领域中，已较广泛地采用此技术并取得较好效果。泵送混凝土对设备、原材料、操作都有较高要求。

（1）对设备的要求

采用砼泵输送混凝土，砼泵有活塞泵、气压泵、挤压泵等几种不同的构造和输送方式，目前应用较多的是活塞泵。这是一种较先进的砼泵，施工时现场规划要合理布置泵车的安放位置，一般应尽量靠近浇筑地点，并满足两台泵车同时就位，使砼泵可以连续浇筑。泵的输送能力为每小时80 m^3。

输送管道一般由钢管制成，有 d=125 mm、150 mm或100 mm型，具体型号取决于粗骨料的最大粒径。管道敷设时要求路线短、弯道少、接头密。管道清洗一般选择水洗。要求水压力不能超过规定，而且人员应远离管道，并设置防护装置以免冲出伤人。

（2）对原材料的要求

要求混凝土有可泵性，即在泵压作用下，混凝土能在输送管道中连续稳定地通过而不产生离析的性能，它取决于拌和物本身的和易性。在实际应用中和易性往往根据塌落度来判断，塌落度越小，和易性也越小。但塌落度太大又会影响混凝土的强度，因此，一般认为8~20 cm较合适，具体值要根据泵送距离、气温来决定。

水泥品种要求选择保水性好、泌水性小的水泥，一般选硅酸盐水泥及普通硅酸盐水泥，但由于其水化热较大不宜用于大体积混凝土工程，施工中一般掺入粉煤灰，掺入粉煤灰不仅对降低大体积混凝土的水化热有利，还能改善砼的粘塑性和保水性，对泵送也是有利的。

骨料的种类、形状、粒径和级配对泵送混凝土的性能有很大影响。必须予以严格控制。粗骨料的最大粒径与输送管内径之比宜为 1 ∶ 3（碎石）或 1 ∶ 2.5（卵石），另外要求骨料颗粒级配尽量理想。

三、施工中有关新技术的使用

喷涂聚脲弹性体技术是国外近十年来为适应环保需求而研制开发的一种新型无溶剂、无污染的绿色施工技术。它具有以下优点：

（1）无毒性，满足环保要求；

（2）力学性能好，拉伸强度最高可达 27.0 MPa，撕裂强度为 43.9~105.4 kN /m；

（3）抗冲耐磨性能强，其抗冲磨能力是 C40 混凝土的 10 倍以上；

（4）防渗性能好，在 2.0 MPa 水压作用下，24 h 不渗漏；

（5）低温柔性好，在 –30 ℃下对折不产生裂纹；

（6）耐腐蚀性强，在水、酸、碱、油等介质中长期浸泡，性能不降低；

（7）具有较强附着力，与混凝土、砂浆、沥青、塑料、铝及木材等，都有很好的附着力；

（8）固化速度快，5 s 凝胶，1 min 即可达到步行强度。可在任意曲面、斜面及垂直面上喷涂成型，涂层表面平整、光滑，对基材形成良好的保护和装饰作用。

材料性能是喷涂聚脲弹性体施工材料，选用美国进口的 A/B 双组份聚脲、中国水利水电科学研究院产 SK 手刮聚脲等。

针对南水北调重点工程建设研制开发多种形式的低扬程大流量水泵、盾构机及其配套系统、大断面渠道衬砌机械、斗轮式挖掘机、全断面隧道岩石掘进机。研制开发人工制砂设备、成品砂石脱水干燥设备、特大型预冷式混凝土搅拌楼、双卧轴液压驱动强制式搅拌楼、混凝土快速布料塔带机和胎带机、大骨料混凝土输送泵成套设备等。

四、水利工程施工对环境的影响

水利工程施工是水利工程建设的重要阶段，是将蓝图变成现实的过程。长期以来，水利工程在防洪、排涝、抗旱以及防灾、减灾等方面都发挥着重要的作用。但是水利工程的兴建，特别是大中型水利工程的施工，会对周围环境产生明显影响。因此，有效避免或减轻对环境的不利影响，充分利用水资源，是水利工作者在进行水利规划建设时必须认真研究和加以解决的重要问题。

（一）水利工程施工对自然环境的影响

水利工程种类较多，如水库、水电站、大型水闸、泵站、堤防、灌溉等，各类工程均具有显著的社会经济效应，但在兴建过程中难免对区域原有的自然环境和生态平衡产生一定的影响。同一类别工程在不同的地域，因所处的地理位置、工程规模、工程等级的不同，对其环境影响的特点也各异。因为水利工程施工不直接产生污染，属非污染施工项目，所以往往不被重视，但是，水利工程施工却对区域内自然、生态环境有很大影响，其主要影响通常表现为施工粉尘、环境地质、自然景观、水体水质、人群健康、土壤侵蚀、生物多样性、土地利用、社会经济等，受影响的性质多数为不利影响。

对施工区而言，环境影响主要源于废渣、水文情势的变化和库区移民安置等；对生活区的环境影响主要是河势变化、水质变化、粉尘污染、噪音影响、土壤和植被区破坏，影响了人群健康和社会经济发展。影响的性质有利有弊，影响的时间有长有短，影响的范围有大有小。水利工程施工对环境影响，有些是不可避免的，有些可以通过采取一定的技术措施予以避免或减小，还有一些影响是不可逆的。

目前，我国对水利工程建设的环境影响已经逐步形成了比较完善的评价体系、监测体系和监督体系，对以工程施工为中心的环境管理做了细致的规定，并已逐步走向了制度化。在水利工程立项时，必须要有环境影响评价报告，报告除了要对工程环境背景、环境作用和环境影响做出深入分析研究以外，还要提出减缓或消除环境影响的建议、环境监测管理方案及措施等，为减少工程施工对环境的影响起到了积极的促进作用。

（二）水利工程施工对环境影响的成因分析

在水利工程施工过程中，必然要改变施工区的自然环境，以下以泾惠渠渠首加闸加坝工程施工为例，说明一般会产生的环境问题。

1. 施工产生大量废渣

在基坑开挖和隧洞开挖中产生了大量废渣，如不妥善进行处理，必然造成废渣流失，河道淤积，破坏了自然景观与生态平衡，甚至会造成岸坡崩塌事故。因此在施工组织设计与实施过程中，就尽量减少破坏地貌与植被，开采土、石、沙料的料场也采取水土保持措施，弃土、岩渣和淤泥等进行了妥善处理。

2. 施工对区域内大气的污染

主要是土石方开挖、采石爆破、石料粉碎及筛分、水泥装运以及混凝土拌和所产生的粉尘，应该确实采取必要的措施，降低粉尘对大气的影响。另外还有施工车辆尾气和生活、生产产生的煤烟等对大气产生的污染。

3. 施工对水质的影响

在施工开挖、填筑围堰、冲洗骨料、灌浆等实施过程中所产生的施工废水对河流水质的污染。另外，生活区生活污水排放也会使水体受到污染。

4. 施工对土壤和植被的影响

施工过程中必然要有施工场地、进场道路、生活区占地等，这些场地和道路的修建，势必会造成自然土壤和植被的破坏。工程竣工后，一切破坏的地表、植被等都必须采取复原措施和水土保持措施。否则，施工的影响不仅在施工期存在，还会对当地生态造成一系列的长期危害。

5. 施工对周围群众的影响

施工过程中施工机械会产生噪音，土石开挖、开采时爆破也产生噪音，其都会对周围群众的日常生产、生活产生不利影响。

6. 施工对生活环境的影响

施工期工人较多且高度集中，工人的流动性也相对较大，工人的生活条件是临时性的，卫生设施相对简陋，可能使一些传染病、流行病得到传播，特别是痢疾、肝炎等疾病，因此，必须特别注意保持驻地卫生，防范疾病、瘟疫的传播。

（三）水利工程施工对环境影响的建议

1. 在弃渣处理方面，在施工开挖及弃渣堆存过程中，应该充分考虑工程竣工后施工区域景观恢复和覆土造地的问题。对耕地的表土耕作层及荒地的表层风化土开挖后，应妥善堆存保管，以备后期覆土、造地。对弃渣不能随意堆放，要选择合适的地点集中堆放，并采取必要的措施防止弃渣流失。

2. 在施工粉尘、废气及噪声的处理方面，应采取供气、排风、洒水降尘等措施，尽可能减少施工粉尘、废气对周围居民和施工人员身体健康造成的影响。在施工过程中，工人上岗时要求必须佩戴安全帽、佩戴口罩、耳塞等劳动保护用品，以减少其对健康的影响。

3. 在污废水处理方面，应结合工程及施工特点，可采用自然沉淀池进行生产废水处理，防止直接排放。另外为了防止生活污水对河流下游居民生活、健康及生态环境造成影响，应建设适当数量的简易卫生间和化粪池等，经沉淀和消毒处理后排放。

4. 在生活区环境卫生方面，应加强对工区食堂、餐馆的卫生管理。对其卫生状况进行监督、检查；对施工剩菜剩饭进行集中处理；对生活垃圾建设固定垃圾场或流动垃圾回收站，并及时进行清理处置。

5. 在施工场地恢复方面，为避免施工占地造成水土流失，应对不再使用的土地进行恢复，尽可能保持土地原有功能，保证当地群众正常的生产、生活条件。对不具备耕种条件的土地，要进行整治、覆土和绿化，恢复生态环境。

总而言之，对水利工程施工人员来讲，要牢固树立人与自然和谐的生态工程理念，严格遵守自然发展规律，充分考虑生态与环境的要求，采取行政、科技等手段，在开发中保护，在保护中开发，切实加强对水利工程施工期间的环境管理和环境治理，在造福人类的水利工程建设施工中，将生态环境的不利影响降至最低。

第二节 地基处理与基础工程施工

一、常用的地基处理方法

地基处理就是按照上部结构对地基的要求，对地基进行必要的加固或改良，提高地基土的承载力，保证地基稳定，减少房屋的沉降或不均匀沉降，消除湿陷性黄土的湿陷性，提高抗液化能力等。常用的人工地基处理方法有换土垫层法、重锤表层夯实、强夯、振冲、砂桩挤密、深层搅拌、堆载预压、化学加固等方法。

（一）换土垫层法

当建筑物基础下的持力层比较软弱，不能满足上部荷载对地基的要求时，常采用换土垫层法来处理软弱地基。换土垫层法是先将基础底面以下一定范围内的软弱土层挖去，然后回填强度较高、压缩性较低、并且没有侵蚀性的材料，如中粗砂、碎石或卵石、灰土、素土、石屑、矿渣等，再分层夯实后作为地基的持力层。换土垫层按其回填的材料可分为灰土垫层、砂垫层、碎（砂）石垫层等。

（1）灰土垫层：灰土垫层是将基础底面下一定范围内的软弱土层挖去，用按一定体积比配合的石灰和黏性土拌合均匀后，在最优含水率情况下分层回填夯实或压实而成。适用于地下水位较低，基槽经常处于较干燥状态下的一般黏性土地基的加固。

（2）砂垫层和砂石垫层：砂垫层和砂石垫层是将基础下面一定厚度软弱土层挖除，然后用强度较高的砂或碎石等回填，并经分层夯实至密实，作为地基的持力层，以起到提高地基承载力、减少沉降、加速软弱土层排水固结、防止冻胀和消除膨胀土的胀缩等作用。

（二）夯实地基法

锤击加固土层的厚度与单击夯击能有关，重锤夯实法由于锤轻、落点底，只能加固基土表面，而强夯法根据锤重和落点距，可以加固 5~10 m 深的基土。

（1）重锤夯实法：重锤夯实是用起重机械将夯锤提升到一定高度后，利用自由下落时的冲击能重复夯打击实基土表面，使其形成一层比较密实的硬壳层，从而使地基得到加固。适用于处理高于地下水位 0.8 m 以上稍湿的黏性土、砂土、湿陷性黄土、杂填土和分层填土地基的加固处理。

（2）强夯法：强夯法是用起重机械将重锤（一般 8~30 t）吊起从高处（一般 6~30 m）

自由落下，对地基反复进行强力夯实的地基处理方法。适用于处理碎石土、砂土、低饱和度的黏性土、粉土、湿陷性黄土及填土地基等的深层加固。强夯所产生的振动和噪声很大，对周围建筑物和其他设施有影响，在城市中心不宜采用，必要时应采取挖防震沟（沟深要超过建筑物基础深）等防震、隔振措施。

（三）挤密桩施工法

（1）灰土挤密桩：灰土挤密桩是利用锤击将钢管打入土中，侧向挤密土体形成桩孔，将管拔出后，在桩孔中分层回填 2 ∶ 8 或 3 ∶ 7 灰土并夯实而成，与桩间土共同组成复合地基以承受上部荷载。适用于处理地下水位以上、天然含水量 12%~25% 厚度 5~15 m 的素填土、杂填土、湿陷性黄土以及含水率较大的软弱地基等。

（2）砂石桩：砂桩和砂石桩统称砂石桩，是指用振动、冲击或水冲等方式在软弱地基中成孔后，再将砂或砂卵石（或砾石、碎石）挤压入土孔中，形成大直径的由砂或砂卵（碎）石所构成的密实桩体，适用于挤密松散砂土、素填土和杂填土等地基，起到挤密周围土层、增加地基承载力的作用。

（3）水泥粉煤灰碎石桩：水泥粉煤灰碎石桩（简称 CFG 桩），是近年发展起来的处理软弱地基的一种新方法。它是在碎石桩的基础上掺入适量石屑、粉煤灰和少量水泥，加水拌合后制成的具有一定强度的桩体。

（四）深层密实法

（1）振冲法，又称振动水冲法，是以起重机吊起振冲器，启动潜水电机带动偏心块，使振冲器产生高频振动，同时开动水泵，通过喷嘴喷射高压水流成孔，然后分批填以砂石骨料，借振冲器的水平及垂直振动，振密填料，形成的砂石桩体与原地基构成复合地基，以提高地基的承载力，减少地基的沉降和沉降差的一种快速、经济有效的加固方法。振冲桩适用于加固松散的砂土地基。

（2）深层搅拌法，是利用水泥浆做固化剂，采用深层搅拌机在地基深部就地将软土和固化剂充分拌合，利用固化剂和软土发生一系列物理、化学反应，使之凝结成具有整体性、水稳性好和较高强度的水泥加固体，与天然地基形成复合地基。

二、混凝土扩展基础和条形基础的施工工艺和要求

1. 在混凝土浇灌前应先进行基底清理和验槽，轴线、基坑尺寸和土质应符合设计规定；

2. 在基坑验槽后应立即浇筑垫层混凝土，宜用表面振捣器进行振捣，要求表面平整。当垫层达到一定强度后，方可支模、铺设钢筋网片；

3. 在基础混凝土浇灌前，应清理模板，进行模板预检和钢筋的隐蔽工程验收。对于锥形基础，应注意锥体斜面坡度的正确，斜面部分的模板应随混凝土浇捣分段支设并顶压紧，

以防模板上浮变形，边角处的混凝土必须注意捣实。严禁斜面部分不支模，用铁锹拍实；

4. 基础混凝土宜分层连续浇筑完成；

5. 基础上有插筋时，要将插筋加以固定以保证其位置的正确；

6. 基础混凝土浇灌完，应用草帘等覆盖并浇水加以养护。

三、筏板基础的施工要点和要求

1. 施工前，如地下水位较高，可采用人工降低地下水位至基坑底不少于 500 mm，以保证在无水情况下进行基坑开挖和基础施工。

2. 施工时，可采用先在垫层上绑扎底板、梁的钢筋和柱子锚固插筋，浇筑底板混凝土，待达到 25% 设计强度后，再在底板上支梁模板，继续浇筑完梁部分混凝土；也可采用底板和梁模板一次同时支好，混凝土一次连续浇筑完成，梁侧模板采用支架支承并固定牢固。

3. 混凝土浇筑时一般不留施工缝，必须留设时，应按施工缝要求处理，并应设置止水带。

4. 混凝土浇筑完毕，表面应覆盖和洒水养护不少于 7 d。

5. 当混凝土强度达到设计强度的 30% 时，应进行基坑回填。

四、箱形基础的施工要点和要求

1. 基坑开挖，如地下水位较高，应采取措施降低地下水位至基坑底以下 500 mm 处。当采用机械开挖时，在基坑底面标高以上保留 200~400 mm 厚的土层，采用人工清槽。基坑验槽后，应立即进行基础施工。

2. 施工时，基础底板、内外墙和顶板的支模、钢筋绑扎和混凝土浇筑，可采取分块进行，其施工缝的留设位置和处理应符合钢筋混凝土工程施工及验收规范有关要求，外墙接缝应设止水带。

3. 基础的底板、内外墙和顶板宜连续浇筑完毕。如设置后浇带（按设计要求或按施工组织设计要求不能一次浇注混凝土的位置可设置后浇带），应在顶板浇筑后至少 2 周以上再施工，使用比设计强度提高一级的细石混凝土。

4. 基础施工完毕，应立即进行回填土。

五、混凝土灌注桩的种类和施工工艺

混凝土灌注桩是一种直接在现场桩位上就地成孔，然后在孔内浇筑混凝土或安放钢筋笼再浇筑混凝土而成的桩。按其成孔方法不同，可分为钻孔灌注桩、沉管灌注桩、人工挖孔灌注桩、爆扩灌注桩等。

（一）钻孔灌注桩

钻孔灌注桩是指利用钻孔机械钻出桩孔，并在孔中浇筑混凝土（或先在孔中吊放钢筋笼）而成的桩。根据钻孔机械的钻头是否在土的含水层中施工，又分为泥浆护壁成孔和干作业成孔两种施工方法。

（1）泥浆护壁成孔灌注桩施工工艺流程：测定桩位→埋设护筒→制备泥浆→成孔→清孔→下钢筋笼→水下浇筑混凝土。

（2）干作业成孔灌注桩施工工艺流程：测定桩位→钻孔→清孔→下钢筋笼→浇筑混凝土。

（二）沉管灌注桩

沉管灌注桩是指利用锤击打桩法或振动打桩法，将带有活瓣式桩尖或预制钢筋混凝土桩靴的钢套管沉入土中，然后边浇筑混凝土（或先在管内放入钢筋笼）边锤击或振动边拔管而成的桩。前者称为锤击沉管灌注桩，后者称为振动沉管灌注桩。

（1）沉管灌注桩成桩过程为：桩机就位→锤击（振动）沉管→上料→边锤击（振动）边拔管，并继续浇筑混凝土→下钢筋笼，继续浇筑混凝土及拔管→成桩。

（2）夯压成型沉管灌注桩

夯压成型沉管灌注桩简称夯压桩，是在普通锤击沉管灌注桩的基础上加以改进发展起来的一种新型桩。它是利用打桩锤将内外钢管沉入土层中，由内夯管夯扩端部混凝土，使桩端形成扩大头，再灌注桩身混凝土，用内夯管和桩锤顶压在管内混凝土面形成桩身混凝土。

（三）人工挖孔灌注桩

人工挖孔灌注桩是指桩孔采用人工挖掘方法进行成孔，然后安放钢筋笼，浇筑混凝土而成的桩。为了确保人工挖孔桩施工过程中的安全，施工时必须考虑预防孔壁坍塌和流砂现象发生，制定合理的护壁措施。护壁方法可以采用现浇混凝土护壁、喷射混凝土护壁、砖砌体护壁、沉井护壁、钢套管护壁、型钢或木板桩工具式护壁等多种。

以应用较广的现浇混凝土分段护壁为例说明人工挖孔桩的施工工艺流程，施工程序是：

场地整平→放线、定桩位→挖第一节桩孔土方→支模浇筑第一节混凝土护壁→在护壁二次投测标高及桩位十字轴线→安装活动井盖、垂直运输架、起重卷扬机或电动葫芦、活底吊土桶、排水、通风、照明设施等→第二节桩身挖土→清理桩孔四壁，校核桩孔垂直度和直径→拆上节模板，支第二节模板，浇筑第二节混凝土护壁→重复第二节挖土、支模、浇筑混凝土护壁工序，循环作业直至设计深度→进行扩底（当需扩底时），清理虚土、排除积水，检查尺寸和持力层→吊放钢筋笼就位→浇筑桩身混凝土。

六、地下连续墙的工艺原理和施工工艺

地下连续墙是在地面上采用一种挖槽机械，沿着需要深开挖工程的周边轴线，在泥浆护壁条件下，开挖一条狭长的深槽，清槽后在槽内吊放钢筋笼，然后用导管法浇筑水下混凝土，筑成一个单元槽段，如此逐段进行，在地下筑成一道连续的钢筋混凝土墙壁，作为防水、防渗、承重和挡土结构。

（一）修筑导墙

导墙作用：挡土作用；作为测量的基准；作为重物的支撑；维持稳定液面的作用。现浇钢筋混凝土导墙施工顺序为：平整场地→测量定位→挖槽及处理弃土→绑扎钢筋→支模板→浇筑混凝土→拆模并设置横撑→导墙外侧回填土（如无外侧模板，可不进行此项工作）。

（二）槽段划分

挖槽机最小挖掘长度为一挖掘段单元，一般采用两个挖掘段单元或三个挖掘段单元组成一个槽段，长度为 4~8 m。

（三）槽段开挖

使用钻机挖槽，有“分层平挖法”和“分层直挖法”两种方法。使用抓斗挖槽，有“分条抓”“分块抓”或“两钻一抓”等方法。

（四）泥浆护壁

泥浆作用：护壁；携渣；冷却和润滑作用；泥浆制备：泥浆搅拌时间常用的为 4~7 min。搅拌后宜贮存 3 h 以上再使用；泥浆循环：分正循环与反循环。

（五）清槽

一般采用吸力泵法、压缩空气法和潜水泥浆泵法排渣。

（六）钢筋笼的加工和吊放

最好按单元槽段做成一个整体。钢筋笼之间在槽段上口采用帮条焊焊接。钢筋保护层应符合规范规定。钢筋笼端部与接头管或混凝土接头面间应留有 15~20 cm 空隙。钢筋笼的起吊、运输和吊放应制定周密的施工方案，不允许在此过程中产生不能恢复的变形。

（七）混凝土的浇筑

垂直导管法浇筑水下混凝土。导管间距一般在 3 m 以下，最大不得超过 4 m。

（八）槽段接头施工

地下连续墙的接头分两类，即施工接头和结构接头。施工接头是浇筑地下连续墙时在墙的纵向连接两相邻单元墙段的接头；结构接头是地下连续墙在水平向与其他构件相连接的接头。

常用的施工接头为接头管（也称锁口管）接头，挖好一个单元槽段后在槽段端部吊入接头管，然后吊放钢筋笼浇筑混凝土，待混凝土浇筑后强度达到 0.05~0.20 MPa，开始拔

出接头管。一般在混凝土浇筑后 2~4 h 开始拔管，在混凝土浇筑结束后 8 h 以内将接头管全部拔出。

然后按以上程序进行下一槽段施工，直至施工完全部地下连续墙。

第三节 土石坝工程施工

土石坝施工中，料场的合理规划和使用，是土石坝施工中的关键技术之一，它不仅关系到坝体的施工质量、工期和工程造价，甚至还会影响到周围的农林业生产。土石坝施工中，从料场的开挖、运输，到坝面的平料和压实等各项工序，都可由互相配套的工程机械来完成，构成“一条龙”式的施工工艺流程，即综合机械化施工。在大中型土石坝，尤其在高土石坝中，实现综合机械化施工，对提高施工技术水平，加快土石坝工程建设速度，具有十分重要的意义。

一、开挖运输方案

坝料的开挖与运输，是保证上坝强度的重要环节之一。开挖运输方案，主要根据坝体结构布置特点、坝料性质、填筑强度、料场特性、运距远近、可供选择的机械型号等多种因素，综合分析比较确定。

土石坝施工中开挖运输方案主要有以下几种：

（一）正向铲开挖，自卸汽车运输上坝

正向铲开挖、装载，自卸汽车运输直接上坝，通常运距小于 10 km。自卸汽车可运各种坝料，运输能力高，设备通用，能直接铺料，机动灵活，转弯半径小，爬坡能力较强，管理方便，设备易于获得，在国内外的高土石坝施工中，获得了广泛的应用，且挖运机械朝着大斗容量、大吨位方向发展。

在施工布置上，正向铲一般都采用立面开挖，汽车运输道路可布置成循环路，装料时停在挖掘机一侧的同一平面上，即汽车鱼贯式地装料与行驶。这种布置形式，可避免或减少汽车的倒车时间，正向铲采用 60° ~90° 的转角侧向卸料，回转角度小，生产率高，能充分发挥正向铲与汽车的效率。

（二）正向铲开挖，胶带机运输

国内外很多水利水电工程施工中，广泛采用了胶带机运输土、砂石料。国内的大伙房、岳城、石头河等土石坝施工，胶带机成为主要的运输工具。胶带机的爬坡能力大，架设简易，运输费用较低，比自卸汽车可降低运输费用 1/3~1/2，运输能力也较高，胶带机合理运距小于 10 km，可直接从料场运输上坝；也可与自卸汽车配合，做长距离运输，在坝前经漏斗由汽车转运上坝；与有轨机车配合，用胶带机转运上坝做短距离运输。目前，国外已发展到可用胶带机运输块径为 400~500 mm 的石料，甚至向运输块径达 700~1000 mm 的更大堆石料发展。

（三）斗轮式挖掘机开挖，胶带机运输，转自卸汽车上坝

当填筑方量大，上坝强度高的土石坝，料场储量大而集中，可采用斗轮式挖掘机开挖，它的生产率高，具有连续挖掘、装载的特点，斗轮式挖掘将料转入移动式胶带机，其后接长距离的固定式胶带机至坝面或坝面附近经自卸汽车运至填筑面。这种布置方案，可使挖、装、运连续进行，简化了施工工艺，提高了机械化水平和生产率。

（四）采砂船开挖，有轨机车运输，转胶带机上坝

国内一些大中型水电工程施工中，广泛采用采砂船开采水下的沙砾料，配合有轨机车运输。在我国大型载重汽车尚不能充分满足需要的情况下，有轨机车仍是一种效率较高的运输工具，它具有机械结构简单修配容易的优点。

当料场集中，运输量大，运距较远（大于 10 km），可用有轨机车进行水平运输。有轨机车运输的临建工程量大，设备投资较高，对线路坡度和转弯半径的要求也较高。有轨机车不能直接上坝，在坝脚经卸料装置至胶带机或自卸汽车转运上坝。

坝料的开挖运输方案很多，但无论采用何种方案，都应结合工程施工的具体条件。组织好挖、装、运、卸的机械化联合作业，提高机械利用率；减少坝料的转运次数；各种坝料铺填方法及设备应尽量一致，减少辅助设施；充分利用地形条件，统筹规划和布置；运输道路的质量标准，对提高工效，降低车辆设备损耗，具有重要作用。

二、土料压实

（一）土料压实特性

土料压实特性，与土料自身的性质，颗粒组成情况、级配特点、含水量大小以及压实功能等有关。对于黏性土和非黏性土的压实有显著的差别。一般黏性土的黏结力较大，摩擦力较小，具有较大的压缩性，但由于它的透水性小，排水困难，压缩过程慢，所以很难达到固结压实。

而非黏性土料则相反，它的黏结力小，摩擦力大，具有较小的压缩性，但由于它的透水性大，排水容易，压缩过程快，能很快达到压实。土料颗粒粗细也影响压实效果。颗粒愈细，空隙比就愈大，所以含矿物分散度愈大，就愈不容易压实。

所以黏性土的压实干表观密度低于非黏性土的压实干表观密度。颗粒不均匀的沙砾料，比颗粒均匀的细砂可能达到的干表观密度要大一些。土料的含水量是影响压实效果的重要因素之一。用原南京水利实验处击实仪对黏性土的击实试验，得到一组击实次数、干表观密度与含水量的关系曲线。

非黏性土料的透水性大，排水容易，压实过程快，能够很快达到压实，不存在最优含水量，含水量不做专门控制。这是非黏性土料与黏性土料压实特性的根本区别。压实功能大小，也影响着土料干表观密度的大小，击实次数增加，干表观密度也随之增大而最优含水量则随之减小。说明同一种土料的最优含水量和最大干表观密度并不是一个恒定值，而是随压实功能的不同而异。一般说来，增加压实功能可增加干表观密度，这种特性，对于含水量较低（小于最优含水量）的土料比对于含水量较高（大于最优含水量）的土料更为显著。

（二）土石料的压实标准

土料压实得越好，物理力学性能指标就越高，坝体填筑质量就越有保证。但土料的过分压实，不仅提高了压实费用，而且会产生剪力破坏，反而达不到应有的技术经济效果。可见对坝料的压实应有一定的标准，由于坝料性质不同，因而压实的标准也各异。

1. 黏性土料（防渗体）

黏性土的压实标准，主要以压实干表观密度和施工含水量这两个指标来控制。用击实试验来确定压实标准；用最优饱和度与塑限的关系，计算最大干表观密度；施工含水量确定。

2. 砂土及沙砾石

砂土及沙砾石是填筑坝体或坝壳的主要材料之一，对其填筑密度也应有严格要求。它的压实程度与粒径级配和压实功能有密切的关系，一般用相对密度 *Dr* 来表示。对砂性土，还要求颗粒不能太小和过于均匀，级配要适当，并有较高的密实度，防止产生液化。

3. 石渣及堆石体（坝壳料）

石渣或堆石体作为坝壳材料，可用空隙率作为压实指标。根据国内外的工程实践经验，碾压式堆石体空隙率应小于 30%，控制空隙率在适当范围内，有利于防止过大的沉陷和湿陷裂缝。一般规定其压实空隙率为 22%~28% 左右（压实平均干表观密度为 2.04~2.24 t/m^3）以及相应的碾压参数。

（三）压实机械及压实参变数

压实机械对工程进度、工程质量和造价有很大的影响。压实机械的选择原则：应根据筑坝材料的性质、原状土的结构状态、填筑方法、施工强度及作业面积的大小等，选择性能能达到设计施工质量标准的碾压设备类型。如按不同材料分别配置不同的压实机械，就会出现机械闲置的情况。所以确定机械种类和台数时，还应从填筑整体出发，考虑互相配合使用的可能。

1. 羊脚碾

羊脚碾的羊脚插入土中，不仅使羊脚底部的土料受到压实，而且使侧向上土料也受到挤压，从而达到均匀的压实效果。羊脚碾仅适用于压实黏性土料和黏土，不适合压非黏性土。土料压实层在一定深度的范围内，可以获得较高的压实干表观密度，但土体的干表观密度沿深度方向的分布不均匀。羊脚碾的独特优点是能够翻松表面土层，可省去刨毛工序，保证了上下土层的结合质量。此外，羊脚碾还能起到混合土料的作用，可以使土料级配和含水量比较均匀。羊脚顶端接触应力的过大或过小，都会降低碾压效果。

2. 气胎碾

气胎碾适用于压实黏土料，也适合于压实非黏性土料，如黏性土、黏土、砂质土和沙砾料等，都可以获得较好的压实效果。气胎碾的充气轮胎，在压实过程中具有一定的弹性，可以和压实的土料同时发生变形，轮胎与土料的接触应力，主要取决于轮胎的充气压力，与轮胎的荷载大小无关。

3. 振动碾

振动碾是一种以碾重静压和振动力共同作用的压实机械，较之没有振动的压实机械，土中应力可提高 4~5 倍，因而它能有效地压实堆石体、沙砾料和砾质土；也可用于压实黏性土和黏土。

4. 夯实机械（重锤）

夯板使用于压实沙砾料、砾质土和黏性土，也可用于压实黏土。第四节坝体填筑土石坝的坝基开挖、基础处理及隐蔽工程等验收合格后，就可以全面展开坝体填筑。坝体填筑包括基本作业（卸料、平料、压实及质检）和辅助作业（洒水、刨毛）清理坝面和接触缝处理）。

（四）结合部位施工

土石坝施工中，坝体的防渗土料不可避免地与地基、岸坡、周围其他建筑的边界相结合；由于施工导流、施工方法、分期分段分层填筑等的要求，还必须设置纵横向的接坡、接缝。所以这些结合部位，都是影响坝体整体性和质量的关键部位，也是施工中的薄弱环节，处理工序复杂，施工技术要求高，且多系手工操作，质量不易控制。

接坡、接缝过多，还会影响到坝体填筑速度，特别是影响机械化施工。对结合部位的施工，必须采取可靠的技术措施，加强质量控制和管理，确保坝体的填筑质量满足设计要求：1. 坝基结合面；2. 与岸坡及砼建筑物结合；3. 坝体纵横向接坡及接缝。

（五）反滤层施工

反滤层的填筑方法，大体可分为削坡体、挡板法及土、砂松坡接触平起法三类。土、砂松坡接触平起法能适应机械化施工，填筑强度高，可做到防渗体、反滤料与坝壳料平起填筑，均衡施工，被广泛采用。根据防渗体土料和反滤层填筑的次序，搭接形式的不同，可分为先土后砂法和先砂后土法。

无论是先砂后土法或先土后砂法，土砂之间必然出现犬牙交错的现象。反滤料的设计厚度，不应将犬牙厚度计算在内，不允许过多削弱防渗体的有效断面，反滤料一般不应伸入心墙内，犬牙大小由各种材料的休止角所决定，且犬牙交错带不得大于其每层铺土厚度的 1.5~2 倍。

三、砼面板堆石坝垫层与面板的施工

（一）垫层施工

垫层为堆石体坡面上最上游部分，可用人工碎料或级配良好的沙砾料填筑。垫层须与其他堆石体平起施工，要求垫层坡面必须平整密实，坡面偏离设计坡面线最大不应超过 3~5 cm，以避免面板厚薄不均，有利于面板应力分布。

施工程序：1. 先沿坡面上下无振碾压数遍，随即将突出及凹陷处加以平整；2. 然后用振动碾沿坡面自下而上压数遍，再次对凹凸处进行平整；3. 在坡面上涂抹三次阳离子沥青乳胶，每涂抹一次用手或机械喷洒一些粒径小于 3 mm 的沙子，并再在坡面上自下向上用振动碾碾压。

涂抹沥青乳胶的目的是：用以黏结垫层坡面的松散材料不被振动滚落，可防止雨水对垫层坡面的冲刷，提高垫层的阻水性和使面板易于沿垫层坡面滑移，避免开裂。

（二）混凝土面板的分缝止水及施工

混凝土防渗面板包括主面板及混凝土底座。面板混凝土应满足设计和施工强度、抗渗、抗侵蚀、抗冻及温度控制的要求：1. 面板的分缝止水；2. 混凝土面板施工，底座的基坑开挖、处理、锚筋及灌浆等项目，应按设计及有关规范要求进行，并在坝体填筑前施工。

混凝土面板，是面板堆石坝挡水防渗的主要部位，同时也是影响进度与工程造价的关键。在确保质量的前提下，还必须进一步研究快速经济的施工技术，如施工机具的研制、混凝土输送和浇筑方案的选择、施工工艺及技术措施等方面的问题。土石坝施工的整个过程中，加强施工质量的检查与控制，是保证施工质量的重要措施；同时，对施工中出现的质量事故，必须及时地认真处理，确保坝体的安全运用。

第四节　水坝混凝土施工技术

重力坝的横缝一般是不需要进行接缝灌浆的，故称为永久缝。拱坝的横缝由于有传递应力的要求，需要进行接缝灌浆处理，称为临时缝。其次，每个坝段还需要根据施工条件，用纵缝将一个坝段划分成若干坝块，或者整个坝段不再分缝而进行通仓浇筑。坝体的分缝分块，一般是根据坝高、坝型、结构要求、施工条件、环境温度等因素进行布置。

一、分缝的形式

（一）横缝形式

横缝按缝面形式分主要有三种，即缝面不设键槽、不灌浆；缝面设竖向键槽和灌浆系统；缝面设键槽，但不进行灌浆。

（二）纵缝形式

纵缝形式主要有竖缝、斜缝及错缝等。

二、分缝的特点

（一）横缝分段的特点

横缝一般是自地基垂直贯穿至坝顶，在上、下游坝面附近设置止水系统；有灌浆要求的横缝，缝面一般设置竖向梯形键槽；不灌浆的横缝，接缝之间通常采用沥青杉木板、泡沫塑料板或沥青填充。

（二）竖缝分块的特点

（1）竖缝分块，是用平行于坝轴线的铅直纵缝，把坝段分成为若干柱状体进行浇筑，又称柱状分块。施工中一般从上游到下游将一个坝段的几个柱状块体依次编号。这种分缝分块形式，是我国使用最广泛的一种分缝分块形式。

（2）为了恢复因纵缝而破坏的坝体整体性，纵缝须要设置键槽，并进行接缝灌浆处理，或设置宽缝回填膨胀混凝土。

（3）在施工中为了避免冷缝，块体大小必须与混凝土制备、运输和浇筑的生产能力相适应，即要保证在混凝土初凝时间内所浇的混凝土方量，必须等于或大于块体的一个浇筑层的混凝土方量。

（4）采用竖缝分块时，纵缝间距越大，块体水平断面越大，则纵缝数目和缝的总面积越小，接缝灌浆及模板作业的工作量也就越少，但要求温控越严，否则可能引起裂缝。从混凝土坝施工发展趋势看，是朝着尽量加大纵缝间距，减少纵缝数目，直至取消纵缝进行通仓浇筑的方向发展。

（三）斜缝分块的特点：

（1）斜缝分块，是大致沿坝体两组主应力之一的轨迹面设置斜缝。

（2）斜缝分块的缝面上出现的剪应力很小，使坝体能保持较好的整体性，因此，斜缝可以不进行接缝灌浆。

（3）斜缝不能直通到坝的上游面，以避免库水渗入缝内。在斜缝的终止处，应采取并缝措施，如布置骑缝钢筋，或设置并缝廊道，以免因应力集中导致斜缝沿缝尖端向上发展裂缝而贯穿。

（4）斜缝分块，施工中要注意均匀上升和控制相邻块的高差。高差过大将导致两块温差过大，易于在后浇块的接触面上产生不利的拉应力而裂缝。遇特殊情况，如做临时断面挡水，下游块进度赶不上而出现过大高差时，则应在下游块采取较严的温控措施，减少两块温差，避免裂缝，保持坝体整体性。

（5）斜缝分块，坝块浇筑的先后程序，有一定的限制，必须是上游块先浇，下游块后浇，不如纵缝分块在浇筑先后程序上的机动灵活。

（四）错缝分块的特点

（1）坝体尺寸较小，一般长 8~14 m，分层厚度 1~4 m。（2）缝面一般不灌浆，但在重要部位如水轮机蜗壳等重要部位需要骑缝钢筋，垂直缝和水平施工缝上必要时需设置键槽。（3）水平缝的搭接部分一般为层厚的 1/3~1/2，且搭接部分的水平缝要求抹平，以减少坝块两端的约束。块体浇筑的先后次序，需按一定规律排列，对施工进度影响较大。

（五）通仓浇筑

通仓浇筑，是整个坝段不设纵缝，以一个坝段进行通仓浇筑。通仓浇筑的特点是：

（1）坝体整体性好，有利于改善坝踵应力状态。（2）免除了接缝灌浆、减少了模板工程量，节省工程费用，有利于加快施工进度。（3）舱面积增大，有利于提高机械化水平，充分发挥大型、先进机械设备的效率。（4）浇块尺寸大，温控要求高。掌握混凝土的浇筑与养护。

三、混凝土浇筑的工艺流程

混凝土浇筑的施工过程包括浇筑前的准备作业，浇筑时入仓铺料、平仓振捣和浇筑后的养护。浇筑前的准备作业包括基础面处理、施工缝处理、立模、钢筋及预埋件安设等。

1. 基础面处理。对于沙砾地基，应清除杂物，整平建基面，再浇 10~20 cm 低强度等级的混凝土作垫层，以防漏浆；对于土基应先铺碎石，盖上湿砂，压实后，再浇混凝土；对于岩基，在爆破后，用人工清除表面松软岩石、棱角和反坡，并用高压水枪冲洗，若粘有油污和杂物，可用金属丝刷刷洗，直至洁净为止，最后，再用高压风吹至岩面无积水，经质检合格，才能开仓浇筑。

2. 施工缝处理。施工缝指浇筑块间临时的水平和垂直结合缝，也是新老混凝土的结合面。在新混凝土浇筑前，必须采用高压水枪或风砂枪将老混凝土表面含游离石灰的水泥膜（乳皮）清除，并使表层石子半露，形成有利于层间结合的麻面。对纵缝表面可不凿毛，但应冲洗干净，以利灌浆。采用高压水冲毛，视气温高低，可在浇筑后 5~20 h 进行；当用风砂枪冲毛时，一般应在浇后一两天进行。施工缝面凿毛或冲毛后，应用压力水冲洗干净，使其表面无碴、无尘，才能浇筑混凝土。

（一）入仓铺料

1. 混凝土入仓铺料方法

混凝土入舱铺料方法主要有平铺法、台阶法和斜层浇筑法。

（1）平铺法。混凝土入仓铺料时，整个舱面铺满一层振捣密实后，再铺筑下一层，逐层铺筑，称为平铺法。

（2）台阶法。混凝土入仓铺料时，从仓位短边一端向另一端铺料，边前进边加高，逐层向前推进，并形成明显的台阶，直至把整个仓位浇到收仓高程。

（3）斜层浇筑法。斜层浇筑法是在浇筑仓面，从一端向另一端推进，推进中及时覆盖，以免发生冷缝。斜层坡度不超过 10°，否则在入仓振捣时易使砂浆流动，骨料分离，下层已捣实的混凝土也可能产生错动。浇筑块高度一般限制在 1.5 m 左右。当浇筑块较薄，且对混凝土采取预冷措施时，斜层浇筑法是较常见的方法，因浇筑过程中混凝土冷量损失较小。

2. 分块尺寸和铺层厚度

分块尺寸和铺层厚度受混凝土运输浇筑能力的限制。若分块尺寸和铺层厚度已定，要使层间不出现冷缝，应采取措施增大运输浇筑能力。如设备能力难以增加，则应考虑改变浇筑方法，将平铺法改变为斜层浇筑和台阶浇筑，以避免出现冷缝。为避免砂浆流失、骨料分离，宜采用低坍落度混凝土。

3. 铺料间隔时间

混凝土铺料允许间隔时间，指混凝土自拌合楼出机口到覆盖上层混凝土为止的时间，它主要受混凝土初凝时间和混凝土温控要求的限制。混凝土铺料层间间歇超过混凝土允许间隔时间，会出现冷缝，使层间的抗渗、抗剪和抗拉能力明显降低。

（1）混凝土初凝时间。它与水泥品种、外加剂掺用情况、气候条件、混凝土保温措施等均有一定关系。施工时，可通过试验确定。

（2）允许间隔时间的确定。混凝土允许间隔时间，按照混凝土初凝时间和混凝土温控要求两者中较小值确定。混凝土温控允许间隔时间，根据混凝土浇筑温度计算确定。按混凝土初凝时间考虑的混凝土浇筑允许间隔时间。

（二）平仓与振捣

卸入仓内成堆的混凝土料，按规定要求均匀铺平称为平仓。平仓可用插入式振捣器插入料堆顶部振动，使混凝土液化后自行摊平，也可用平仓振捣机进行平仓振捣。

四、水利工程水坝混凝土施工技术

水资源为稀缺资源，水利工程建设对我国的经济发展有着十分重大的意义，进行渗漏防治对于提升建筑物的安全性与耐久性有着很大的作用，因此要加大防渗力度，保障工程质量以及群众的生命财产安全。具有密度高、体积大等要求的工程混凝土施工，由于原料和施工过程等原因出现裂缝，导致施工安全隐患的存在。

（一）水坝混凝土施工难点以及相应措施

随着世界经济的不断发展和能源问题的日益突出，世界各国研究人员在工作中不断地寻找一种新能源来代替不可再生能源的消耗。水能作为现阶段科学家研究的重点课题，其本身具备着发展前景广阔、潜力大的优势，大坝作为将水能转换为电能构筑物的关键设施，在近年来的社会发展中深受业内人士的重视，但是由于其建造十分复杂，需要多方面的技术，这就需要在施工中对传统的施工方法进行革新和优化，使得设计施工方法能够达到预计工作目标。这种施工技术的优化不仅达到了设计施工的要求，还有效地节约了资金、提高了工程施工效率。

1. 水坝混凝土施工难点

水坝混凝土施工与其他的建筑结构施工相比较，存在着极为显著的特殊性即施工难度大。这些特殊性也是造成水坝混凝土在施工中存在难题的关键。

首先，水坝混凝土工程施工建设是一个漏填工程工期长、施工强度要求高且施工设备利用率极为低下的特点，这就造成了在工程中对于各项管理措施要求极为严格。

其次，洞内工程众多，水坝工程的洞内施工一般都是分层进行施工的，因此在施工中对于工序的选择也应当结合实际情况进行分析。通常情况下，在分层施工中都是分为两层进行施工，而洞截面又比较小，洞内施工工序也较多，这就造成了施工组织、施工协调性之间出现了更高要求。

再次，在施工的时候水坝的竖井内部混凝土整体性、全面性较高，因此在施工中对于其中风险处理方法的选择也较为明显。

2. 相关应对措施

为了解决水坝工程在施工中存在的这些难题，我们在工作中应当采取科学的措施来对这些问题进行处理。首先，在工作中要加强管理、协调各部门的合作，一次组成一个技术水平高、管理意识好的施工队伍，在施工中能够自觉地进行施工方案的优化、施工工艺的改进，从而实现工程施工建设的高质要求。在管理方面要严格合同规定和设计图纸控制要求，以确保施工效率和施工质量，对工程施工技术的提高极为关键。

（二）水坝混凝土工程的施工方案

水坝混凝土工程在施工中本身具有洞内施工量大、施工工序多、施工组织协调要求高的特点，这些特点也造成了混凝土工程在施工中存在着较大的难度。在施工中，若是工程技术选择不当，极容易引起混凝土工程产生开裂、断层等现象，严重的时候甚至会造成工作人员生命财产威胁。鉴于水坝混凝土工程施工难点以及重要性，在目前的工程施工中我们有必要提前做好相应的预防措施，制定出科学的施工方案，以保证工程施工的顺利进行。

1. 导流廊道施工

导流廊道的施工有两层：

第一层混凝土施工顺序是：第一步清理基交面，第二步测量、放置样板，第三步做立筋架、安装钢筋，第四步安装堵头模板、堵水、预埋，第五步核实模板并验收，第六步清理仓号、验仓，第七步浇灌混凝土、等强养生，第八步拆除模板、养护，再进入下一循环。

第二层混凝土施工顺序是：第一步准备钢筋台车，第二步安装侧墙及顶拱钢筋，第三步检查侧墙及顶拱钢筋，第四步安装 120b 工字钢并加固，第五步安装台车轨道，第六步准备钢模台车，第七步调整、测量、验收模板、加固台车，第八步安装堵头模板、堵水、预埋，第九步浇灌侧墙及拱顶混凝土，第十步等强养生、拆除模板，最后进入下一段。

回填混凝土施工的施工程序包括：第一步在廊道内的管路工程安装完成并验收，第二步清理旧有的混凝土面，第三步测量并放置样板实现钢筋的安装。

2. 进水室施工

进水室的施工工序如下：第一步清理基岩面并验收、浇灌底板混凝土，第二步安装进水口的钢衬管道及埋件等，第三步回填混凝土至 1.5 m 厚的高度，第四步放空进水口钢衬及埋件，第五步放空进水口的二期混凝土浇筑，第六步浇灌 1.5 m 段的混凝土、形成“环梁牛腿”，第七步安装桥式起重机，第八步安装闸门、搭设球顶承重架等，最后完成混凝土浇筑。

3. 进水室交通施工

竖井混凝土衬砌的施工顺序是：第一步验收岩石、清除危岩，第二步搭建脚手架，并按照拉模插筋打孔，第三步安装并加固内外两层钢筋，第四步安装模板并加固调整验收，第五步清理仓号并验收，第六步浇灌混凝土，等强养生，第七步养护施工缝，再进入下一层的循环。而交通廊道的混凝土衬砌程序则与导流廊道的施工顺序相同。

（三）水坝混凝土模板工程施工

根据每个水坝工程的不同要求和实际情况，可以根据上一节中的各个程序来规划水坝混凝土工程中的模板安置。按照水坝混凝土模板的使用位置来分，可以有多种模板安置办法，例如在施工缝面可以使用先例组合的钢模和木模，而环梁牛腿的位置就可以使用木排架定型模板，在楼面位置可以使用能够支撑重心的木模，主体方面适合使用的是木模，同时竹胶合板也是不错的选择，洞内的衬砌工程必须用到钢模台车，在竖井中可以用到组合钢模板，导流廊道或交通廊道等露天工程也可以使用钢模台车，要注意必须加固所使用的钢模台车，在外模方面也可以用组合钢模板，最后是灌浆廊道顶拱，这里必须使用圆弧木排架，并在上面加铺钢模板，其外模要选择组合钢模板。

总的来说，我们在工作中有必要深入研究水坝混凝土施工技术和工艺，从理论上突破传统的施工难点，科学地提高施工技术和管理水平，保证工程施工质量。混凝土施工有许多方案可以实施，只有对工程有了正确并深入的分析之后，才能得到一套完备的施工方案，只有严格按照方案施工，才能保证工程质量，提高施工技术水平。

第二章　水利工程管理

Chapter 2

第一节 水利工程管理的含义

水利工程的运用、操作、维修和保护工作，是水利管理的重要组成部分。水利工程建成后，必须通过有效的管理，才能实现预期的效果和验证原来规划、设计的正确性。工程管理的基本任务是：保持工程建筑物和设备的完整、安全，经常处于良好的技术状况；正确运用工程设备，以控制、调节、分配、使用水源，充分发挥其防洪、灌溉、供水、排水、发电、航运、水产、环境保护等效益；正确操作闸门启闭和各类机械、电机设备，提高效率，防止事故；改善经营管理，不断更新改造工程设备和提高管理水平。

狭义的水利工程管理：是指对已建成的水利工程进行检查观测、养护修理和调度运用，保障工程正常运行并发挥设计效益的工作。广义的水利工程管理：除以上技术管理工作外，还包括水利工程行政管理、经济管理和法制管理几个方面。水利：是指采取人工措施对自然界的水进行开发、调控、管理和保护，以免除水旱灾害，满足人类生活生产需要的活动。基本手段是修建水利工程。包括：防洪、排水、灌溉、供水、水力发电、航运、水土保持以及水产、旅游和改善生态环境。水利工程：是指为了除水害兴水利而修建的控制和调配自然水的工程设施。

保护和合理运用已建成的水利工程设施，调节水资源，为社会经济发展和人民生活服务。水利工程建成以后，只有通过科学管理，才能发挥最佳的综合效益，还可以验证原来工程规划、设计和施工质量的优劣。水利工程管理主要服务于防洪、排水、灌溉、发电、水运、水产、工业用水、生活用水和改善环境等方面。主要工作内容：①开展水利工程检查观测；②组织进行水利工程养护修理；③运用工程进行水利调度；④更新工程设备，适当进行技术改造。工作方法：①制订和贯彻有关水利工程管理的行政法规；②制定、修订和执行技术管理规范、规程，如：工程检查观测规范、工程养护修理规范、水利调度规程、闸门启闭操作规程等；③建立、健全各项工作制度，据以开展管理工作，主要工作制度有：计划管理制度、技术管理制度、经济管理制度、财务器材管理制度和安全保卫制度等。

一、水利工程管理内容

水利工程种类多，其作用和所处的客观环境互不相同，管理内容、管理方法也都有自己的特点，现摘要介绍如下。

（一）水库管理

水库是调节径流的工程。水库管理的突出重点是做好大坝安全管理工作，防止溃坝而造成严重后果。水库效益是通过水库调度实现的。在水库调度中，要坚持兴利服从安全的原则。水库的兴利调度要权衡轻重缓急，考虑多方面需要，如工、农业和城市供水、水力发电、改善通航条件、发展水库渔业，以及维护生态平衡和水体自净能力等需要。为了充分发挥水库的综合效益，在水库调度中，需要进行许多技术工作。多泥沙河流上的水库调度，为了减少库区淤积、延长水库寿命，还需要进行水库泥沙观测和专门研究水沙调度问题。

（二）水闸管理

水闸是用以挡水，控制过闸流量，调节闸上、下游水位的低水头水工建筑物，有节制闸、分洪闸、进水闸、排水闸、冲沙闸和挡潮闸等类。发挥水闸的作用是通过水闸调度实现的。水闸管理中最常见的问题是：过闸流量的测定不准确，闸门启闭不灵，闸门漏水、锈蚀和腐蚀，闸基渗漏和变形，闸上下游冲刷和淤积等。为保持水闸的正常运用，需要做好技术管理工作。①率定闸上下游水位、闸门开度与过闸流量之间的关系，保证过闸流量的测读准确性；②进行泄流观测和其他各种水工观测；③按规章制度启闭闸门；④按规章制度进行闸门启闭设备、闸室消能工等和水工建筑物的养护修理；⑤靠动力启闭的水闸，必须有备用的动力机械设备或电源。

（三）堤防管理

堤防是约束水流的挡水建筑物，特点是堤线长、穿堤涵闸、管线等与堤身结合部容易形成弱点，土堤所占比例较大，河道堤防往往由于河势变化而形成险工，堤身内部往往存在隐患。堤防管理的中心任务就是防备出险和决口。管理工作的特点：①堤防与相对应的河道由一个机构统一管理并实行分段管理；②进行堤防外观检查测量和必要的河道观测，根据堤身变形和河势变化及时采取堤防的加固除险措施；③有计划地开展堤坝隐患探测，发现隐患及时处理；④堤防养护除工程措施外，生物措施往往更经济有效，如：绿化堤坡代替护坡，护堤地营造防浪林等；⑤汛期组织防汛队伍准备抢险料物以应急需等。

（四）引水工程管理

引水工程的作用是把天然河、湖或水库中可以调出的水输送到需要地点。引水线路有的利用天然河道，有的是人工开渠或敷设管道，沿线可能有泵站、调节水库以及分水、跌水、平面或立体交叉等建筑物。引水工程建筑物种类和数量多，技术经济关系比较复杂，运行管理任务比较繁重。引水工程特有的管理工作主要是：①对来水、用水情况经常进行分析预测；②按照需要与可能统筹安排，有计划地引水、输水和分配水，并做好计量管理工作；③设法降低输水损失，提高输水效率；④提水泵站要设法降低能源消耗；⑤采取有效措施，防止沿线水源污染，以满足用户的水质要求；⑥工程设施的养护维修。

（五）灌溉工程管理

工程管理是灌溉管理工作实现灌溉节水高产目标的物质基础。灌溉工程一般包括水源工程、渠道和渠系建筑物三部分。其管理要点分别如下。水源工程包括水库、拦河闸坝和引水渠首。水源工程的管理实际上也就是水库、水闸的管理。渠首工程还包括泵站和机电井，其管理特点是水泵、动力设备的操作、检修工作量所占比重较大。渠道一般分干渠、支渠、斗渠、农渠、毛渠五级，视灌区规模大小而异。灌溉渠道是一个系统，较大灌区的渠道需要按渠道的性质和自然条件，因地制宜分级管理，适当划分各级管理的范围和权限，制定各级渠道的检查养护制度，开展正常管理工作。渠道管理的主要任务是保持输水能力和降低输水损失。渠系建筑物种类繁多，有节制闸、进水闸、分水闸、冲沙闸、退水闸、渡槽、跌水、倒虹吸管、隧洞、涵管、桥梁和量水建筑物等。需要针对各类建筑物的不同功能、结构形式和所处的不同环境，制定规程、规范，进行检查养护和操作运用。渠系是一个整体，渠系建筑物的运用，必须服从统一调度安排。

（六）管理工作具体内容

根据中国的实际情况，水利工程管理的具体内容归纳为：

1. 按设计标准，保证工程本身及保护范围的防洪安全，防止发生事故；

2. 充分发挥工程效益，满足国计民生需要；

3. 改善经营管理，取得最佳经济效果；

4. 提高科学管理水平，加速向现代化管理过渡。

二、特点

水利工程管理工作具有以下特点：

（一）水利工程的各项蓄水、壅水、输水或泄水建筑物，必须具有足够的抗水压、耐冲刷、防渗漏、抗冻融等特殊性能，如果遭受破坏，将会造成溃坝、决口、改道，给国民经济带来巨大损失，甚至毁灭性的灾害。因此，在工程管理中，首先要保证安全。

（二）水利工程是调节、调配天然水资源的设施，而天然水资源来量在时空分布上极不均匀，具有随机性，影响效益的稳定性及连续性。水利工程在运行中，需要专门的水利调度技术、测报系统、指挥调度通讯系统，以便根据自然条件的变化，灵活调度运用。

（三）许多水利工程是多目标开发综合利用的，一项工程往往兼有防洪、灌溉、发电、航运、工业、城市供水、水产养殖和改善环境等多方面的功能，各部门、各地区、上下游、左右岸之间对水的要求各不相同，彼此往往有利害冲突。因此，在工程运行管理中，特别需要加强法制和建立有权威的指挥调度系统，才能较好地解决地区之间、部门之间出现的矛盾，发挥水利工程最大的综合效益。

（四）要依靠群众，分级管理。水利工程数量大、分布广，重要性和受益范围有很大差别，不能一律靠国家设置专管机构进行管理，而是要实行分级管理和专业管理与群众管理相结合，特别是大量的小型水库和农田水利工程，应主要依靠群众组织进行管理。

三、发展趋势

中国的水利工程管理经过 30 多年的实践，已经取得了很大进展，但是要尽快实现中国式的管理现代化，还要做很大努力。当前研究的主要内容，侧重在以下几个方面：要贯彻全面服务的方针。除应继续巩固提高过去所侧重的防洪、排水、灌溉等方面以外，要把水电、水运、城乡供水和水产都作为重要服务项目。有重点地建立微波、短波通讯系统，设置快速运算的电子计算机网络，实现优化调度，全面发挥水资源的综合效益。在技术管理中更广泛地应用系统工程等现代化管理科学理论和以电子计算机为中心的各种先进科学技术手段。在监测维修方面，对重要工程设置遥测、遥控、预警和监测工程设施工作状态的自动化装置，监控其安全运行；对建筑物、金属结构和机电设备等进一步研究采取新工艺、新材料、新设备，以加固工程，进行设备更新，延长工程寿命。在经营管理上研究如何向企业化、社会化方向发展，使原有的固定资产和流动资金尽快实现良性循环。

第二节　水利工程管理的必要性

我国的经济在改革开放之后迅速发展，国民生活水平大幅度提高。各项制度也在不断完善，在水利设施建设上也大刀阔斧地进行开发。随着经济的高速发展，能源需求也急速增加，水力资源无疑成为一个很好的选择，接下来我将从几个方面介绍与此相关的一些水利工程。

水库工程规划：以水库为研究对象的水利工程规划。水库有山谷水库、平原水库、地下水库等，以山谷水库，特别是其中的堤坝式水库，为数最多。通常所称的水库工程多指这一类型。它一般都由挡水、泄洪、放水等水工建筑物组成。这些建筑物各自具有不同作用，在运行中，又相互配合形成水利枢纽。水库工程规划通常应在流域规划、地区水利规划或有关专业水利规划的基础上进行。其主要任务是进一步对工程建设条件进行分析研究，从技术、经济、社会、环境等方面论证其可行性，并推荐出最优方案。

河道建设：加强河道保洁的水陆同步化管理，做到河面和陆域管理一体、同步发展，保证保洁范围内河面无漂浮物，确保保洁船始终保持在正常工作运行状态中，循环进行。在管理和整治水环境的同时，还要注重陆域管理，对于河坡周边环境也要保持整洁，陆域范围内无垃圾，防汛通道、景观区等也应保持清洁，无散落物。

堤坝建设：（以黄河为例）长期的水土保持实践经验证明，大规模开展堤坝建设，发挥拦沙蓄水淤地等综合功能，对促进当地农业增产、农民增收、农村经济发展，巩固退耕还林成果，改善生态环境，实现再造秀美山川，全面建设小康社会以及有效减少入黄泥沙、确保黄河长治久安具有非常重大的现实意义。这些堤坝在治理黄河、改善生态环境、发展农村经济等方面发挥了显著的作用：一是拦泥保土，有效地减少了入黄泥沙。黄土高原地区堤坝工程对黄河减沙和黄河下游的持续安澜做出了巨大贡献。二是淤地造田，提高了粮食产量。三是促进水资源利用，解决农民生活生产用水。四是增加农民收入，发展农村经济。五是促进退耕，改善生态环境。六是利于区域防洪减灾，保护下游生产安全。七是以坝代桥，改善交通条件。

一、加快建设黄河堤坝的必要性

（一）全面建设小康社会的需要

全面建设小康社会，最根本的是坚持以经济建设为中心，不断提高人民生活水平。黄土高原地区是我国贫困人口集中、经济基础薄弱的地区，该区人民群众能否脱贫致富，将直接影响我国全面建设小康社会总目标的如期实现。而加快黄土高原地区堤坝建设，对促进地方经济发展和群众脱贫致富，全面建设小康社会具有重要的现实意义。堤坝将泥沙就地拦截，形成坝地，使荒沟变成了高产稳产的基本农田。

（二）促进西部大开发的需要

黄土高原地区有煤炭、石油、天然气等 30 多种矿产，资源丰富，是我国西部地区十大矿产集中区之一，开发潜力巨大。该区是我国重要的能源和原材料基地，在我国经济社会发展中具有重要地位。该地区严重的水土流失和极其脆弱的生态环境与其在我国经济社会发展中的重要作用极不相称，这就要求在开发建设的同时，必须同步进行水土保持生态建设。堤坝建设是水土保持生态建设的重要措施，也是资源开发和经济建设的基础工程。加快堤坝建设，可以快速控制水土流失，提高水资源利用率，通过促进退耕还林还草及封禁保护，加快生态自我修复，实现生态环境的良性循环，改善生产、生活和交通条件，为西部开发创造良好的建设环境，对于国家实施西部大开发的战略具有重要的促进作用。

（三）改善生态环境的需要

巩固退耕还林还草成果的关键是当地群众要有长远稳定的基本生活保证。堤坝建设形成了旱涝保收、稳产高产的基本农田和饲料基地，使农民由过去的广种薄收改为少种高产多收，促进了农村产业结构调整，为发展经济创造了条件，解除了群众的后顾之忧，与国家退耕政策相配合，就能够保证现有坡耕地“退得下、稳得住、不反弹”，为植被恢复创造条件，实现山川秀美。

（四）实现黄河防洪安全的需要

黄河泥沙主要来源于黄土高原的千沟万壑。修建于沟道中的堤坝，从源头上封堵了向下游输送泥沙的通道，在泥沙的汇集和通道处形成了一道人工屏障。它不但能够拦蓄坡面汇入沟道内的泥沙，而且能够固定沟床，抬高侵蚀基准面，稳定沟坡，制止沟岸扩张、沟底下切和沟头前进，减轻沟道侵蚀。

水利枢纽：为满足各项水利工程兴利除害的目标，在河流或渠道的适宜地段修建的不同类型水工建筑物的综合体。水利枢纽按承担任务的不同，可分为防洪枢纽、灌溉（或供水）枢纽、水力发电枢纽和航运枢纽等。多数水利枢纽承担多项任务，称为综合性水利枢纽。影响水利枢纽功能的主要因素是选定合理的位置和最优的布置方案。水利枢纽工程的位置一般通过河流流域规划或地区水利规划确定。具体位置须充分考虑地形、地质条件，使各个水工建筑物都能布置在安全可靠的地基上，并能满足建筑物的尺度和布置要求，以及施工的必需条件。水利枢纽工程的布置一般通过可行性研究和初步设计确定。枢纽布置必须使各个不同功能的建筑物在位置上各得其所，在运用中相互协调，充分有效地完成所承担的任务；各个水工建筑物单独使用或联合使用时水流条件良好，上下游的水流和冲淤变化不影响或少影响枢纽的正常运行，总之技术上要安全可靠；在满足基本要求的前提下，要力求建筑物布置紧凑，一个建筑物能发挥多种作用，减少工程量和工程占地，以减小投资；同时要充分考虑管理运行的要求和施工便利，工期短。一个大型水利枢纽工程的总体布置是一项复杂的系统工程，需要按系统工程的分析研究方法进行论证确定。我们在这以长江三峡为例。

长江三峡水利枢纽工程，简称三峡工程，是中国长江中上游段建设的大型水利工程项目。分布在中国重庆市到湖北省宜昌市的长江干流上，大坝位于三峡西陵峡内的宜昌市夷陵区三斗坪，并和其下游不远的葛洲坝水电站形成梯级调度电站。它是世界上规模最大的水电站，也是中国有史以来建设的最大型的工程项目，而由它所引发的移民、环境等诸多问题，使它从开始筹建的那一刻起，便始终与巨大的争议相伴。但应该说它是效益更多的，具体的有如下几个：

①防洪：三峡大坝建成后，将形成巨大的水库，滞蓄洪水，使下游荆江大堤的防洪能力，由防御十年一遇的洪水，提高到抵御百年一遇的大洪水，防洪库容在 73 亿 ~220 亿立方米之间。如遇 1954 年那样的洪水，在堤防达标的前提下，三峡能减少分洪 100 亿 ~150 亿立方米，荆江至武汉段仍需分洪 350 亿 ~400 亿立方米。如遇 1998 年洪水，可有效防御。

②发电：三峡水电站是世界最大的水电站，总装机容量 1 820 万 kW。这个水电站每年的发电量，相当于 4 000 万 t 标准煤完全燃烧所发出的能量。装机（26+6）×70 万（1 820 万 +420 万）kW，年发电 846.8~1 000 亿度。主要供应华中、华东、华南、重庆等地区。③航运：三峡工程位于长江上游与中游的交界处，地理位置得天独厚，对上可以渠化三斗坪至重庆河段，对下可以增加葛洲坝水利枢纽以下长江中游航道枯水季节流量，能够较为充分地改善重庆至武汉间通航条件，满足长江上中游航运事业远景发展的需要。通航能力可以从现在的每年 1 000 万 t 提高到 5 000 万 t。长江三峡水利枢纽工程在养殖、旅游、保护生态、净化环境、开发性移民、南水北调、供水灌溉等方面均有巨大效益。除此以外还有水产养殖、供水、灌溉和旅游等综合利用效率。

二、我国在不远的将来将会创造更大的奇迹

由于影响水利工程的自然因素复杂，水工理论技术仍处于发展阶段，施工条件困难，因此，在工程的勘测、规划、设计和施工中难免有不符合客观实际之处，从安全角度看水利工程本身存在不同程度的缺点、隐患等。水工建筑物长期处于水中工作，受到水压力、渗透、冲刷、气蚀、冻融和磨损等物理作用以及侵蚀、腐蚀等化学作用的影响，结构及材料性能不断劣化。水工建筑物失事危害性随社会经济发展而不断加大。总之，水工建筑物在运用中，受到各种外界因素的作用，且随着时间的推移向不利方向发展，材料老化极端气候影响，缩短工程寿命，甚至造成严重事故。因此，对水工建筑物加强检查观测，及时发现问题，进行妥善的养护，对病害及时进行维修，不断发现和消除不安全的因素，确保工程安全。同时，科学调度、使用和保护水资源，使水利工程长期充分发挥其应有效益，兴水利除水害，这就是水利工程管理的重要意义。水利工程管理的任务：保证水利工程安全运行，防止自然和人为破坏。按照工程管理的各种法规和技术标准，维护工程完好和正常运行。运用工程手段实现防洪减灾、水资源合理调度和使用，满足国民经济和社会发展的需求，充分发挥工程应有的各种效益，如防洪、灌溉、发电、供水、排水、交通运输、渔业、环境保护、水土保护和旅游等。努力改善管理条件，进行技术革新和设备改造，不断提高管理水平。保持水域工程环境的蓄水、过水、排水、调水能力和使用条件。

第三节　水利工程管理的基本内容

质量是实体满足明确或隐含需要的特性总和。“实体”是质量的主体，可以指活动或过程、产品、组织、体系或个人，也可以是上述各项的组合；“需要”指用户的需要，也可以指社会及第三方的需要；“明确需要”指甲乙双方在合同环境或法律环境中明确提出以合同、标准、规范、图纸、技术文件等方式做出规定，由生产企业实现的各种要求；“隐含需要”指没有任何形式给予明确规定，但却是人们普遍认同的、无须事先声明的需要；“特性”是社会需求是否得到满足，可用一系列定性或定量的特性指标来描述和评价，主要内容包括适用性、经济性、安全性、可靠性、美观性及与环境的协调性等方面的质量属性。

工程质量是工程结果或工程产品满足人们的认同程度，通过规范标准、合同等一系列措施、方法和手段进行评价的表示，工程质量包括施工质量、工序质量，也称生产过程质量。工程质量的形成是通过一个个工序来完成的，每一道工序质量都应满足下一道工序的质量标准，只有抓好每一道工序的质量，才能有效地保证工程的整体质量。工作质量是指参与工程项目的建设者为了保证工程项目实体质量所从事技术、组织工作水平和完善程度，工作质量包括社会调查、管理工作质量、技术工作质量、后勤工作质量、质量回访等。工程项目质量是指能够满足业主（用户或社会）在适用性、可靠性、经济性、外观质量与环境协调等方面的需要，符合国家现行的法律、法规、技术规范和标准、设计文件及工程项目合同中对项目的安全、使用、经济等特性的综合要求。工程项目质量的衡量标准根据具体工程项目和业主需要的不同而不同，通常包括：在前期工作阶段设定建设标准、明确工程质量要求；保证工程设计和施工的安全性、可靠性；对材料、设备、工艺、结构质量提出要求；工程投产或投入使用后达到预期质量水平，工程适用性、安全性、稳定性、效益良好。

一、工程项目质量管理

工程项目质量管理是指导、控制组织保证提高项目质量而进行的相互协调的活动，及对质量的工作成效进行评估和改进的一系列管理工作。目的是按既定的工期以尽可能低的成本达到质量标准。任务在于建立和健全质量管理体系，用工作质量来保证和提高工程项目实物质量。质量管理是质量目标及质量职责的制定与实施。通过质量体系中的质量方针、质量策划、质量控制、质量保证和质量改进实现全部管理职能的所有活动。

二、工程项目质量的特点

由于工程项目产品具有位置固定、单件性、生产流动、生产周期长、体积大、整体性强、涉及面广、受自然气候条件影响大、工序多、协作关系复杂等特点，工程项目建设是一个综合性过程。工程项目质量的特点是由工程项目本身的特点决定的。

（一）影响质量的因素多；

（二）质量波动大；

（三）质量具有隐蔽性；

（四）终检具有局限性。

三、工程项目质量管理的原则

（一）以顾客为关注焦点；

（二）领导作用；

（三）全员参与；

（四）过程方法；

（五）管理的系统方法；

（六）持续改进；

（七）基于事实的决策方法；

（八）与供方互利的关系。

四、水利工程项目质量责任体系和监督管理

（一）水利工程项目质量责任体系

水利部负责全国水利工程质量管理工作。各流域机构受水利部的委托负责本流域由流域机构管辖的水利工程的质量管理工作，指导地方水行政主管部门的质量管理工作。各省、自治区、直辖市水行政主管部门负责本行政区域内水利工程质量管理工作。水利工程质量实行项目法人（建设单位）负责、监理单位控制、施工单位保证和政府监督相结合的质量管理体制。水利工程质量由项目法人（建设单位）负全面责任。监理、施工、设计单位按照合同及有关规定对各自承担的工作负责。

（二）项目法人（建设单位）的质量责任

项目法人（建设单位）应根据国家和水利部有关规定依法设立，主动接受水利工程质量监督机构对其质量体系的监督检查。项目法人（建设单位）应根据工程规模和工程特点，按照水利部有关规定，通过资质审查招标选择勘测设计、施工、监理单位，实行合同管理。在合同文件中，必须有工程质量条款，明确图纸、资料、工程、材料、设备等的质量标准

及合同双方的质量责任。项目法人（建设单位）要加强工程质量管理，建立健全施工质量检查体系，根据工程特点建立质量管理机构和质量管理制度。

（三）勘察设计单位的质量责任

设计单位必须按照其资质等级及业务范围承担勘测设计任务，主动接受水利工程质量监督机构对其资质等级及质量体系的监督检查。设计单位必须建立健全设计质量保证体系，加强设计过程质量控制，健全设计文件的审核、会签批准制度，做好设计文件的技术交底工作。

（四）设计文件必须符合下列基本要求

（1）设计文件应当符合国家、水利行业有关工程建设法规、工程勘测设计技术规程、标准和合同的要求。（2）设计依据的基本资料应完整、准确、可靠，设计论证充分，计算成果可靠。（3）设计文件的深度应满足相应设计阶段有关规定要求，设计质量必须满足工程质量、安全需要，符合设计规范的要求。

（五）施工单位质量责任

施工单位不得将其承接的水利建设项目的主体工程和关键项目进行分包。对工负责，总承包单位与分包单位对分包工程的质量承担连带责任。总包单位对全部工程质量向项目法人（建设单位）负责。工程分包必须经过项目法人（建设单位）的认可。施工单位要推行全面质量管理，建立健全质量保证体系，制定和完善岗位质量规范、质量责任及考核办法，落实质量责任制。在施工过程中要加强质量检验工作，认真执行“三检制”，切实做好工程质量的全过程控制。施工单位应当建立、健全教育培训制度，加强对职工的教育培训；未经教育培训或者考核不合格的人员，不得上岗作业。

（六）监理单位的质量责任

监理单位必须持有水利部颁发的监理单位资格等级证书，依照核定的监理范围承担相应水利工程的监理任务。禁止工程监理单位超越本单位资质等级许可的范围或者以其他工程监理单位的名义承担工程监理业务。禁止工程监理单位允许其他单位或者个人以本单位名义承担工程监理业务。工程监理单位不得转让工程监理业务。工程监理单位与被监理工程的施工承包单位以及建筑材料、建筑构配件和设备供应单位有隶属关系或者其他利害关系的，不得承担该项建设工程的监理业务。监理单位根据所承担的监理任务向水利工程施工现场派出相应的监理机构，人员配备必须满足项目要求。监理工程师上岗必须持有水利部颁发的监理工程师岗位证书，一般监理人员上岗要经过岗前培训。

（七）建筑材料、设备采购的质量责任

建筑材料和工程设备的质量由采购单位承担相应责任。凡进入施工现场的建筑材料和工程设备均应按有关规定进行检验。经检验不合格的产品不得用于工程。建筑材料或工程设备应当符合下列要求：

1. 有产品质量检验合格证明；

2. 有中文标明的产品名称、生产厂名和厂址；

3. 产品包装和商标式样符合国家有关规定和标准要求；

4. 工程设备应有产品详细的使用说明书，电气设备还应附有线路图；

5. 实施生产许可证或实行质量认证的产品，应当具有相应的许可证或认证证书。

（八）水利工程质量监督

1. 水利工程质量监督机构的设置

水行政主管部门主管水利工程质量监督工作。水利工程质量监督机构按总站、中心站、站三级设置。（1）水利部设置全国水利工程质量监督总站，办事机构设在建设司。水利水电规划设计管理局设置水利工程设计质量监督分站，各流域机构设置流域水利工程质量监督分站作为总站的派出机构。（2）各省、自治区、直辖市水利（水电）厅（局），新疆生产建设兵团水利局设置水利工程质量监督中心站。（3）各地（市）水利（水电）局设置水利工程质量监督站。各级质量监督机构隶属于同级水行政主管部门，业务上接受上一级质量监督机构的指导。水利工程质量监督项目站（组）是相应质量监督机构的派出单位。

2. 水利工程质量监督机构主要职责

全国水利工程质量监督总站负责全国水利工程的监督和管理，其主要职责包括：贯彻执行国家和水利部有关工程建设质量管理的方针、政策；制订水利工程质量监督、检测有关规定和办法，并监督实施；归口管理全国水利工程的质量监督工作，指导各分站、中心站的质量监督工作；对部直属重点工程组织实施质量监督。参加工程的阶段验收和竣工验收；监督有争议的重大工程质量事故的处理；掌握全国水利工程质量动态。组织交流全国水利工程质量监督工作经验，组织培训质量监督人员。开展全国水利工程质量检查活动。质量监督机构根据工作需要，可委托水利工程质量检测单位承担以下主要任务：

（1）核查受监督工程参建单位的试验室装备、人员资质、试验方法及成果等。

（2）根据需要对工程质量进行抽样检测，提出检测报告。

（3）参与工程质量事故分析和研究处理方案。

（4）质量监督机构委托的其他任务。水利部水利工程质量监督机构认定的水利工程质量检测机构出具的数据是全国水利系统的最终检测。各省级水利工程质量监督机构认定的水利工程质量检测机构所出具的检测数据是本行政区域内水利系统的最高检测。

（九）水利工程项目质量控制

1. 设计阶段质量控制的依据

（1）有关工程建设及质量管理方面的法律、法规。

（2）有关工程建设的技术标准，如各种设计规程、规范、设计标准，以及有关设计参数的定额、指标等。

（3）已批准的各种文件。

（4）各种专题报告，如勘测报告、淹没和淹没区调查报告、数学及水工模型演算结果和试验报告、征地移民报告等。

（5）各种必需的资料，包括气象、水文、地质、经济等方面的原始资料。

2. 施工招标质量控制的依据

（1）国家和政府有关招投标的规定。国家和政府颁发的有关政策、法令、法律，以及技术规范、工程质量管理、工程质量监督、施工质量检查评定标准等有关规定、规程，既是招标单位编制招标文件的依据，又是投标施工单位制定施工方案和技术保证措施的依据，也是评标和决标时对施工企业的技术实力、经营管理水平，以及他们所提出的施工方案、施工组织设计及技术保证措施进行审查和评定的依据。

（2）设计文件。

（3）委托监理合同。施工承包企业按照其承包工程能力，划分为施工总承包、专业承包和劳务分包三个序列：施工总承包企业资质按专业类别共分为 12 个资质类别，每一个资质类别又分成特级、一、二、三级。专业承包企业资质按专业类别共分为 60 个资质类别，每一个资质类别又分为一、二、三级。劳务分包企业，获得劳务分包资质的企业，可以承接施工总承包企业或者专业承包企业分包的劳务作业。劳务承包企业有十三个资质类别。施工承包商的资质审核，施工承包商资质等级的审查。需要有专业施工队伍承建。监理工程师对施工承包商企业资质审核时，主要是核查资质等级证书。施工承包商施工业绩和技术实力的审查。施工机械设备和检验仪器设备的审查，施工承包商施工信誉和近期财务状况审查。

3. 影响施工质量因素

工程施工是一种物质生产活动。因此，影响工程产品质量的因素有五个方面，它们分别是人（Man）、材料（Material）、机械（Machine）、方法（Method）及环境（Environment），简记为 4M1E 质量因素。施工阶段质量控制就是要对 4M1E 五个质量因素进行全面的控制。

4. “三检制”

在施工过程中，施工承包商必须严格实行施工质量的“三检制”，即施工班组的初检、施工队的兼职质检员的复检以及承包商专职质检员的终检。施工质量控制依据为：（1）已批准的设计文件、施工图纸及相应的设计变更与修改文件。已批准的设计文件无疑是监理工程师进行质量控制的依据。监理工程师在进行质量控制时，首先必须对施工图纸进行审查，及时发现其中存在的问题或矛盾之处，提请设计单位修改，按一定的程序作出设计变更。（2）已批准的施工组织设计。（3）合同中引用的国家和行业（或部颁）的现行施工操作技术规范、施工工艺规程及验收规范。（4）合同中引用的有关原材料、半成品、构配件方面的质量依据。（5）业主和施工承包商签订的工程承包合同中有关质量的合同条款。（6）制造厂提供的设备安装说明书和有关技术标准。

开工条件审查的内容：

（1）业主的准备工作：

①做好征地、移民和施工现场的“三通一平”或“四通一平”。②解决承包商施工现场占有权及通道。

（2）承包商的准备工作：

①承包商组织机构和人员的审查。②承包商工地试验室和试验计量设备的检查。③对原始基准点、基准线和参考标高的复核和工程放线。④施工机具、设备的检查。⑤原材料、成品、半成品的检查。⑥质量保证体系的检查。

第四节　我国水利工程管理的发展和展望

随着社会发展和人口增长，水利事业的地位越来越重要，近些年，我国对水利设施基础建设加大了投入，水利工程进入空前的发展阶段。但是水利工程项目的建设是一种庞大和复杂的系统工程，对水利工程质量的影响因素贯穿在整个施工过程中。水利工程是国民经济和社会发展的重要基础设施。50 多年来，我国兴建了一大批水利工程，形成了数千亿元的水利固定资产，初步建成了防洪、排涝、灌溉、供水、发电等工程体系，在抗御水旱灾害，保障经济社会安全，促进工农业生产持续稳定发展，保护水土资源和改善生态环境等方面发挥了重要作用。但是，水利工程管理中存在的问题也日趋突出。这些问题不仅导致大量水利工程得不到正常的维修养护，效益严重衰减，而且对国民经济和人民生命财产安全带来极大的隐患，如不尽快从根本上解决，国家近年来相继投入巨资新建的大量水利设施也将老化失修、积病成险。

一、目前水利工程管理的现状

水利工程管理体制不顺，水利工程管理单位机制不活。

（一）水管单位缺乏科学定性

目前，水管单位缺乏科学定性，既不像事业单位，又不像企业。水利工程大部分为综合利用工程，既有公益性功能，又有一定的经营开发功能，公益性资产和经营性资产混在一起，界限不清。政府、水行政主管部门、水管单位之间的管理关系不顺，权责不明。内部运行机制不活，缺乏有效的激励、约束机制，导致大多数水管单位亏损经营。把握原则，明确权责，不断规范水利工程管理，建立职能清晰、权责明确的水利工程管理体制，充分发挥水管单位的积极性和创造性；建立管理科学、经营规范的水管单位运行机制，既要保证社会效益，又要按市场经济要求运行；建立专业化、市场化和社会化的水利工程维修养护体系，按管理权限维护水利工程安全；建立规范的资金投入、使用、管理和监督机制，本着国家扶持、谁管理谁使用、谁受益谁投入的原则，多元投资建设水利工程，严格监督管理资金的使用方向；建立合理的水价形成机制和有效的水费计收方式。

（二）单位机构臃肿，社会保障机制不全

水管单位内部机构设置不科学，机构臃肿，非工程管理岗位较多，因人设事，因人设岗，导致效率低下，人浮于事。在人员总量过剩的同时，各地水管单位真正急需的工程技术人员又严重短缺，无法满足工程管理的基本需求。要深化水管单位内部改革，按照精简高效的原则，在编制确定、按需设岗的基础上，按岗聘人，竞争上岗。单位领导通过竞选方式选聘，定期考核，实行优胜劣汰；事业单位员工实行全面实行人员聘用制度。建立健全用人机制和分配机制，精简机构，做到人尽其才、人尽其用，逐步调整人员结构，不断提高职工的文化水平。处理好这一关系，将十分有利于水利工程管理单位轻装上阵，提高职工素质和提高劳动生产力，促进水利工程管理体系。以水利工程管理体制改革为契机，继续深化水利工程管理体制改革，全面实行目标考核制度。

（三）水利工程运行管理和维修养护经费不足，影响水利工程正常投入

在水利工程建设中，有的小型水利工程维修无经费，老化失修严重；有管理单位的等、靠、要，无管理单位的没有人问；多数工程没有专兼职管护人员，个别工程甚至没有建完就遭到破坏。在人员经费的供给方面，不少承担防洪、排涝工作任务的，财政供给不足，使得这些人员想法子找米下锅，没有精力投入管理工作。要利用建设统筹城乡综合配套改革试验区的平台进一步争取中央支持。要进一步整合部门投入，各行业、各部门可用资金投入到水利工程建设上来。

（四）工程管理不及时，效率低

由于近年来农民个体户的独立经济意识较强，忽视集体利益，在水利工程管理上盲目用水，圩堤上乱垦乱种现象屡禁不止。由于水利工程管理粗放，不注重工程维修，导致损失严重。不同领域的生产进度也不一样，各自领域为了满足自身的生产需要而随意截流，

挖沟、放水，把水利建设原有的线路搞得支离破碎，从而削弱其自身的供水功能。还有一些农民在地里私自打井，大量开采地下水，这是对水资源的一种浪费。长期下去，不仅会影响到农业的发展，还有可能会破坏生态环境。

（五）农村基层水利工程管理人员的综合素质低

随着近年来政府对水利工程的投资增多，水利工程项目也在不断增加，急需大批水利工程技术人员和管理人员。以前的很多水利单位人员冗杂，人力资源分配缺乏科学，工作效率低下，应当精简结构，减少不必要的财政开支。大力引进水利工程技术人员，加强水利工程的技术力量。另外，企业应该重视对水利技术和管理人员进行培训，提高他们的专业技能和综合素质，增强企业的市场竞争力。

二、水利工程管理对策

首先，要提高工作人员对水利工程基础地位的认识，正确领导，高度认识水利工程的重要性，多培养水利工程的管理人才，全面提高水利工程队伍的素质。管理单位要健全管理机构，建立权责分明的水利工程管理体制。把水利管理体制理顺，使水利管理机制可以正常运行。要深化单位内部的机制改革，实行全面高效的行业管理，使水利工程的管理走向正规化。使水利工程的监管制度规范，提高监理工作人员的素质，水利工程的监理工作内容主要是对工程工期、投资及质量进行控制和监督，要高效发挥监督的作用，以使施工单位管理和技术水平得到提高。加强财务的监管，水利工程维修要想搞好，对水利财务的监管是必不可少的，对水利资产的管理要加强，水利的价格收费体系应完善，且管理单位一定要有财务的自主权，主管部门要按时按期地对财务进行审计。鼓励个人和单位以股份合作形式吸收社会资金，开发水利工程。

三、水利工程管理的发展趋势

为了改善我国农村的小型水利工程设施，不断推进农业现代化进程，我们主要针对上面我国小型水利工程管理现状出现的一系列问题，提出了以下几点建议，即小型水利工程管理的发展趋势：

（一）加强对小型水利工程的科学管理

在小型水利工程建成以后，可以把他们移交给有关单位和个人，采用专业维修或个人承包的方式来加强对小型水利工程的管理，确保水利工程能够正常运行。另外，为了使小型水利工程充分发挥其水利效益，我们还应该做好水利设施的配套工作。水利工程管理人员要根据不同水利的特点，对不同功能的水利工程进行管理，使他们的工程效益达到最大。因此，我们要正确处理小型水利工程的社会效益和经济效益之间的关系，在不影响水利工程正常运行的情况下，努力降低运行成本，提高水利工程管理水平。

（二）加大对小型水利工程的资金投入

只有大量的工程投资才能完成农村水利工程的建设，这需要当地农民和政府的共同投资。为了适应当前水利事业的发展，我们不仅要对现有的水利工程进行维护修理，还要增加新的水利工程项目。小型水利工程的管理不仅需要专业的人员进行管理，还需要政府对其实现行政领导，充分发挥政府的引导作用。为了避免农业专用资金被贪污或挪用，需要项目主要负责单位及时向政府汇报资金支出情况和项目的进度，使政府下拨资金运用透明化。

（三）加大人力资源开发

大力引进水利工程的技术人员和管理人员对农村现有的人力资源进行分类，有计划地安排人才去进一步深造，以更好地为水利单位工作。不断地鼓励在职人员自主学习，提高工作人员的专业知识水平和综合素质。对于技术人员进行明确分工，每个人都有主攻方向，同时能顾全大局，承担相应的工作。

第三章　水利工程管理的分类

Chapter 3

第一节　水库的控制运用管理

为指导水库管理单位科学编制水库控制运用计划，确保水库运行安全，充分发挥水库综合效益。水库控制运用计划编制应以国家和省颁布的有关法律法规和技术规范、批准的流域洪水调度方案（或防御洪水方案）、抗旱预案（或应急水量调度方案）和工程设计、工程安全状况等为依据，坚持以人为本、安全第一、局部服从整体、兴利服从防洪的原则，科学处理防洪与兴利的关系。

一、水库控制运用计划包括防洪调度计划和兴利调度计划

水库防洪调度计划编制应结合本水库工程运用、水文气象特征、库区土地征用和居民迁移、下游河道堤防防御能力及分滞洪区的实际设防情况，综合确定水库汛期运行的各特征水位和蓄泄方案，科学安排，做到有计划地蓄水和泄洪，充分发挥水库的蓄洪、滞洪和削峰作用。水库兴利调度计划编制应按工程设计的开发目标确定主次关系，以“保证重点、兼顾一般”为原则，充分发挥水库的兴利功能，最大限度地利用水资源。水库管理单位应及时了解和掌握水库所在流域及有关区域的水文气象、社会经济、保护对象、下游河道防洪工程建设、库区回水影响范围内实际情况及各用水部门的需水要求等方面的历史和最新情况，为编制水库控制运用计划提供完整、可靠的基础资料。

二、基本情况

（一）水库概况

水库及与本水库运行调度直接相关的其他水库的地理位置、集水面积(包括引水面积)、批复的工程任务、特征水位、防洪及兴利等指标。水库坝址以上主要河流的分布情况，暴雨及洪水的成因和时空分布特性。最近一次批复的工程等别、各建筑物的级别及防洪、抗震设计标准。现状枢纽建筑物的总体布置，各主要建筑物的布置及结构尺寸。

（二）水库控制运用情况

1. 特大暴雨洪水

水库投运以来发生的最大暴雨及其时空分布特征，最大洪水的入库流量过程线及洪水总量。

2. 调度运行简况

水库投运以来的多年平均年降水量、年入库径流量，实际发生的最丰年和最枯年的年份及其年降水量、年入库径流量。水库投运以来的历史最高、最低水库水位及出现的时间，最大出库流量（含各泄水建筑物的流量及总流量）及相应的水库上下游水位和泄洪设施运行情况（包括闸门开启数量、开度、开启时间）。水库多年平均年供水量，年最大、最小供水量及相应年份；水库多年平均年发电量，年最大、最小发电量及相应年份。

3. 水雨情监测及洪水预报

调度水库水情、雨情测报系统及其运行情况；水库洪水预报调度系统及其运用情况。

4. 交通、通讯、电力

水库对外交通、通讯状况及供电保障运行情况。

5. 工程安全监测、监视系统

工程现有的安全监测、监视项目、测点布置及观测（监测）仪器的完好情况。

6. 上年度调度运用总结

（1）雨情：年降雨量，降雨的时空分布及特点。年内最大次降雨的时间、历时、降雨量、降雨过程。

（2）水情：年入库径流总量、径流系数，年内径流分布特点。年内发生较大洪水的时间、历时、洪水总量、最大入库洪峰流量及出现的时间，以及年内发生最小径流的时间、历时和流量。

（3）兴利：年供水量、供水过程线，列表说明各用水部门月供水量、发电量、发电总量及相应的耗水量。

（4）调度运用情况：上级部门核定的控制运用计划主要内容。年内较大洪水的实时调度情况及效果，包括各次洪水的水库拦蓄洪水总量及百分比，入库洪峰流量、最大出库流量、削减洪峰流量及百分比，错峰时间（h），水库最高水位及下游控制断面最高水位等，附入库流量、出库流量及相应的水库上、下游水位等过程线。年供水情况与需水计划的对比分析，水库实际运行与控制运行计划的对比分析。水库控制运用中发现的问题、经验教训，对控制运用计划的改进意见。

三、防洪调度计划

（一）防洪调度计划的内容

研究确定水库本年度各防洪特征水位；研究确定不同频率洪水调度运用的方式及判别条件；编制防洪调度图及相关图表；明确防洪调度权限。资料收集。

（二）库容

目前采用的“水位—面积—库容”。

（三）泄流能力

现状泄水（含输水）建筑物组成，各建筑物的堰顶高程或孔口中心高程、主要控制尺寸、消能型式、下游防冲设计标准、设计或水工模型试验的水位—泄流能力图表。

（四）库区情况

库区征地及移民的设计标准、高程以及实际征地、移民情况，列表说明不同高程的未征土地、未迁居民及房屋等情况；库区防洪工程的设计标准及实施的具体情况。

（五）下游情况

下游防洪控制断面的位置、安全流量（水位）的设计及实际情况。

（六）大坝安全状况

1. 大坝安全鉴定及隐患处理：最近一次大坝安全鉴定的时间、组织单位、鉴定结论，存在问题的处理情况，分析遗留问题对工程安全的影响。

2. 水库安全检查：汛后检查结果，重点描述发现的异常现象及处理情况。

3. 安全监测：工程安全监测发现的问题或异常，最近一次观测资料分析结论。

4. 质量检测：水库工程质量检测情况，主要结论，存在问题的处理情况。

（七）洪水

最近批复或复核的水库设计洪水成果（不同频率）及下游防洪控制断面的洪水成果。

1. 大坝安全评估：综合检查、观测资料分析、质量检测、缺陷处理及设备维护等情况，对大坝安全状况进行总体评估，提出影响控制运用的主要问题。

2. 水库防洪特征水位：水库防洪特征水位包括汛期限制水位、起调水位、防洪高水位、设计洪水位及校核洪水位。

3. 汛期限制水位：简称汛限水位，指水库在汛期允许兴利蓄水的上限水位。采用分期控制运用的水库分为梅汛期汛限水位和台汛期汛限水位，不考虑分期控制运用的水库为全汛期汛限水位。

4. 起调水位：起调水位指水库洪水调节计算的起始水位。由于水库的库区移民或者下游河道防洪能力未达设计要求，为使库区移民达到其设计标准或者为减轻下游河道防洪压力，需要将水库的防洪库容适当加大，因此水库调洪的起始水位必须降至汛期限制水位以下，起调水位即指水库在洪水来临前允许蓄水的上限水位。

5. 防洪高水位：防洪高水位指水库遇下游防洪保护对象的设计洪水时在坝前达到的最高水位，下游防洪保护对象有多级时为最高一级。

6. 设计洪水位：设计洪水位指水库遇大坝的设计洪水时在坝前达到的最高水位。

7. 校核洪水位：校核洪水位指水库遇大坝的校核洪水时在坝前达到的最高水位。

（八）防洪特征水位的确定

一类坝及新建（扩建、改建及加固）的水库

1. 库区土地征用和居民迁移、下游防洪安全状况均满足工程设计要求的，水库防洪特征水位即为最近批复的指标。

2. 新建水库：新建水库在试运行期，应根据工程任务及工程设施的运行状态，拟定试运行期控制运用方案，确定各防洪特征水位。

3. 库区土地征用和居民迁移、下游防洪安全状况有一项及以上不能达到工程设计要求的，应综合考虑库区、下游实际的防洪能力（标准），重新确定水库的防洪特征水位：

（1）库区土地征用未达到工程设计要求的。

（2）居民迁移未达到工程设计要求的一般以尚未迁移居民的最低高程满足相应防洪标准为目标，经调洪演算确定汛限水位（起调水位），其他各防洪特征水位由调洪演算确定。仅有少量居民未按设计要求迁移或返迁的，防洪特征水位不作调整，但需明确防洪预警及人员转移的措施。

（3）下游实际防洪能力未达到工程设计要求的，防洪特征水位一般不做调整。可根据下游河道的最大过流能力，降低下游河道防洪保护标准，调整调洪原则，确保洪水前期下游防洪安全。如果下游防洪要求较高，经综合分析上下游防洪要求，也可通过调洪演算确定汛限水位（起调水位），其他各防洪特征水位由调洪演算确定。

（4）居民迁移、下游防洪能力均未达到设计要求的综合分析上下游防洪要求，明确防洪重点，按照确保重点兼顾一般的原则，计算确定汛限水位及其它各防洪特征水位。

二类坝水库。首先，根据大坝存在的安全隐患情况，经综合计算分析并留有一定余地，确定能满足大坝安全运行要求的水库最高水位。然后依据下游的防洪安全实际状况确定洪水调度原则，通过降低汛限水位运行，分析确定其他各防洪特征水位。

三类坝水库或检查发现有安全隐患的水库。仅防洪标准未达要求的三类坝水库，或者经检查发现有安全隐患，但大坝工作状态基本正常、在一定控制运用条件下能安全运行的水库，先确定能满足大坝安全运行要求的水库最高水位，然后依据下游的防洪安全实际状况确定洪水调度原则，通过降低汛限水位运行，分析确定其它各防洪特征水位。其他三类坝水库或者经检查发现水库有较严重安全隐患影响水库正常运行的，需要专题论证分析确定各防洪特征水位。

（九）防洪调度及运用

1. 泄洪调度

泄洪调度必须确定水库下泄流量的控制、各泄洪建筑物投入使用的条件、泄洪闸门的操作规程（包括开启的数量、次序和开度等），明确相应的调度权限。水库控泄级别，按下游排涝、保护农田、保障城镇及交通干线安全等不同防护要求划分，依据其防护对象的重要程度和河道主槽、堤防、动用分洪措施的行洪能力，确定各级的安全标准、安全泄量和相应的调度权限。同时，还要明确规定遇到超过下游防洪标准的洪水后，水库转为保坝为主加大泄流的判别条件。判别条件应简明易行，一般以库水位为判别条件。下游承担防洪标准不同的多项防洪任务的水库，采用分级水位控制下泄流量（由小到大，逐级控制），一般分为三级：一级：考虑下游河道两岸农田的排涝要求，控制河道水位较低，允许下泄小于河道安全流量。二级：考虑河道堤防内农田不受淹，要求以河道泄量控制。三级：主要考虑下游交通干线和城镇的安全，以保护区的主要堤防确定许可下泄流量。水库分级控制水位的确定：由不同频率的入库洪水和河道控制断面的各级流量（水位），通过水库调洪计算和河道洪水演算，求得相应的水库水位，逐次试算、优选确定水库的分级控制水位和下游控制断面相应的分级控制流量（水位）。洪水初期，应充分利用下游河道的行洪能力泄洪；入库洪峰出现之前，应控制出库流量不得大于入库流量，以避免人为洪峰；入库洪峰已过且出现水库最高水位后的水位消落阶段，在不影响大坝安全和下游河道堤防安全的前提下，应合理安排下泄流量，尽快腾空防洪库容，必须在下场洪水到来之前将水库水位回降至汛限水位或起调水位。当遇到预报水库水位将超过水库校核标准的洪水时，要及时向下游报警并尽可能采取紧急抢护措施，力争保主坝和重要副坝的安全。需要采取非常泄洪措施的，要预先慎重拟定启用非常泄洪措施的条件，制定下游居民的转移方案，按审批权限经批准后实施。

2. 汛期临时超蓄运用

汛期临时超蓄运用是指在特定的时段内，水库按略高于汛限水位的临时蓄水位运行，在接到台风或降雨预报后，能通过预泄及时将水库水位降至汛限水位或起调水位的运用方式。大坝为一类坝的大型水库和重要中型水库，当具有可靠的预泄设施、水雨情自动测报系统、洪水预报调度系统和必要的兴利需求时，可采用汛期临时超蓄运用。采用汛期临时超蓄运用的水库应在保证大坝及下游防洪安全的基础上，根据气象预报精度、水雨情测报、水库预泄能力、下游河道安全流量（下游组合流量不得大于河道安全泄量）及兴利要求等，综合分析确定汛期临时超蓄水位。汛期临时超蓄水位不得高于水库正常蓄水位。实行汛期临时超蓄的水库必须经过专题论证分析，并按权限报经有关部门批准后确定。

3. 串、并联水库防洪联合调度

串联及并联水库防洪联合调度，在水库的泄洪调度或汛期临时超蓄运用时是相互影响的，应当根据流域洪水调度方案（或防御洪水方案），合理安排水库的蓄泄关系。一般而言，串联的上下级水库防洪，其蓄泄关系应是“上游水库先蓄、下游水库先泄”，并联的两级水库防洪，其蓄泄关系应是“防洪能力大的水库先蓄、防洪能力小的水库先泄”，串联的上级水库泄洪应考虑坝址至下级水库的区间洪水，应采用补偿调度或错峰调度进行控泄，以减轻下级水库及其库区防洪压力。串联的下级水库泄洪，当下游河道防洪相对安全时，应合理安排水库泄量以尽快腾空防洪库容，以迎接上级水库的洪水。并联的两级水库泄洪，应根据暴雨的时空分布进行合理安排。位于暴雨中心的水库应适当加大泄量，而与之并联的水库则适当减小泄量，实施错峰调度，以减轻或者保证并联水库下游的防洪安全。当暴雨时空分布相对均匀时，应安排调蓄能力较小的水库先泄洪，以减轻其库区的防洪压力。

4. 防洪调度图的绘制

以水库水位为纵坐标、时间为横坐标，将水库汛期限制水位、正常蓄水位、防洪高水位、设计洪水位、校核洪水位绘制水位过程线，注明水库各控制水位与相应的控制方式、调度权限等，形成水库防洪调度图。

将各暴雨分期不同频率洪水的调洪成果汇总列入表，以供实时洪水调度参照使用。

（十）兴利调度计划

兴利调度计划一般应包括以下内容：各部门的用水量；确定水库的兴利特征水位；编制兴利调度图。水库投运以来历年实测径流资料或降雨资料。多年平均径流深、径流总量、多年平均月径流量等水文特征值分析。水库实测水文资料系列在30年以上的，可直接利用；实测资料系列在30年以下、10年以上的，除利用实测资料外，还需要利用邻近站插补延长；实测资料系列少于10年的，采用邻近站的资料。从水库近年来的供水过程中，选取满足各用水部门的供水过程，根据用水增长趋势适当扩大后，作为计划年度各部门的需水过程。若因水库功能调整导致供水情况变化较大的，采用功能调整后或供水情况变化后的供水资料。若用水部门情况发生变化，则采用变化后的需水量。新建水库可根据水库设计的需水量及配套设施建设情况等综合确定。水库兴利的特征水位应以大坝安全为前提进行确定，包括兴利上限水位及兴利下限水位。承担供水任务的水库应当根据当地有关抗旱预案（应急水量调度方案）、下游各类需水、水库调节能力等综合确定分类分级供水控制水位，以确保城乡居民生活用水。兴利上限水位指水库兴利的最高水位，一般与正常蓄水位或汛期限制水位相同。兴利上限水位应根据水库工程的安全状况、库区土地征用及居民迁移安置的实际情况，并充分考虑防洪库容的重复利用综合确定。

1. 兴利下限水位

兴利下限水位指水库兴利的最低水位，一般为死水位。兴利下限水位应根据水库工程的安全状况和各用水部门的需水要求，结合输水建筑物的进口高程、通航水深、泥沙淤积、水电站最低工作水头、水库工程保护、旅游和渔业及环境保护等因素，经综合平衡后确定。

2. 兴利调节计算

水库兴利调节计算方法主要有典型年法和长系列法。两种方法都是根据水量平衡方程，按逆序逐时段调节计算水量的余与缺来确定兴利调度线。考虑到水库目前的资料和技术条件，本导则以典型年法为例进行详细介绍，在此基础上对长系列法进行说明。

3. 典型年法

（1）设计枯水年入库径流量的确定

设计枯水年入库径流量（W_p）是指水库兴利保证率对应的水库入库径流量。先将水库历年入库年径流总量由大到小次序排列，并进行频率计算（适线法），绘制频率曲线。

（2）入库径流典型枯水年选择

选取水库年径流量接近于设计枯水年入库径流量（W_p）的若干实际年作为典型枯水年。选择的原则为：典型枯水年的年入库径流量（$W_{典型}$）与设计枯水年入库径流量（W_p）的相对差异不超过 ±（5%~10%）；能概括径流的年内分配特征，包括对水库兴利调节为最不利的径流分配；典型枯水年不应少于 3 年。

4. 长系列法

（1）兴利调节计算

以水库长系列入库径流资料（$n \geq 30$ 年）为水库的来水过程（入库水量过程），各用水单位综合需供水量过程为用水过程，假定计算初始水位，通过水库水量平衡方程逆序逐时段调节计算水量的余与缺、水库的回蓄量、供水量及相应各时段的库水位，比较初始水位和长系列计算的最终库水位是否一致，若相差较大，重新选取初始库水位（采用初次算出的最终库水位），再次逆序调节计算，直至初始和最终库水位基本相等。

（2）兴利调度图的绘制

长系列调节计算成果，以时间为横坐标、库水位为纵坐标，点绘所有年份的调度过程线。再将所有调度线各时段的最大纵坐标值连接起来，便可得到防破坏线；将所有调度线各时段的最小纵坐标值点连接起来，便可得到限制供水线。根据上述调节计算方法，用水量只包括生活、重要工业等用水部门和安全应急需水，再次进行调节计算，取三条调度过程线的下包线作为保证水位线。将三条线平滑修正后，即为初步确定的兴利调度线，利用该调度线进行长系列顺时序兴利调节计算，看是否满足供水需求，如不满足，需对调度线再次修正。

（3）兴利调度图的应用及修正

在实时调度中，应根据当时的库水位和前期来水情况，参照调度图和水文气象预报，调整调度计划。对于多年调节水库，在正常蓄水情况下，一般应控制调节年度末库水位不低于规定的年消落水位，为连续枯水年的用水储备一定的水量。当实时库水位落在加大供水区时，水库可加大发电或作其他需求供水（加大下游水生态用水等）。当实时库水位落在限制供水区时，按用水部门的重要性程度，以“保重点、限中等、停一般”的原则进行控制。通常按以下次序进行：保证城镇居民生活用水、医院等公共单位正常用水；保证重要工业（不能因停水而停产）正常用水；压缩农业灌溉用水；压缩一般工业用水；压缩其他用水。当实时库水位落在城乡生活供水区时，按用水部门的重要性程度，以“限重点、停中等和一般”的原则进行控制。通常按以下次序进行：压缩城镇居民生活用水、医院等公共单位用水；压缩重要工业（不能因停水而停产）用水；停止农业灌溉用水；停止一般工业用水；停止其他用水。也可根据各水库实际情况，必要时由当地政府进行调度供水。

兴利调度图的修正：随着水库实测水文系列的增加，出现了更为不利的年内径流分配，或下游用水量发生较大变化，或水库出现险情隐患，需临时降低蓄水等情况时，均应即时计算修正水库兴利调度图，使之更趋于现实性、可靠性和合理性。

四、小型水库调度运用制度

为规范小型水库调度，保证水库安全运行，最大限度发挥小型水库的防洪减灾及综合运用效益，制定本制度。

（一）水库调度运用工作包括以下主要内容

编制水库防洪和兴利调度运用计划；进行短期、中期、长期水文预报；进行水库实时调度运用；编制或修订水库防洪抢险应急预案。

（二）水库调度运用的主要技术指标应包括

校核洪水位、设计洪水位、防洪高水位、汛期限制水位、正常蓄水位、死水位，下游河道的安全水位及流量。

（三）防洪调度

在保证水库安全的前提下，按下游防洪需要，对入库洪水进行调蓄，充分利用洪水资源；汛期限制水位以上的防洪库容调度运用，应按各级防汛指挥部门的调度权限，实行分级调度；按照批准的防洪调度方案，科学、合理实施调度。根据水情、雨情的变化，及时修正和完善洪水预报方案。入库洪峰尚未达到时，应提前预降库水位，腾出防洪库容，保证水库安全。

（四）兴利调度

满足城乡居民生活用水，兼顾工业、农业、生态等需求，最大限度地综合利用水资源；计划用水、节约用水。实施兴利调度时，要实时调整兴利调度计划，并报主管部门备案。当遭遇特殊干旱年，需重新调整供水量，报主管部门核准后执行。

（五）控制运用

根据批准的防洪和兴利调度计划或上级主管部门的指令，实施涵闸的控制运用。执行完毕后，应向上级主管部门报告。溢洪闸需超标准运用时，应按批准的防洪调度方案执行。在汛期，尽量不用输水涵洞进行泄洪运用。闸门操作运用遵守下列要求：

1. 当初始开闸或较大幅度增加流量时，应采取分次开启的方法，使过闸流量与下游水位相适应。

2. 闸门开启高度须避免处于发生振动的位置。

3. 过闸水流应保持平稳，避免发生集中水流、折冲水流、回流、漩涡等不利流态。

4. 关闸或减少泄洪流量时，要避免下游河道水位降落过快。

5. 输水涵洞应避免洞内长时间处于明满流交替状态。

（六）闸门开启前须做好下列准备工作

1. 检查闸门启闭状态有无卡阻。

2. 检查启闭设备是否符合安全运行要求。

3. 检查闸下溢洪道及下游河道有无阻水障碍。

4. 及时通知下游。

（七）溢洪闸操作须遵守下列规定

1. 手电两用启闭机，当手摇启闭时，应切断电源。电动时应取下手柄，拉开离合器。

2. 启闭用力和速度不得超过设计规定，应避免闸门歪斜。当用力达到设计规定标准，仍启闭不动时，应即停车检查，找出原因，进行处理，不得强行启闭。

3. 溢洪闸为多孔闸，各孔要尽可能均衡使用，不要集中使用某一孔或几孔闸门。

4. 闸门启闭顺序要求由中间四号、三号、五号、二号、六号、一号、七号依次对称启闭。关闭由边孔向中间依次对称关闭。各孔的闸门开高一般应保持同高，如要求开高正好处于发生振动的位置，则可采用单双数稍为错开的方式。避免振动。在特殊情况下，要求泄小流量时，可根据试验开启部分或一孔闸门。

5. 操作过程中，如发现闸门有沉重、停滞、卡阻、杂声等异常现象，应立即停止运行，并进行检查处理。

6. 当闸门开启接近最大开度或关闭接近底槛时，应加强观察并及时停止运行；闸门关闭不严时，应查明原因进行处理。

（八）放水洞闸门启闭操作须遵守下列规定

1. 放水洞启闸放水时，应在慢起二至四公分停一下，待洞内适当充水后，再行正常开启。

2. 洞内的流量不得增减频繁。

3. 放水时，闸门开度应避免在闸门振动区（0.2 或 0.8 闸门高度），如要求开高正好处在发生振动位置，则可适当加大，减少开高或利用坝后闸阀控制。

4. 闭闸过程要慢速适当延长，保持通气孔畅通。以避免洞内产生超压、负压，气蚀和水锤等现象。

5. 每次放水时，放水流量与通知单要求流量差不得大于 ±10%，水位差不得大于 ±3 cm。启闭时间差不得超过 10 min。

五、冰冻期间运用

冰冻期间应因地制宜地采取有效的防冻措施，防止建筑物及闸门受冰压力损坏和冰块撞击。一般采取在建筑物及闸门周围凿 1 m 宽的不冻槽。闸门启闭前，应消除闸门周边和运转部位的冻结。解冻期间溢洪闸如需泄水，应将闸门提出水面或小开度泄水。雨雪后应立即清除建筑物表面及其机械设备上的积雪和积水，防止冻坏设备。

第二节　土石坝的运用管理

土石坝因其具有就地取材，施工简单，价格低廉而应用广泛。本节比较全面地介绍了土石坝日常管理中易发生主要问题的处理措施，对以后的管理工作具有一定的指导作用。土石坝是指由当地土料、石料或混合料经过铺土、整平、碾压等工序填筑而成的挡水坝，是目前应用最为广泛的一种坝型。由于土石料间的联结强度低、抗剪能力小、颗粒间的孔隙大等原因，故在运用中易发生裂缝、渗漏、护坡破坏等现象。为确保土石坝的正常运用，除认真做好检查、维护工作外，还应发现问题及时处理，现将处理措施介绍如下：

一、裂缝处理

土石坝的裂缝是较为常见的，往往大坝的滑坡、渗漏等破坏，是由细小的裂缝发展而成的。因此，认真分析裂缝的种类、原因，以采取有效的处理措施，处理土坝的裂缝，一般应在裂缝稳定后进行。常用的方法有：

（一）开挖回填法

顾名思义就是在裂缝部位先开挖、后分层回填土料的一种处理方法，在深度浅的表层裂缝中使用最多。为准确掌握裂缝的长度和深度，开挖前应向缝中灌白灰水，对于较深的缝开挖过程中要随时注意边坡稳定与安全。开挖后应及时做好防护。回填中要控制好土料的铺土厚度，含水量以及压实遍数。以达到或超过坝体原有的干密度。

（二）灌浆法

灌浆法是靠浆液自重或机械压力灌入裂缝的一种处理方法。通常用于裂缝较深的内部裂缝，裂缝灌浆的浆液，可采用纯黏土或黏土水泥浆，灌浆时，布孔要先稀后密，浓度要先稀后稠，压力要有控制，防止压力过大而使坝体变形或被顶起。

（三）挖填灌浆结合法

挖填灌浆结合法是将上述两种方法结合起来使用的一种方法，主要用于不易全部开挖或开挖困难的裂缝。先对上部裂缝开挖回填，再通过预埋灌浆管对下部裂缝进行灌浆。

二、渗漏处理

土石坝渗漏现象是不可避免的，但对于引起土体渗透破坏或渗漏量过大的异常渗漏，必须及早发现并及时处理，以防止形成不可弥补的重大事故。土石坝的渗漏首先要检查其产生的部位、性质、现象，并对浸润线、渗漏量、渗流水质进行监测、分析，判断是否存在危险性渗漏，以便采取相应的处理措施。下面介绍几种常用的处理方法。

（一）上游截渗法

上游截渗方法很多，主要包括黏土斜墙、抛土或放淤、灌浆、防渗墙、黏土铺盖等。

1. 黏土斜墙法。主要用于坝体、坝端渗漏严重，可在上游坝坡和坝端岸坡修筑贴坡黏土斜墙截渗。

2. 抛土或放淤法。用于黏土铺盖、黏土斜墙等局部破坏的抢护，或岸坡较平坦时堵截绕渗和接触渗漏。通过船只向渗漏部位抛土或在坝顶用输泥管放淤封堵。

3. 灌浆法。用于坝体、坝基渗漏严重，可采用黏土水泥或化学材料进行灌浆形成一道防渗帷幕，效果较好。

4. 防渗墙法。常用于坝体、坝基、绕坝和接触渗漏处理。其做法是利用专门的机械造孔，并在孔内灌注混凝土形成一道直立连续的混凝土墙。这种方法其防渗效果较为可靠，因此，在土坝及堤防工程中应用很多。

5. 黏土铺盖法。用于黏土铺盖防渗能力不足或遭到破坏，而附近有丰富的符合要求的黏土情况。

6. 截水墙法。当坝基渗漏、岸坡透水严重时，可采用此法比较可靠。

（二）下游导渗法

为了增强坝体稳定性，应在保证坝体不产生渗透破坏的情况下，及时将坝内渗水顺利排出坝外。常用的下游排水导渗方法包括：导渗沟、贴坡排水、导渗砂槽、排渗沟、排水盖、减压井等。

1. 导渗沟法。在坝背水坡面上开挖浅沟，沟内回填砂、砾、卵石或碎石而成的排水导渗沟。导渗沟按平面布置形状可分为 I、Y 和 W 三种形式。

2. 贴坡排水法。主要用于坝坡出现大面积较严重的渗漏，土坝的浸润线逸出点较高，坝坡湿润软化已处于不稳定状况时，采用这种措施，对于排除坝体渗水和增强坝坡稳定均有较好作用。

3. 导渗砂槽法。当散浸严重，坝坡较缓，采用上述两种方法不易解决时，可采用此法处理，在渗漏严重的坝坡上用钻机钻成相互搭接的排孔，搭接 1/3 孔径，一般要求孔径较大，孔深排水要求确定。在孔槽内回填透水材料，孔槽要各排水体相连，形成一条条导渗砂槽。

4. 排渗沟法。这种方法适用于坝基渗漏严重造成坝后长期积水，使坝基湿软，承载力降低，坝体浸润线抬高；或因坝基面有较薄的弱透水层，坝后产生渗透破坏，而在上游难以防渗处理时，可在下游坝基设排渗沟。排渗沟可分为明沟和暗沟，明沟应与坝轴线垂直布置，两端分别与排水体和排水渠相连；暗沟是由无砂混凝土管或其他透水材料做成，一般平行坝轴线布置，并连接排水沟将渗水排出。

5. 排水盖重法，对于较软弱的坝基，因浸湿将地面隆起，而导致坝基失稳，可采用排水盖重法进行处理。先清理相关部位的坝基，在渗水出露地段上铺设反滤层，然后在反滤层上铺筑石块，需要厚度较大的可先填上土后铺块石护面。这样既能使渗水排出，又能使覆盖层加重，以达到增加渗透稳定性的目的。

（三）护坡修理

护坡破坏的修理，按其工作性质可分为：

1. 临时性紧急抢护：抛石压盖法。用于风浪较大，局部护坡已有冲掉、坍塌的情况。一般应先抛 0.3~0.5 cm 厚的卵石或碎石层，然后抛石，石块大小应视抛石体稳定情况而定。一般块越大越好；石笼压盖法。适用于风浪大，护坡破坏严重的情况。块石可先装笼（如竹笼、铁丝笼），然后用机械或人力移至破坏部位，如破坏面积较大，可数个块石笼并列，笼间用钢丝扎牢，以增强整体性。临时性防浪、防冰抢护措施较多，可参考防汛与抢险有关内容。

2. 永久性加固修理：填补翻修法。对于护坡原材料质量差、施工质量差而引起的局部脱落、塌陷、崩塌和滑动等现象，可采用填补翻修法。如干砌石、浆砌石、混凝土、堆石、沥青油渣和草皮护坡等，就行清除破坏部位和抢护用的压盖物，然后依次按设计要求修复反滤层、护坡；干砌石缝粘结法。就是用水泥砂浆、细石混凝土等粘结材料填塞、灌注块石间的缝隙，将块石粘结成整体。形成整体护坡。适用于护坡石块尺寸小，施工质量差，不能抵御风浪冲刷的情况，施工时，应注意先清理缝隙并冲洗干净，分隔距离留缝排水、然后向缝内充填粘结材料；混凝土盖重法。多用于砌块尺寸太小、厚度不足、强度不够而且风浪较大的干砌石或浆砌石护坡的加固。先清洗护坡表面，然后浇混凝土盖面，厚度控制在 5~7 cm，每隔 3~5 cm 用沥青板分缝；框格加固法。常用于石块较小、砌筑质量差的干砌石护坡的修理。如浆砌石框格、混凝土框格。其优点在于充分利用框格增强整体性，当护坡遭到破坏时，只局限在个别框格内，避免了大面积的崩塌和整体滑动。

第三节　水闸的运用管理

一、水闸的科学运用

为了对水闸（包括涵闸、船闸）工程进行科学管理，正确运用，以确保工程完整、安全，充分发挥工程效益，更好地促进工农业生产和国民经济的发展，特制定本通则。本通则适用于大中型水闸工程，小型水闸工程可参照本通则进行管理工作。水闸工程竣工验收前，由管理筹备机构会同设计、施工单位，根据本通则和水闸设计有关规定，结合工程具体情况，制订水闸工程管理办法和有关规定。现有大、中型水闸管理单位，均应根据本通则，结合工程具体情况，制订或修订所管水闸工程的管理办法及有关规定，报上级主管部门批准后执行。水闸管理单位应根据工程运用情况，每隔一定时期，对管理办法进行检查修订，审批程序同上。水闸工程管理办法，应按照本通则规定的内容，结合工程具体情况制订外，还应包括工程概要、设计指标、管理体制、人员编制、分工职责、管理范围等内容。本通则中未作规定或只有简单要求的，如机电设备的运行和维修、水文、船闸、过木等，应参照各有关规定或另订具体办法。

二、管理单位的任务和职责

（一）任务与工作内容

水闸管理单位的任务是：确保工程完整、安全，合理利用水利资源，充分发挥工程效益。在管好工程的前提下，开展综合经营。积累资料，总结经验，不断提高管理工作水平。其主要工作内容是：贯彻执行有关方针、政策和上级主管部门指示；对工程进行检查观测，及时分析研究，随时掌握工程状态；进行养护修理，消除工程缺陷，维护工程完整，确保工程安全；做好工程控制运用；掌握雨情、水情，做好防洪、防凌工作；做好工程安全保卫工作；因地制宜地利用水土资源，开展综合经营；监测水质；结合业务，开展科学研究和技术革新；收水费、电费等；加强职工政治思想工作和技术培训，关心职工生活；制订或修订本工程的管理办法及有关规定并贯彻执行。

（二）其他应进行的工作

水闸管理单位应在岗位责任制的基础上，建立健全以下管理工作制度：计划管理制度；技术管理制度；经营管理制度；水质监测制度；安全生产和安全保卫制度；请示报告和工作总结制度；财务、器材管理制度；事故处理报告制度；考核和奖惩制度。

（三）明确工程管理范围

水闸工程均应根据工程安全需要，明确划定工程管理范围，并树立标志。现有水闸工程，凡未划定管理范围的，管理单位应予补办手续，报请上级主管部门同意并通过地方政府批准，明确划定。水闸管理单位要建立责任制。重要的大型水闸要配备主任工程师或工程师，一般大型和中型水闸要配备工程师或技术员。技术负责人的主要职责是：从技术上保障工程安全，提出合理利用水利资源和控制运用的方案，提出工程技术管理细则和技术管理计划等，并在上级批准后，负责组织实施。研究解决、审查有关本工程的技术问题。水闸控制运用，必须按上级主管部门批准的文件或计划执行。只接受上级主管部门的指令，不得接受其他任何部门或个人的指令。必须变更时，应报请上级主管部门批准。水闸管理单位应组织全体职工学习政治、管理业务、科学文化，有计划地培训职工，不断提高管理人员的政治、文化和科学技术水平。水闸管理人员，特别是管理单位的负责人，应该熟悉本工程各部位的结构、工程规划、设计意图、施工情况和工程存在的问题，并掌握控制运用、检查观测和养护修理等各项业务。

每年汛前，水闸管理单位应在上级防汛指挥部门领导下，会同有关部门建立防汛组织，备好防汛物资，做好防汛抢险的准备。位于冰冻地区的水闸工程，应制订冬季管理工作制度，做好防凌、防冻工作。水闸管理单位应经常与原设计、施工和有关科研部门联系，根据管理运用中的经验和发现的问题，共同总结工程在设计、施工方面的经验教训，以改进工作，并为科学管理提供依据。水闸管理单位应掌握水质污染动态，了解水质污染情况，发现水质污染及时向上级和有关部门提出报告。

三、检查观测

（一）水闸工程检查观测的任务

水闸工程检查观测的任务是：监视水情和水流状态、工程状态变化和工作情况，掌握水情、工程变化规律，为管理运用提供科学依据；及时发现异常迹象，分析原因，采取措施、防止发生事故，保证工程安全；通过原形观测，对建筑物设计理论、计算方法和设计指标进行验证；根据水质变化动态，做出水质恶化预报。

（二）水闸工程检查工作的分类

水闸工程检查工作，分为经常检查、定期检查、特别检查和安全鉴定。经常检查：水闸管理单位应对建筑物各部位、闸门和启闭机械、动力设备、通讯设施、管理范围内的堤防和水流形态，进行经常检查观测，应指定专人按有关规定或细则进行。定期检查：每年汛前、汛后、用水期前后，冰冻严重地区在冰冻期，应对水闸工程及各项设施进行定期检查。定期检查由管理单位负责组织领导，对水闸工程各部位进行全面检查，必要时请上级主管部门派人参加。汛前应着重检查岁修工程完成情况，渡汛存在问题，防汛组织和防汛物料以及通讯、照明设备等，及时做好防汛准备工作。汛后应着重检查工程变化和损坏情况，据以拟定岁修计划。冰冻期应着重检查防冻措施的落实和冰凌压力对建筑物的影响等。特别检查：当发生特大洪水、暴雨、强烈地震和重大工程事故时，管理单位应及时组织力量进行全面检查。必要时报请上级部门会同检查，着重检查工程有无损坏等。安全鉴定：水闸工程必须每隔一定时期对工程进行一次安全鉴定。水闸建成后，在运用头三至五年进行一次安全鉴定，以后每隔六至十年进行一次。安全鉴定按管理体制，由主管部门组织，管理、设计、施工、科研等单位及有关专业人员共同参加；各种检查、鉴定都必须认真进行，详细记载，存入技术档案。定期检查、特别检查和安全鉴定均应作出检查、鉴定分析报告，报上级主管部门。大型水闸的安全鉴定报告应报流域机构和水利部。

（三）主要检查内容

对工程的重要部位，薄弱部位和易发生问题的部位，要特别注意检查观察。根据建筑物不同类别，主要检查内容有：土工建筑物的检查观察，应注意堤身有无雨淋沟、塌陷、滑坡、裂缝、渗漏。排水系统、导渗和减压设施有无堵塞、损坏和失效。堤防与闸端接头有无渗漏、管涌迹象等；土工建筑物的检查观察，应注意护坡块石有无松动、塌陷、隆起和人为破坏，浆砌石结构有无裂缝、倾斜和滑动等现象；混凝土和钢筋混凝土建筑物的检查观察，应注意有无裂缝、渗漏、剥落、冲刷、磨损和气蚀。伸缩缝止水有无损坏、填充物有无流失等现象；闸门和启闭机的检查观察，应注意结构有无变形、裂纹、锈蚀、焊缝开裂、铆钉或螺栓松动，闸门止水设备是否完整，启闭机运转是否灵活，钢丝绳有无断丝，转动部分润滑油是否充足，机电及安全保护设施是否完好。钢丝网水泥与钢筋混凝土闸门，应注意有无漏网、露筋、裂缝、脱壳、面板漏水和其他损坏等。浮体闸和翻板闸等还应注意支铰有无磨损，锚固体有无锈蚀和松动等现象；水流流态的观察，应注意进口段是否平顺，闸后水流形态是否正常，以及上下游冲刷淤积情况。

（四）水闸工程观测的基本要求

检查水闸附属设施如动力、照明、交通、通讯、安全防护和观测设备等是否完好。水闸工程观测的基本要求是：水闸工程应进行全面的观测，相互关联的项目应配合进行。观测工作应保持系统性与连续性，按照规定的项目、测次和时间进行。掌握特征测值和有代表性的测值，研究工程运转情况是否正常，了解工程重要部位和薄弱部位的变化情况。观测成果要真实、准确，精度要符合规定。

四、对观测成果应及时进行整理分析，并定期做好观测资料的整编工作

大型水闸和位置重要的中型水闸必须观测的项目有：上、下游水位，过闸流量；沉陷、伸缩缝、扬压力、水流形态、上、下游河床变形。结合水闸的具体情况和需要，必要时，增测以下有关项目：位移、裂缝、冰凌、绕渗震动、波浪、闸附近的地下水脉动压力等。水闸管理单位的负责人，应经常组织观测人员汇报观测工作及其成果，了解建筑物工作状态变化。技术负责人要审查观测成果研究建筑物工作状态是否正常，分析研究观测资料的变化规律，必要时，应提出单项观测资料分析报告。建筑物的观测测次间隔，应根据规范规定和水闸运用情况决定，要求观测到运用过程各测点变形的最大值和最小值。在施工阶段、第一次挡水、运用初期和尚未掌握建筑物变化规律的情况下，如发现不正常现象或地震等，应增加测次特点，必要时增加观测项目。每次观测结束后，应及时对观测成果进行整理分析。对相互联系的观测项目成果，以及其他相关因素，要统一进行分析。年终应对观测资料进行整编。

五、养护修理

为维护水闸工程安全完整，水闸管理单位应对土、石、混凝土建筑物，闸门启闭机械、机电动力设备、通讯、照明、集控装置及其他附属设施等，必须进行经常养护和定期检修，保持设备良好，运转正常。养护修理应本着“经常养护，随时维修，养重于修，修重于抢”的原则进行。养护修理一般分为经常性的养护维修、岁修、大修和抢修。

（一）经常性的养护维修

根据经常检查发现的缺陷和问题，进行日常的保养维护和局部修补，保持工程设施完整清洁。

（二）岁修

根据汛后检查所发现的工程缺陷或问题，对工程设施进行必要的整修和局部改善。水闸管理单位应每年编制岁修计划，报上级主管部门批准后进行。

（三）大修

当工程发生较大损坏，修复工作量大，技术较复杂时，水闸管理单位应报请上级主管部门组织有关单位研究制订专门的修复计划，报批后进行。岁修、大修工程均应建立岗位责任制、定额管理和质量检验等制度。岁修、大修的经费，必须专款专用，不得挪用。岁

修和大修工程，均应进行总结验收，并将总结验收文件报上级主管部门。无论是经常性维修、还是岁修、大修，均应以保持和恢复工程原设计标准或局部改善原有结构为原则，如需变更设计标准，应作出扩建、改建设计，列入基建计划，按基建程序报批后进行。

（四）土工建筑物的养护修理

1. 当发现土工建筑物表面有淋沟、浪窝、塌陷时，应立即进行修补。

2. 当土工建筑物发生裂缝、滑坡，应即分析原因，根据情况分别采用开挖回填或灌浆方法处理。滑坡裂缝不宜采用灌浆方法处理。

3. 土木建筑物发生裂缝、滑坡，应即分析原因，根据情况分别采用开挖回填或灌浆方法处理。滑坡裂缝不宜采用灌浆方法处理。

4. 土木建筑物遭受水流冲刷危及安全时，应立即抢护。

5. 堤防、拦河坝等应定期进行锥探检查有无隐患，发现蚁穴兽洞、裂缝等，应采用灌浆或开挖回填等方法处理。

（五）混凝土建筑物养护修理

1. 浆砌石结构表面应平整，护坡如有塌陷、隆起，应重新翻砌。无垫层或垫层失效的均应补设和整修。遇有勾缝脱落或开裂，应洗静后重新勾缝。浆砌石岸墙、挡土墙发生倾覆或滑动迹象时，可采取降低墙后填土高度或增加拉撑等办法处理。

2. 干砌石护坡、护底应嵌结牢固，表面平整，如有塌陷、隆起、错动等，应予更换灌水泥砂浆。

3. 混凝土及钢筋混凝土建筑物表面应保持清洁完好，苔藓、蚧贝等附着生物应定期清除。混凝土表面脱壳、剥落和机械损坏时，可根据缺陷情况采用水泥砂浆、环氧砂浆、混凝土、喷浆等修补措施。对混凝土裂缝，应分析原因及其对建筑物的影响，拟定修补措施。对于不影响结构强度的裂缝，可采用灌水泥浆、表面涂环氧砂浆方法处理。影响结构强度的应力裂缝和贯通裂缝，应采用凿开锚筋回填混凝土、钻孔锚筋灌浆等方法补强。发丝裂缝无变化的，一般可不予处理。水闸上游，特别是底板、闸门槽和消力池内的砂石，应定期清理打捞，防止表面磨损。伸缩缝填料如有流失，应及时填充。止水片损坏时，应凿槽补设或采取其他有效措施修复。

4. 闸门、启闭机械、机电设备、通讯设施和线路等，应定期检修，经常清理，保持清洁。操作及运行范围内不得堆放他物。

金属闸门的钢木结构，应定期油漆，防锈防腐。闸门滚轮、吊耳、弧门支铰等活动部位应定期清洗，经常加油润滑。闸门门叶如发生变形、杆件弯曲或断裂、焊缝开裂、铆钉或螺栓松动，都应立即恢复或补强。部件和止水设备损坏时，应及时修理更换。钢丝网水泥闸门，应经常清理表面泥垢及苔藓等水生物。如有保护层剥落、脱壳、露筋、露网等，应用高标号水泥砂浆或环氧砂补修。橡胶坝袋应定期防老化剂，打捞漂浮物，防止刺伤坝袋。坝袋如有损坏、脱胶等，应及时修补。坝袋锚固装置，压板、螺栓、螺帽等如有松动、脱落，必须立即旋紧补齐。启闭机制动器应灵活、准确、可靠。传动部分、钢丝绳、螺杆等构件，防止松动、变形、断丝，并经常涂油润滑防锈。电源、电气线路、机电设备、动力设施、各类仪表和集控装置等，均应经常保养，定期检查维修，使其运用灵活，准确有效，安全可靠。检修闸门及其附属起吊、运输设备，应妥善保护。备用电源、照明、通讯设施，应经常处于良好状态。避雷设施每年雨季前应全面检修。导航标志、导航设施、过闸讯号装置等，应保持完好。位于冰冻地区的水闸工程，每年冰冻前，应准备好冬季管理所需物料、设备和工具。清除建筑物上的积水。检查并填充伸缩缝内的填充料。为防止水闸承受过量压力，应在建筑物周边开凿不冻槽，使冰层与建筑物隔开。为防止闸门、门槽和门轴冻结，应采用保暖措施，使其维持不冻，或在启闭前先行解冻。

六、控制运用

所有水闸工程均应明确规定下列指标，作为控制运用的依据：上、下游最高水位、最低水位；最大过闸流量，相应单宽流量；最大水位差及相应的上、下游水位；上、下游河道的安全水位和流量；兴利水位及兴利引水流量。

七、允许双向运用的水闸，应有相应的上述指标

水闸管理单位应根据运用指标，结合工程具体情况和有关部门的合理要求，参照历史水文规律和工程运用经验以及当年水情预报等，制定年度控制运用计划，报上级主管部门批准后执行。如实际运用过程中，水闸管理单位应根据水情和工程情况，在年度运用计划范围内制定具体运用计划进行操作运用。如确实需要改变年度控制运用计划时，应报上级主管部门批准。如因特殊要求，需要在超过规定的上、下限指标运用时，必须经过验算和鉴定，必要时应采取加固措施，并报经上级主管部门批准。水闸工程控制运用，一般按照以下原则进行（对于负担湖泊洼地调蓄任务的水闸，尚应按照水库控制运用有关规定）。必须在保证工程安全的条件下，合理地利用水资源，充分发挥工程效益。当兴利与防洪矛盾时，兴利应服从防洪。按照有关规定和协议以及上级主管部门的指示，合理分配水量，定额配水，经济用水。在分配水量时，一般应照顾下游和原有用水户。水闸工程的运用，必须与上、下游工程相配合，并与河道堤防的防洪能力或上、下游排水、蓄水能力相适应。水闸管理单位应与河道上、下游的工程管理单位密切联系，互相配合，防止人为灾害。

（一）在保证工程安全，不影响工程效益的前提下，应尽量满足以下要求：

有淤积问题的水闸，应研究采取妥善的运用方式防淤、冲淤、排砂。在通航河道上的

水闸，应尽量保持上、下游河道水位相对稳定和最小通航水深。位于鱼类回游河道上的水闸，应尽可能设法通过控制运用使鱼类回游。水质污染水域，尽可能通过合理运用防止或减少污染。

（二）照顾小水电要求：

单向运用的水闸，需要双向运用时，必须经过验算鉴定，提出相应的运用指标和办法，并报经上级主管部门批准后执行。水闸工程的控制运用，应按照运用计划和上级主管部门的指令进行，不得接受其他任何单位和个人的指令。水闸管理单位对上级主管部门的指令应详加记录、复核并妥为保存。启闭闸门应由专职人员进行操作，固定岗位，明确责任。闸门启闭前，要对启闭机械、闸门位置、电源、动力设备、仪表、上、下游水位、流态、有无船只或漂浮物、行水障碍物等情况详加检查。闸门启闭后，要对闸门启闭时间、次序、开度、流态、上、下游水位变化以及建筑物和启闭设备等情况，详加记载，妥为保管。闸门启闭，要有两种启闭措施，有条件的要做到电动、手摇两用。电动启闭闸门应有备用电源。有自动装置的必须做到巡检和手选。水闸工程在放水、停水、加大或减少流量以及泄水凌前，均应事先通知上、下游有关部门做好准备，避免事故。闸门操作运用的基本要求是：过闸流量必须与下游水位相适应，使水跃发生在消力池内。过闸水流要平稳，避免产生集中水流、折冲水流、回流、旋涡等不正常现象。涵洞及涵洞式水闸，应避免洞内长时间处于明、满流交替状态。当闸门运行接近最大开度或关闭接近闸底时，要减速运行，特别注意及时停车。避免闸门在发生震动的位置运用。冬季为防止冰块壅塞河道，一般可采用使闸上游水位平稳并尽可能高一些、维持最小流速的办法，使上游形成冰盖，冰盖形成后上游水位尽量不变动。融冰期间，一般应不放水或少放水，避免发生流水现象。

八、科学实验和技术革新

水闸管理单位应结合管理工作需要，积极开展科学研究和技术革新，不断改善劳动条件，提高劳动生产率和管理水平。

（一）科学研究和技术革新要结合生产和管理需要，有计划地开展，着重研究以下方面：改进和革新观测技术、观测手段和观测资料整理分析方法，提高观测精度。改进和革新养护维修技术与设备，研究养护维修的新材料、新工艺、新设备，改进通讯工作，提高通讯质量，完善通讯体系。

（二）根据水闸运用需要和可能，研究采取工程自动控制，配备运动装置。水闸管理单位应结合工程具体情况，积极开展水闸控制运用、闸门防腐冲淤等专题研究。

九、经营管理

水闸管理单位，在确保工程安全完整，充分发挥工程效益，管好用好工程的前提下，应充分利用水土资源，因地制宜地开展综合经营，发展生产，增加收入，逐步做到经费自给或自给有余。水闸管理单位，在经营管理中，应实行经济核算，加强经济管理，提高经济效益，积累经验，逐步完善经营管理的各项制度。根据国家规定的收费办法，向用水、用电等单位收费。用水、用电等单位必须向管理单位交付水费、电费。对违章引水、用水、超计划用水、严重浪费水量以及不照章交费的单位，催交无效，管理单位根据情况有权限量供水，累进加价收费，直至停止供水。

十、安全保卫

根据水闸工程的规模及重要程度，应设民兵、经济民警或公安派出所、特别重要的工程要有部队守卫。水闸管理单位应根据本工程的特点，制定安全操作规程，并对全体职工经常进行安全保卫和遵守安全规程的教育，组织职工学习安全知识，搞好安全生产。有关人身安全的工程部位，应设置安全保护装置，对于照明、避雷设备等，要经常维护，定期检修，保持正常状态。在进行检查观测、养护修理和使用机械、动力、电气等设备时，操作人员必须严格按照操作规程进行。

十一、奖励与惩罚

水闸管理单位要加强职工的思想政治工作，通过考核评比，对完成任务好，成绩显著的单位、集体和个人，按其贡献大小给予表扬或物质奖励。凡是污染水质损害水利工程设施，或工作不负责任，违章运行、违反操作规程，擅离职守，虚报情况、伪造资料、偷盗物料等，使人民生命和国家财产造成损失的，均应根据其性质、情节、损失大小，分别给以行政处分、经济处罚。触犯法律的应追究法律责任。水闸管理单位和职工，对一切损害水利工程的行为有权监督、检举和控告，并应受到法律保护。

第四节　渠系建筑物的运用管理

渠系建筑物（canal structure）为渠道正常工作和发挥其各种功能而在渠道上兴建的水工建筑物。为了安全合理地输配水量以满足农田灌溉、水力发电、工业及生活用水的需要，在渠道（渠系）上修建的水工建筑物，统称渠系建筑物。在农田水利工程建设中，蓄水、引水等枢纽工程，只有与渠系工程配套使用，才能达到兴利的目的，故渠系建筑物又称灌区配套建筑物。灌区工程配套是挖掘现有灌溉设施潜力、发挥工程效益的重要措施。

一、渠系建筑物的作用

渠系建筑物的作用可分为：渠道。是指为农田灌溉、水力发电、工业及生活输水用的、具有自由水面的人工水道。一个灌区内的灌溉或排水渠道，一般分为干、支、斗、农四级，构成渠道系统，简称渠系。调节及配水建筑物。用以调节水位和分配流量，如：节制闸、分水闸等。交叉建筑物。渠道与山谷、河流、道路、山岭等相交时所修建的建筑物，如：泼槽、倒虹吸管、涵洞等。落差建筑物。在渠道落差集中处修建的建筑物，如：跌水、陡坡等。泄水建筑物。为保护渠道及建筑物安全或进行维修，用以放空渠水的建筑物，如：泄水闸、虹吸泄洪道等。冲沙和沉沙建筑物。为防止相减少渠道淤积，在渠首或渠系中设置的冲沙和沉沙设施，如：冲沙闸、沉沙池等。量水建筑物。用以计量输配水量的设施，如：量水堰、量水管嘴等。渠系中的建筑物，一般规模不大，但数量多，总的工程量和造价在整个工程中所占比重较大。为此，应尽量简化结构，改进设计和施工，以节约原材料和劳力、降低工程造价。

二、渡槽

渡槽是输送渠道水流跨越河流、渠道、道路、山谷等障碍的架空输水建筑物，是灌区水工建筑物中应用最广的交叉建筑物之一。渡槽的作用：用于输送渠道水流外，还可以供排洪和导流之用。渡槽的组成：由输水的槽身、支承结构、基础及进出口建筑物等部分组成。渡槽的类型：按施工方法分，渡槽可分为现浇整体式、预制装配式及预应力等；按建筑材料分类，则有木渡槽、砌石、混凝土及钢筋混凝土等；按槽身结构形式分有矩形、U形、梯形、椭圆形及圆管形槽等；按支承结构的形式分为梁式、拱式、桁架式、组合式、悬吊式或斜拉式。

目前常用的渡槽形式，按支承结构分有梁式和拱式，按槽身断面形式分为矩形和U形。渡槽总体布置工作包括：槽址位置的选择，槽身支承结构的选择，基础及进出口的布置。渡槽水力计算任务是合理确定槽底纵坡、槽身断面尺寸、计算水头损失，根据水面衔接计算确定渡槽进出口高程。一般先按通过最大流量 Q 拟定适宜的槽身纵坡和槽身净宽 B、净高 h，后根据通过设计流量计算水流通过渡槽的总水头损失值，如 Z 等于规划规定的允许水头损失，则可确定最后纵坡、B、h 值，进而定出有关高程和渐变段长等。纵坡 i 加大，则有利于缩小槽身断面，减少工程量，但过大的纵坡，会加大沿程水头损失，降低渠水位的控制高程，还可能使上、下游渠道受到冲刷。

梁式渡槽由槽身、槽墩（排架）及基础等三部分组成。槽身既起输水作用、又起纵向梁作用。分类：简支梁式、双悬臂梁式和单悬梁式三种主要形式。简支梁式优点是结构简单，施工吊装方便，槽身伸缩缝的止水结构简单可靠。缺点是跨中弯矩值较大，底板受拉，对抗裂防渗不利。梁式渡槽槽身结构计算要点：按满槽水情况进行，弯矩及剪力求出后，对于矩形渡槽，可将侧墙作为纵梁考虑，按受弯构件计算其纵向正应力和剪应力，并进行配筋和抗裂。拱式渡槽由墩台、主拱圈、拱上结构三部分组成。其中主拱圈分为板拱、肋拱、双曲拱等。主拱圈结构基本尺寸包括：跨度、矢高、拱宽、拱脚高程。

三、倒虹吸管

由于倒虹吸具有布置形式多样化、工程量少、施工方便、节省动力及三材、造价低而且便于清除泥沙等特点，现广泛用于各国的农田水利建设、城市供水、大型调水工程。对于倒虹吸的设计，必须全面考虑，统筹兼顾，合理优化，才能设计出既经济、安全又能满足功能的倒虹吸。随着我国跨流域调水工程的增多，作为主要交叉输水建筑物的倒虹吸被广泛应用。在南水北调工程中，由于其跨度很大，与很多河流都有交汇，通过三条调水线路与长江、黄河、淮河和海河四大江河的联系，构成以“四横三纵”为主体的总体布局，所以被广泛地使用倒虹吸工程。

（一）倒虹吸作用及工作原理

当渠道与道路或河沟高程接近，处于平面交叉时，需要修一建筑物，使水从路面或河沟下穿过，此建筑物通常叫做倒虹吸。其工作原理与虹吸一样，倒虹吸在立面上也呈弓形，不同的是，其弓弯向上。而且，虽然倒虹吸管和虹吸管的输水原理相同，即都借助于上下游的水位差，但倒虹吸在开始工作时不需人为地制造管中的真空，因而更为普及。

（二）倒虹吸管的构造

倒虹吸管一般由进口段、出口段、段身三部分组成。

（三）倒虹吸管的设计

倒虹吸管的设计包括：管路及进出口布置、管身及镇墩的形式选择、水力计算和结构设计。由于倒虹吸管检修较困难，在设计中应注意为检修创造条件。

（四）管路布置形式及特点

根据管路埋设情况及高差大小，倒虹吸管有下列几种布置形式：有竖井式、斜管式、曲线式和桥式四种。竖井式：竖井多用于内压水头较低，流量较小，穿越道路的倒虹吸。这种形式的倒虹吸管结构简单，管路短，但水流条件差，一般用于规模较小的倒虹吸管。斜管式：斜管式多用于内水头较小，穿越渠道或河流的倒虹吸。渠道或河流主槽底部设置水平管段，两端用斜管段与进、出口相连，水流条件好，且构造简单，施工方便，实际工程中应用较多。曲线式：当河谷宽阔，岸坡较缓，地形较复杂时，倒虹吸管可随地形敷设成曲线形。曲线倒虹吸管开挖量小，施工方便，且水流条件好，但温度影响及地基不均匀沉陷易造成管身裂缝，引起渗漏甚至危及工程安全。桥式：当渠道通过较深的复式断面河道或窄深式河谷时，为降低管道内压水头，减少水头损失，缩短管长和减小施工难度，可在深槽部位建桥，将管道敷设于桥面上或者直接支撑于桥墩或排架上。管道在桥头山坡转弯处设镇墩，并在镇墩上设置虹吸管放水孔，兼作维修、清淤入孔，以便检查维修。

1. 进出口渐变段的设计

对于按照渠系规划给出了一定水头的倒虹吸工程而言，渐变段消耗水头越多，管身允许消耗的水头将越少，这将使管身断面加大，增加建筑物投资，因此必须对进出口渐变段进行优化设计。渐变段长度不宜过长，当渐变段长度达到一定值时，再增加渐变段长度已对减少水头损失效果不大。同时，渐变段底坡不宜过大，当渐变段进出口底部高程相差较大时，宜适当增加渐变段长度，这样可减少渐变段底坡，从而减小水头损失。

2. 管身形式及闸墩设计

管身有圆管、方管等形式。由于圆管施工较复杂，不宜现浇制模，同时会增加管座的工程量，故采用矩形孔口多孔一联的形式。该形式施工较方便，亦不需对地基进行特殊处理。墩头形状对水头损失有一定的影响。流线形墩头在闸门全开时水头损失比半圆形墩头要略小，但闸门不全部开启时，流线形墩头对进水口水流影响较半圆形墩头要大，损失显著增加。

3. 水力计算

倒虹吸管的水利计算任务是根据灌区规划中已确定的设计流量、进出口渠底高程、允许水头损失，选择合适的管内流速、经济过水断面或管径，验算进出口水面衔接等。

（1）管内流速。倒虹吸管内的流速，应根据技术经济比较确定。一般若流量一定，采用较小的管内流速，水头损失较小，出口水位较高，能自流灌溉的田间面积大，但管径大，工程造价及工程量较高，且管内易淤积，采用较大的管内流速则反之。因此适宜的管内流速 V，应是在满足灌溉要求的前提下尽量选用较大值，以减少造价和管内淤积。

（2）管径或过水断面。倒虹吸的管径 D 或过水断面积 A，可根据初选的管内流速 V 及设计流量 Q，按公式 $Q=VA$ 确定。

（3）输水能力和水头损失验算。当管径或管断面积、进出口水头损失值一定时，倒虹吸管的输水能力 Q 可按有压管流公式：Q=Ma（2g）进行计算。

（4）下游渠底高程。根据通过设计流量时的上游水位▽、下游水深 h_t、及虹吸管总水头损失 Z，倒虹吸管出口下游渠底 $\nabla_{下底}=\nabla-Z-h_t$。

（5）进、出口水面衔接。确定管径和下游渠底高程后，还需要验算，通过加大流量时，进口水面壅高和通过减小流量时，进口水面跌落两种情况下，虹吸管进口段水面衔接形式。

4. 结构计算

（1）荷载计算。作用于倒虹吸管上的荷载，主要有自重、管内水重、垂直与水平填土压力、内水压力、外压力、地面荷载、温度荷载、地基反力、地震荷载等。荷载效应组合。倒虹吸管在施工、运用期间可能出现的不利荷载效应有以下情况：穿越河流的倒虹吸，管内正常输水，河流处于枯水期或断流时；洪水期，河流出现洪水位，而管内无水；竣工试水验收或外露式明管输水时。

（2）结构计算：①计算长度。对管道较长、水头较高的倒虹吸管，计算时一般根据地形条件，将其按高程差 10 m 或 5 m 分成若干段，每段取最大水头处断面验算管壁厚度和计算配筋。对于中小型工程，若斜管段不长且荷载变化不大时，也可以不分段，只取最不利断面进行计算。②横向结构计算。通常取 1 m 长管段作为计算单元，按弹性中心发计算各种荷载单独作用管段不同截面处的内力，然后进行叠加，据之配筋计算。向结构计算。其目的是求出纵向拉力和纵向弯矩，以进行强度和抗裂验算。倒虹吸管是在渠道同道路、河渠或谷地相交时，修建的压力输水建筑物。它与渡槽相比，具有造价低且施工方便优点，不过它的水头损失较大，而且运行管理不如渡槽方便。它应用于修建渡槽困难，或需要高填方建渠道的场合；在渠道水位与所跨的河流或路面高程接近时，也常用倒虹吸管。

（3）倒虹管由进口、管身、出口三部分组成。分为斜管式和竖井式。

进口段包括：渐变段、闸门、拦污栅，有的工程还设有沉沙池。进口段要与渠道平顺衔接，以减少水头损失。渐变段可以做成扭曲面或八字墙等形式，长度为3~4倍渠道设计水深。闸门用于管内清淤和检修。不设闸门的小型倒虹吸管，可在进口侧墙上预留检修门槽，需用临时插板挡水。拦污栅用于拦污和防止人畜落入渠内被吸进倒虹吸管。在多泥沙河流上，为防止渠道水流携带的粗颗粒泥沙进入倒虹吸管，可在闸门与拦污册前设置沉沙池。对含沙量较小的渠道，可在停水期间进行人工清淤；对含沙量大的渠道，可在沉沙池末端的侧面设冲沙闸，利用水力冲淤。沉沙池底板反侧墙可用浆砌石或混凝上建造。

出口段的布置形式与进口段基本相同。单管可不设闸门；若为宏管，可在出口段侧墙上顶留检修门槽。出口渐变段比进口渐变段稍长。由于倒虹吸管的作用水头一般都很小，管内流速仅在2.0 m/s左右，因而渐变段的主要作用在于调整出口水流的流速分布，使水流均匀平顺地植入下游渠道。

管身断面可为圆形或矩形。圆形管因水力条件和受力条件较好，大、中型工程多采用这种形式。矩形管仅用于水头较低的中、小型工程。根据流量大小和运用要求，倒虹吸管可以设计成单管、双管或多管。管身与地基的连接形式及管身的伸缩缝和止水构造等与土坝坝下埋设的涵管基本相同。在管路变坡或转弯处应设置镇墩。为防止管内淤沙和为放空管内积水，应在管段上或镇墩内设冲沙放水孔（可兼作进入孔），其底部高程一般与河道枯水位齐平。管路常埋入地下或在管身上填土。当管路通过冰冻地区，管顶应在冰冻层以下，穿过河床时，应置于冲刷线以下。管路所用材料可根据水头、管径及材料供应情况选定，常用浆砌石、混凝土、钢筋混凝土及预应力钢筋混凝土等，其中，后两种应用较广。

四、倒虹管水力计算

（一）已知通过流量和允许水头损失值，确定管的断面形式和尺寸。

（二）已知管的断面尺寸和允许水头损失值，校核过水流量。

（三）已知过水流量和拟定管内流速，校核水头损失值是否在规划允许值范围内。

五、落差建筑物

当渠道要通过坡度过陡的地段时，为了保持渠道的设计纵坡，避免大填方和深挖方，可将水流的落差集中，并修建建筑物来连接上、下游渠道，这种建筑物称为落差建筑物，主要有跌水和陡坡两类。凡是水流自跌水口流出后，呈自由抛投状态，最后落入下游消力池内的为跌水；而水流自跌水口流出后，受陡槽的约束而沿槽身下泄的叫陡坡。

（一）跌水

跌水根据落差大小，分为单级跌水和多级跌水两种形式。跌水由进口、跌水墙、侧墙、消力池和出口部分组成。

（二）陡坡

当渠道过地形陡地段时，利用倾斜渠槽连接该段上、下游渠道，这种倾斜渠槽的坡度一般比临界坡度大，称为陡坡。由进口段、陡坡段、消能设施和出口段组成。

六、渠道

（一）渠道的作用和分类

渠道是灌溉、发电、航运、给水与排水等广为采用的输水建筑物，它是具有自由水面的人工水道。渠道按用途可分为灌溉渠道、动力渠道（引水发电用）、供水渠道、排水渠道和通航渠道等。

（二）渠道设计

渠道设计包括：渠道线路的选择、断面形式和尺寸的确定，渠道的防渗设计等。渠道线路选择是渠道设计的关键，可结合地形、地质、施工、交通等条件初选几条线路，通过技术经济比较，择优选定。渠道选线的一般原则是：①尽量避开挖方或填方过大的地段，最好能做到挖方和填方基本平衡；②避免通过滑坡区、透水性强和沉降量大的地段；③在平坦地段，线路应力求短直，受地形条件限制，必须转弯时，其转弯半径不宜小于渠道正常水面宽的 5 倍；④通过山岭，可选用隧洞，遇山谷，可用渡槽或倒虹吸管穿越，应尽量减少交叉建筑物。渠道断面形状，在土基上呈梯形，两侧边坡根据土质情况和开挖深度或垣筑高度确定，一般用 1 ∶ 1~1 ∶ 2，在岩基上接近矩形。

（三）渠道上的桥梁

桥梁的分类方法颇多，而渠道上的桥梁通常按结构特点可分为梁式和拱式两种类型。按荷载等级可分为农村交通桥及低标准公路桥两种类型。农村交通桥是供行人及牛马车、小四轮拖拉机或机耕拖拉机行驶的桥梁。低标准公路桥，一般为县与县或县与乡镇之间的公路桥梁。

七、量水设施

量水设施是渠道上可量测水流流量的水工建筑物及特设量水设施的总称。它的作用：按照用水计划准确、合理地向各级渠道和田间输送水量；为合理征收水费提供依据。其测量方法有：测定渠道平均流速来确定流量；利用渠道 Q–H 关系确定流量；利用水工建筑物量水；利用特设的量水设施测定流量；综合现代化量水。

第五节　渠道建筑物的运用管理

小型渠系建筑物工程包括机耕桥、人行桥、排洪渡槽、渠下涵、溢流侧堰、客水入渠、分水闸、节制闸、退水闸及取水码头等。本工程共有机耕桥 / 人行桥 7 座，渠下涵 3 座、排洪渡槽 3 座，客水入渠共有 11 座，水闸 6 座。

一、水电及道路布置

（一）水电布置

施工供水：在渠系建筑物拌和机附近备容积为 6 m^3 的移动式铁皮水箱，采用水车随时供水或抽取附近地面水，用水管引至渠系建筑物各施工部位，以满足施工需要。施工供电：施工区无电网电源，在渠系建筑物附近设置移动式柴油发电机组供施工用电。

（二）道路布置

施工道路利用附近的乡镇公路，在渠道内靠征地边线修筑临时施工便道至渠系建筑物位置，路面进行简单压实处理。

1. 测量控制点加密。测量组对设计单位提供的 GPS 控制点复测，经业主和监理审批同意使用该控制点后，对渠段增设加密控制点，所有控制点平面坐标和高程精度均满足施工要求，并报经业主和监理审批同意使用。

2. 试验。试验室对工地所有的砂石骨料、水泥、钢筋等原材料进行了检测，原材料各项试验结果均满足要求，并按相关试验规范制定混凝土配合比。

（三）施工方法

1. 土方开挖

土方开挖施工程序：测量放样→机械设备开挖→人工铺助清理及基础面处理→承载力试验→质检验收。主要施工方法：开挖前，测量人员根据设计院提供的并经监理复核的控制坐标点及高程基准点建立自己的施工控制网，控制点作埋石标记。测量原始地形，确定开挖边线，整理成图后报监理工程师批准。开挖过程中测量人员随时检查开挖各参数，确保基础开挖的高程及边坡坡比，严禁超欠挖。土方开挖采用 1.0 m^3 反铲，开挖临近设计高程时，预留 20~30 cm 厚保护层，用人工清挖，修整到设计底板基础高程。易风化崩解的土层，开挖后应保留保护层至下道工序施工前再修整挖除。如开挖至设计基础面后，基础与设计图纸不符的，及时报告现场监理工程师，以便调整。

2. 土方填筑

（1）施工程序：土方填筑从最低洼部位开始，水平分层填筑，分层厚度通过碾压试验确定，施工程序为：基础清理、验收→测量放样→进料→摊铺→平整→机械碾压→填筑层验收→转入上一填筑层面。

（2）填筑施工方法：填筑材料均为设计要求的合格土料，填筑施工分段分层进行。在穿渠底建筑物的渠道上下游侧各 50 m 范围内，填筑高程与建筑物顶高程不宜相差过大，待建筑物混凝土达到指定的强度后，立即回填建筑物两侧的，再进行该部位的填筑。

①原地面处理。所有填筑基面和接触面均按设计要求作好相应清理，清除基础表面腐植土、杂物，清除厚度约为 30 cm，基面清理遇沟槽时，先将沟槽填平压实，确保基础表面平整。地面横坡陡于 1 ∶ 5 时，原地面应挖成台阶后填筑，地面横坡陡于 1 ∶ 2.5 时，应作削坡处理直至设计要求，防止渠堤沿基底滑动。

②测量放样。基础清理完毕后，测量组应及时进行测量放样，测量放样采用全站仪确定填筑边线、桩号、高程等样点。

③土料铺填。土料由自卸汽车运输进入填筑部位，采用后退法直接卸料。填筑部位底部开始几层填料采用人工薄层摊铺，填筑至基岩以上 0.5 m 后，采用推土机摊铺，并辅以人工整平，层厚均按照相关规范及现场试验确定。在填筑时，为保证碾压质量，每层铺料至坡边时，在设计边线外侧超填 30 cm，在填筑每上升 1 m 左右测量确定边线，削掉设计边线 30 cm 以外的边坡部分就地回填，减少后面的削坡量。相邻的分段作业面均衡上升，减少施工接缝，如段与段之间不可避免出现高差时，采用 1 ∶ 3~1 ∶ 5 的斜坡相接，并按有关技术要求进行处理。

④洒水。在土料铺筑完成后，如果土料含水量低，则采取洒水车在该土层表面直接洒水湿润，要求洒水均匀。

⑤土料压实。填筑部位底部宽度较小的开始几层人工摊铺的填料，以及与混凝土结构物接合的部位，采用轻型机具（振动平板夯、蛙夯机等）压实；推土机摊铺的填料层，采用振动碾压实。

⑥刨毛作业。在压实检验合格后，下一层填筑前对上一层填筑表面进行刨毛处理，刨毛采用推土机履带在填筑层面上反复行走进行刨毛。对填筑面进料运输线路上散落的松土、杂物以及车辆行驶、人工践踏、内平台形成的干硬光面，应于铺土前彻底清除，并洒水湿润。

⑦整平削坡。在填筑完毕后，采用反铲辅以人工削坡处理，并进行整坡压实。对其表面严格按照设计坡度进行整平压实。

3. 质量措施

（1）填土前对各种建基面均要经过验收合格后才能进行填筑。

（2）土料填筑铺料时，去除回填土料中不能用于回填的含植物根须、杂物、有机物和易碎易腐物质，包括粗砾砂、砾卵石等。当填土料含水量大于最佳含水量时，可在渠道外晾晒，也可在堤基上用铧犁翻拌晾晒；当含水量不足时，可用水车洒水补充，使填土达到最佳含水量的要求，确保达到压实标准。

（3）土方压实控制应按本标段设计压实度标准进行干密度控制，必要时应进行相对密度校核。

（4）雨季施工时，填筑表面应适当加大横坡坡度，以利于排水，土料摊铺后及时碾压成型，防止填土被雨水泡软。

4. 混凝土施工

（1）渠系建筑物砼施工程序：地基处理→场地平整→测量放样→支架搭设→测量放样→底模铺设→钢筋制安→侧模安装→质量检查验收→混凝土浇筑→养护、待凝→拆模。①地基处理。搭设支架前，清除地表软土，换填 50 cm 厚的砂砾石，碾压密实。②模板及支架。满堂支架采用钢管搭设。模板采用组合钢模，外露面采用多层胶合板整块。③钢筋制安。板梁钢筋在加工厂加工，平板汽车运输至现场，人工绑扎分布钢筋，钢筋接头采用绑扎搭接或双面焊焊接，绑扎搭接长度为 35~40 d，焊接接头长度为 5 d。④混凝土浇筑。混凝土由拌和机集中拌制，自卸车运输至施工现场，反铲入仓。混凝土采用平铺的方式浇筑，采用 ϕ50 mm 插入式振动棒捣固密实。⑤模板拆除：侧模在混凝土强度达到 3.5 MPa 后即可拆除，底模在混凝土强度达到设计强度的 100% 后可拆除。⑥混凝土养护。混凝土浇筑收仓 6~18 h 或初凝后，开始对混凝土进行洒水养护，保持混凝土表面湿润。混凝土养护设专人负责，并做好养护记录。

（2）交叉建筑物混凝土施工。①混凝土垫层施工。基础采用反铲开挖人工修整，基础坑内集水，采用潜水泵排出坑外。基础验收合格后，及时浇筑垫层混凝土。自卸汽车运至现场，人工配合摊铺、振捣和整平。混凝土浇筑完毕后，洒水养护。②混凝土管座施工。模板采用组合钢模，对拉拉条和外侧钢管围檩固定。混凝土由拌和站集中拌制，5 t 自卸汽车运输，简易提升机入仓，混凝土采用平铺的方式，铺层厚度 30~40 cm，采用 ϕ50 mm 插入式振动棒捣固密实。混凝土浇筑完毕后，洒水养护 7 d。

5. 浆砌石砌筑

（1）石料砌筑。①砌石体采用铺浆法砌筑，就近工作面布置一台移动式砂浆拌和机拌制砂浆，砂浆稠度为 30~50 mm，当气温变化时，适当调整，并提前做好砂浆配合比试验，选送合格的配合比并报请监理人批准；砂浆拌和均匀，随拌随用，一次拌料在其初凝前使用完毕。②地基处理。砌筑前完成清基整平工作，对表面的腐植土、杂物等清除干净，并按要求进行压实或夯实。③砌筑基础第一层石块座浆，并将大面向下。毛石基础的扩大部分，如做成阶梯形，上级阶梯的石块至少压砌下级阶梯的1/2，相邻阶梯的毛石相互错缝搭砌。④毛石砌体分皮卧砌，上下错缝、内外搭接，不得采用外面侧立石块、中间填心的砌筑方法。⑤采用浆砌法砌筑的砌石体转角处和交接处同时砌筑，对不能同时砌筑的面，留置临时间断处，并砌成斜槎。⑥铺砌灰浆前，将石料洒水湿润，不得残留积水。毛石砌体灰缝厚度一般为20~30 mm，较大空隙先用砂浆填塞后用碎石嵌实，不得采用先摆碎石块后塞砂浆或干填碎石块的方法，石块间不相互接触。

（2）水泥砂浆勾缝。①砌体表面勾缝保持块石砌合的自然接缝，力求美观、匀称、块石形状突出，表面平整。②勾缝砂浆单独拌制，严禁与砌筑砂浆混用；勾缝砂浆采用细砂和较小的水灰比，灰砂比控制在1 ∶ 1~1 ∶ 2。③清缝在砌筑24 h后进行，清缝宽不小于砌缝宽度，勾缝宽不小于砌体缝宽的2倍，勾缝前先将槽缝冲洗干净，不得残留灰渣和积水，并保持缝面湿润。④当勾缝完成和砂浆初凝后，砌体表面刷洗干净，至少用浸湿物覆盖保持21 d，养护期间经常洒水，保持砌体湿润，避免碰撞和震动。

（3）养护。砌体外露面，在砌筑后12~18 h及时养护，经常保持外露面的湿润。混凝土养护期时间，严格执行招标文件《技术条款》的规定。

二、质量安全措施

1. 开挖过程中，经常校核测量开挖平面位置、水平标高、控制桩号、水准点和边坡坡度等是否符合施工图纸要求。土质边坡在人工削坡时应打桩连线，确保坡面平整度符合设计要求。边坡的护面和加固工作在雨季前按照施工图纸要求完成。土石方明挖严禁自下而上或采取倒悬的开挖方法，雨季施工做好防止水流冲刷边坡和侵蚀地基土壤。混凝土建筑物强度达到设计强度的75%后，并且龄期超过7 d后方可填筑。

2. 混凝土施工质量措施。为保证混凝土施工质量，在混凝土施工过程中，必须按规范及设计要求，对混凝土生产的原材料、配合比及仓面作业等混凝土生产过程中的各主要环节，进行全方位、全过程的质量控制，不断提高混凝土生产质量水平。

（1）钢筋等结构材料，必须有厂家或有关方面提供的出厂证明和试验报告，并按招标文件和规范的规定进行抽检。材料进场后，必须堆放在有通风防潮的仓库内。

（2）混凝土浇筑仓面准备作业质量控制。①测量放样采用先进的测量方法和测量仪器进行测量放样，以减少系统误差和出错的机会。所有测量数据，都必须通过室内作业和现场计算互相校核，施工放样过程中，严格按照《施工测量控制程序》进行操作。②钢筋施工。钢筋加工必须严格按照设计图纸和加工放样单进行加工，加工后的钢筋应做好标记，并码放整齐，防止混杂。钢筋的现场绑扎焊接，必须按设计图纸及测量放样点进行施工，钢筋接头采用先进的接头方式，先进行现场接头试验，获取的接头参数经监理工程师审批后，用于现场施工。所有操作工人须进行技术培训，做到持证上岗，提高钢筋施工质量。③模板施工。各种模板使用前应严格检查，按招标文件和规范的要求对模板的尺寸、表面平整度、表面光洁度进行检查，模板安装时，必须要测放足够精度的控制点，以控制模板安装质量。④仓面清理。混凝土浇筑前，应使用压力水将缝面冲洗干净，并排干积水，缝面上的浮浆、污染物，应使用合适的方法进行清理，不得对混凝土内部造成损伤，压力水的水压及冲毛时间应根据季节和混凝土标号随时进行调整。

3. 混凝土浇筑过程中的质量控制。严格执行仓面工艺设计规定，仓面浇筑工艺，施工设备资源、设计的标号、厚度、次序、方向、分层、开收仓时间等进行全面的仓面设计，报监理工程师批准后，方可开仓浇筑混凝土。

（1）混凝土入仓铺料。混凝土下料时均匀铺料。

（2）混凝土振捣。混凝土浇筑时，采用软轴振捣棒，以确保混凝土振捣密实。模板附近进行复振，以减少水气泡，提高混凝土表面质量。

（3）严格控制施工过程中的模板变形，保证立模的准确度和稳定性，确保混凝土外形轮廓线和表面平整度满足要求。

4. 温度控制及防裂措施，混凝土原材料温度控制。选用优化的配合比，使用中低热水泥及高效减水缓凝剂、降低水泥用量，以降低混凝土内水化热温升。混凝土浇筑温度控制措施：高温时段施工时，混凝土浇筑仓内安装喷雾机喷水雾。喷雾装置采用喷头通过轻型耐压管与主机连接，沿模板设置喷雾头。在局部位置采用人工手持喷雾装置的方式对仓面进行局部喷雾增湿处理。仓面喷雾必须呈雾状，避免小水珠出现。

5. 混凝土硬化后的质量控制。混凝土浇筑完毕后，应及时进行养护，一般情况下，使用洒水养护。以保持混凝土表面水分。混凝土养护期时间，严格执行招标文件《技术条款》的规定。

6. 施工安全措施

（1）在工程开工前组织有关施工人员进行教育，经安全教育的职工才准许进入施工区工作。

（2）为保证照明安全，在各施工部位、通道等处设置足够的照明，最低照明度符合规定。施工用电线路按规定架设，满足安全用电要求。

（3）配备安全防护设施，仓面设置安全通道和安全围栏，模板挂设安全作业平台，高空部位挂设安全网，随仓位上升搭设交通梯，操作人员佩带安全绳和安全带，施工脚手架和操作平台搭设牢固。

（4）加强施工机械设备的检查、维修、保养，确保高效、安全运行，操作人员必须持证上岗。

（5）在施工现场、道路等场所设置醒目的安全标识、警示和信号等提高全体施工人员的安全意识。

（6）为保证照明安全，必须在各施工区、道路、生活区等设置足够的照明系统。施工用电线路按规定架设，满足安全用电要求。

三、渠系建筑物的分类

控制、调节和配水建筑物。用于调节水位，分配流量，如节制闸、分水闸、斗门等。交叉建筑物。用以穿越河渠、洼谷、道路及障碍物，如渡槽、倒虹吸管、涵洞、隧洞等。泄水建筑物，如泄水闸、退水闸、溢流堰等。落差建筑物，即落差集中处的连接建筑物，如跌水、陡坡和跌井等。冲沙和沉沙建筑物，如冲沙闸、沉沙池等。量水建筑物，如量水堰、量水槽等，也可利用其他水工建筑物量水。专门建筑物和安全设备，如利用渠道落差发电的水电站，通航渠道上的码头、船闸和为人、畜免于落水而设的安全护栏。渠系建筑物数量多、总体工程量大、造价高，故应向定型化、标准化、装配化和机械化施工等方面发展。

四、渠系建筑物——跌水与陡坡

（一）落差建筑物的类型

当渠道通过地面过陡的地段时，为了保持渠道的设计比降，避免大填方或深挖方，往往将水流落差集中，修建建筑物联接上下游渠道，这种建筑物称落差建筑物。落差建筑物有跌水、陡坡、斜管式跌水和跌井式跌水等四种。其中跌水和陡坡应用最广。落差建筑物的设计，除满足强度和稳定要求外，水力设计是重要内容。布置时应使进口前渠道水流不出现较大的水面降落和壅高，以免上游渠道产生冲刷或淤积，出口处必须设置消能防冲设施，避免下游渠道的冲刷。

（二）跌水

跌水有单级跌水和多级跌水两种形式，二者构造基本相同。一般单级跌水的跌差小于3~5 m，超过此值时宜采用多级跌水。

1. 单级跌水

单级跌水常由进口连接段、跌水口、消力池和出口连接段所组成。

进口连接段。为使渠水平顺进入跌水口，使泄水有良好的水力条件，常在渠道与跌水口之间设连接段。其型式有扭曲面、八字墙、圆锥形等。扭曲面翼墙较好，水流收缩平顺，水头损失小，是常用型式。连接段长度 L 与上游渠底宽 B 和水深 H 的比值有关，B/H 越

大 L 越长。

跌水口。跌水口又称控制缺口，是设计跌水和陡坡的关键。为使上游渠道水面在各种流量下不产生壅高和降落，常将跌水口缩窄，减少水流的过水断面，以保持上游渠道的正常水深。跌水缺口的形式有矩形、梯形和底部加抬堰等形式。

跌水墙。跌水墙有直墙和倾斜面两种，多采用重力式挡土墙。由于跌水墙插入两岸，其两侧有侧墙支撑，稳定性较好，设计时常按重力式挡土墙设计，但考虑到侧墙的支撑作用，也可按梁板结构计算。为防止上游渠道渗漏而引起跌水下游的地下水位抬高，减小渗流对消力池底板等的渗透压力，应作好防渗排水设施。消力池。跌水墙下设消力池，使下泄水流形成水跃，以消减水流能量。消力池在平面布置上有扩散和不扩散形式，它的横断面形式一般为矩形、梯形和折线形。折线形布置为渠底高程以下为矩形，渠底高程以上为梯形。

出口连接段。下泄水流经消力池后，在出口处仍有较大的能量，流速在断面上分布不均匀，对下游渠道常引起冲刷破坏。为改善水力条件，防止水流对下游冲刷，在消力池与下游渠道之间设出口连接段。其长度应大于进口连接段。

2. 多级跌水

多级跌水的组成和构造与单级跌水相同。只是将消力池作成几个阶梯，各级落差和消力池长度都相等，使每级具有相同的工作条件，并便于施工。多级跌水的分级数目和各级落差大小，应根据地形、地质、工程量大小等具体情况综合分析确定。当受地形地质条件影响较大时，也可修建不连续的多级跌水。工程实践说明，多级跌水的跌水墙工程量与其数目成反比，即增加跌水数目，减小各级落差，在一般情况下，跌水墙的工程量将减小。

（三）陡坡

陡坡由进口连接段、控制堰口、陡坡段、消力池和出口连接段组成。陡坡的构造与跌水相似，不同之处是陡坡段代替了跌水墙。由于陡坡段水流速度较高，对进口和陡坡段布置要求较高，以使下泄水流平稳、对称且均匀地扩散，以利下游消能和防止对下游渠道的冲刷。

1. 陡坡段的布置

在平面布置上，陡坡底可作成等宽的、底宽扩散形和菱形三种。

扩散形陡坡。陡坡段采用扩散形布置，可以使水流在陡坡上发生扩散，以减小单宽流量，这对下游消能防冲有利。陡坡的比降应根据修建陡坡处的地形、地质、跌差及流量大小等条件确定。当流量大、跌差大时，陡坡比降应缓一些；当流量较小、跌差小且地质条件较好时，可陡一些。土基上陡坡比降通常取 1 ： 2.5~1 ： 5。

菱形陡坡。菱形陡坡在平面布置上，上部扩散下部收缩，在平面上呈菱形。在收缩段的边坡上设置导流肋。这种布置使消力池段的边墙边坡向陡槽段延伸，使其成为陡坡边坡的一部分，从而使水跃前后的水面宽度一致，两侧不产生平面回流漩涡，使消力池平面上的单宽流量和流速分布均匀，减轻了对下游的冲刷。

陡坡段的人工加糙。在陡坡段上进行人工加糙，对促使水流紊动扩散，降低流速，改善下游流态及消能均起着重要作用。常见的加糙形式有交错式矩形糙条、单人字形槛、双人字形槛、棋布形方墩等。

2. 消力池及出口连接段

陡坡出口消能一般都采用消力池，使水流在池中发生淹没水跃以消减水流能量，其布置形式与跌水相似。为了提高消能效果，消力池中常设一些辅助消能工，如消力齿、消力墩、消力肋及尾槛等。沿陡坡下泄的水流，受陡坡边界、坡度和糙度影响。消力池出口常用连接段与下游渠道连接。当消力池底宽大于下游渠道底宽时，出口连接段为平面收缩形式，其收缩率为 1 ∶ 3~1 ∶ 8。消力池末端底部一般用 1 ∶ 2~1 ∶ 3 的反坡与下游渠道相连。出口连接段与下游渠道护砌段总长 $L'=8-15hc''$ ，但在消力池内布置有辅助消能工时，可缩短为 $L'=3-6hc''$ 。

第四章　水利工程建设管理

Chapter 4

第一节 工程安全管理

一、工程项目管理“三控三管一协调”

谈到工程项目管理，我们谈得最多的就是“三控三管一协调”，“三控”就是质量控制、进度控制、成本控制。“三管”就是安全管理、合同管理、信息管理。“一协调”就是关系协调。任何项目管理，都是围绕“三控三管一协调”在开展工作。

（一）工程投资控制

水利工程分为设计阶段、招标阶段、施工阶段、建设实施阶段和竣工结算阶段进行投资管理与控制。设计对工程造价起着决定性的作用。据统计分析，在初步设计阶段，影响项目造价的可能性有25%~95%；在技术设计阶段影响项目投资的可能性有35%~75%；在施工图设计阶段影响工程造价的可能性有5%~35%；很显然，在项目作出投资决策后，控制项目投资的关键在于设计。目前，设计工作并没有得到应有的重视和监督，很多水利工程没有推行限额设计。设计部门较重视技术上的可行性，相对而言对经济上和合理性重视不够，特别是某些设计人员经济意识较淡薄，存在设计保守现象，采用加大梁柱截面、增加钢筋含量、随意提高安全系数等现象，造成许多不必要的资金浪费。在水利工程施工阶段，有些承包方出于追逐利润最大化的目的，虚报、多报工程价款时有发生。监理方对项目的质量、工期予以高度重视，但有些监理单位对造价的控制相对薄弱，这也是工程造价超计划的一个原因。

（二）项目决策阶段

水利工程投资决策阶段是工程投资控制的重要阶段，造价工程师应对拟建项目的各建设方案从技术和经济两个方面进行综合评价，并在优化方案的基础上，确定高质量的投资估算，它是工程建设中在各阶段预控制项目总投资的依据。在投资决策阶段，合理选择建设地点，科学确定建设标准水平，以及选择适当的工艺设备，必须做好投资估算的审查工作，对其完整性、准确性进行公正的评价。

（三）设计阶段

对工程造价的控制和管理采用优化设计、经济设计，以降低工程造价，具体采取以下措施。

（1）审查设计概算。看它是否在批准的投资估算内，如发现超估算，应找出原因，修改设计，调整概算，力争科学、经济、合理。推行设计收费与工程设计成本节约相结合的办法，制定设计奖惩制度，对节约成本设计者给予一定比例分成，从而鼓励设计者寻求最佳设计方案，防止不顾成本、随意加大安全系数现象。

（2）进行设计招标，引入竞争机制。通过多种方案的竞标，优选出具有安全、实用、美观、经济合理的建筑结构和布局的最佳设计方案。为了克服一些设计人员不精心计算，增大概算基数，增加投资，不仅方案设计阶段通过招标完成，对技术设计和施工图设计也引入竞争机制，推行技术设计和施工图设计招、投标，使每个设计阶段均通过竞争完成，在设计中对每个设计阶段进行经济核算。

（3）实行限额设计，限额设计是设计过程中行之有效的控制方法。在初步设计阶段，各专业设计人员应掌握设计任务书的设计原则、各项经济指标，方案的比选，把初步设计造价严格控制在限额内。施工图设计应按照批准的初步设计，其限额的重点应放在工程量的控制上，将上阶段设计审定的投资额和工程量分解到各个专业，然后再分解到各个单位工程和分部工程上。设计人员必须加强经济观念，在整个设计过程中，经常检查本专业的工程费用，切实做好控制造价工作。

（四）招、投标阶段对工程造价的控制和管理

水利工程招标、投标定价程序是我国用法律方式规定的一种定价方式，是由招标人编制招标文件，投标人进行报价竞争，中标人中标后与招标人通过谈判签订合同，以合同价格为建设工程价格的定价方式，这种定价方式属于市场调节价，也是企业自主定价。因此，严格衡量和审定投标人的投标报价，是水利工程招标工作能否达到预期目标的关键，也是对工程造价进行有效控制的关键。在本阶段建设方必须做到：

（1）严格审查施工单位资质，必要时进行实地考察，了解和熟悉投标人工程投标报价的形成和计算方法，防止施工质量差、财务状况差、信誉差的施工单位参加投标。

（2）建设方对项目的合理低价应做到心中有数，避免投标单位以低于成本价恶意竞标。

（3）签订合同时，合同条款格式要规范、文字要严谨，避免留下日后扯皮、索赔的问题，以利于工程建设的投资控制工作。

（五）施工阶段对工程造价的控制和管理

在工程施工阶段影响工程造价的可能性只有 5%~10%，节约投资的可能性已经很小，但是工程投资却主要发生在这一阶段，浪费投资的可能性很大。因此，建设方在施工阶段对工程造价的管理除了加强合同管理、工程结算管理外，重点应加强施工现场管理，以杜绝投资浪费。

1. 加强工程变更价款的控制与管理。在工程项目实施过程中，引起设计变更的原因，

一方面是由于勘察设计工作不细，以致在施工过程中发现招标文件中没有考虑或估算不准确的工程量，因而不得不改变施工项目或增减工程量；另一方面是由于发生不可预见的事件，如自然或社会原因引起的停工或工期拖延等。工程量变更有可能会使项目投资超出原来的预算投资，所以必须严格予以控制。

2. 索赔的控制与管理。索赔是工程承包中经常发生并随处可见的正常现象。由于施工现场条件、气候条件的变化，施工进度的变化，以及合同条款、规范、标准文件和施工图纸的变更、差异、延误等因素的影响，使得工程承包中不可避免地出现索赔，进而导致工程的投资发生变化。

3. 加强工程结算的控制与管理。工程结算的控制与管理，一般从以下几个方面入手：一是应核对工程内容是否符合合同条款要求，工程是否经验收合格，只有按合同要求完成工程并验收合格才能进行工程结算；二是应按规定的结算方法、计价定额、取费标准、主材价格和优惠条款等，对工程结算进行审核；三是检查隐蔽工程验收记录，所有隐蔽工程均需进行验收、签证；四是按图核实工程数量，并按国家统一规定的计算规则计算工程量；五是落实设计变更签证，设计变更应由原设计单位出具设计变更通知单和修改的设计图纸、校审人员签字并加盖公章，经建设单位和监理工程师审查同意、签证，重大设计变更应经原审批部门审批，否则不应列入结算；六是结算单价应按合同约定或招标规定的计价原则执行。

（六）竣工阶段对工程造价的控制和管理

竣工决算是水利工程经济效益的全面反映，是项目法人办理工程交付使用的依据。通过竣工决算，一方面能够正确反映建设工程的实际造价和投资结果；另一方面可以通过竣工决算与概算、预算的对比分析，考核投资控制的工作成效，总结经验教训，积累技术经济方面的基础资料，提高未来建设工程的投资效益。

（七）水利工程施工过程中做好安全控制的意义

水利施工过程中监理项目中的主要因素就是安全控制，它通过对水利工程的生产过程进行监督和管理来保证工程的安全性。在控制过程中，对不同的施工步骤进行组织、协调、计划、监控以及指挥来保证施工过程中的人身和设备安全、财产和结构安全、施工环境的安全等。近些年的水利监理在实际施工过程中确实发挥了不可替代的作用，而且安全控制措施和水平也逐渐全面和提升，在个别水利工程施工过程中，依然存在众多问题，一些施工单位在经济利益的驱使下，忽视了工程监督工作；有的施工单位只是一味地追赶施工进度和工程的质量控制，而忽略了安全控制工作，给整个水利工程的运用埋下了安全隐患。因此，在水利工程施工过程中，要重视安全控制措施的实施，从而提升整个工程的施工安全和施工质量。

二、水利工程项目施工的特点

水利工程施工与一般土木工程如道路、铁路、桥梁和房屋建筑等的施工有许多相同之处。例如，主要施工对象多为土方、石方、混凝土、金属结构和机电设备安装等项目。某些施工方法相同；某些施工机械可以通用；某些施工的组织管理工作也可互相借鉴。

（一）施工工程量大

通常情况下，水利施工的工程量较大、投入的机械设备较多、需长时间的施工建设，并且施工的强度也较高、对施工环境的要求较为严格，非常容易受到施工环境的影响，从而在水利工程项目的施工过程中，必须对相应的施工工程的方案进行选择以及比对，才能选出最佳的施工方式从而保证水利工程的施工质量。

（二）施工的危险系数较高

在水利工程项目的施工中，所涉及的领域比较广，并且需要投入大量的机械设备，因此水利工程的施工项目的危险性也较高，并且施工中所使用的各种机械设备的作业环境都存在一定的安全隐患。同时，水上作业、高空作业以及水下作业也较多，由此综合形成了水利工程的危险系数，相对其他行业而言，水利工程的施工具有较高的危险性。在施工中，施工人员必须严格要求自己，各项操作也要按程序进行，并且需要加强施工现场的安全管理，提高水利工程施工质量。

（三）施工现场偏远

水利工程的施工就通常情况绝大多数是位于交通较为不便利的偏远的谷地，甚至是难以开发的山区，并且距离施工建设的基地较远，从而影响了对建筑材料的采购运输及机械设备的调用和管理，造成了施工成本的波动大，不利于生产成本的控制。

（四）受地质环境影响大

水利水电工程项目的建设，大多数的施工环境为河流，所以施工时必定受到地形地质、气象和水文等自然条件的影响。水利工程通过围堰填筑、导流和基坑的排水等方式进行施工进度的控制，从而确保水利工程的施工质量。

三、水利工程质量控制与安全管理中所存在的问题分析

水利工程是国民经济发展的支柱，水利工程建设质量关系到国计民生。目前，随着我国经济的飞速发展，水利工程项目越来越多，然而，人们也对水利工程质量提出了更高的要求，使得水利工程的建设将会面临着新的机遇以及挑战，下文对我国水利工程项目中的质量和安全管理进行深入的探讨分析。找出所存在的问题，针对此问题提出相应的解决策略。

（一）水利工程的监督管理体系有待进一步规范

调查显示：目前我国水利工程施工现场的相关法律、法规的不健全和不完善，法律规

章的执行力度不够，质量监督和管理的实际执行不强，检测的管理手段也没有达到应有的工程管理和控制的效果。水利工程项目的评定也缺乏可信度和权威性。同时，质量管理和监测的机构由于其自身的限制难以发挥深入有效的监督作用，质量检测员的专业知识和技术水平不够，工程项目的监督流于形式。质量监督管理体系的不规范也导致了质量监督管理的不规范，相应的部门管理职责不清、权利不明，难以对施工企业的施工质量进行有效管理。

（二）水利工程项目不规范施工，难以保证工程项目质量

通常情况下，水利工程项目的完成都是通过多次转包和层层收费，致使水利工程的资金流失严重。由于水利工程利润驱使，水利工程项目的施工难以建立规范的秩序，从而导致工程项目的质量难以保证。同时，工程项目的施工不规范、施工过程管理中的质量也难以得到有效的保证，质量管理的水平较低，工程项目施工的体系不完善。

（三）水利工程项目设计水平低下

有些施工企业为了节省成本，通常聘用非专业或者技术不过关的设计人员进行施工项目设计，从而导致工程项目的整体设计水平低下，进而影响到整个水利工程的施工质量和安全管理。同时，有些施工单位前期工作不够充分，设计过程中也并没有充分考虑各方面的影响因素，致使整体的结构布局不合理，也并未执行强制性标准。此外，有些设计人员的设计质量不高，图纸粗糙，施工时随意变更图纸，并且设计质量缺乏有效监督，质量控制手段落后，并没有从根本上把好质量关。

四、水利工程项目质量控制和安全管理策略

严把施工材料关，一般情况下，水利工程项目的质量和工程项目的使用期限往往由水利水电工程的施工材料决定。因此，在水利水电工程项目的施工材料的选择上，应严格根据施工的合同以及施工图纸设计的规范要求。所以，在建立了具体而详细的施工材料的采购计划基础之上还要实现施工材料的施工及使用。在施工材料的采购基础之上应选择大规模、高信誉、抗风险强的企业作为材料供应商，而且要在采购过程中签订采购的合同进一步确定施工材料的数量规格和价格等。通过合同的形式确定材料供应方及施工方的权责和处罚等款项。在施工材料采购完成之后，施工企业还须对施工材料进行检查核对，对不符合规格的材料采取相应的措施。对重要的施工材料要建立调查制度，最终确保工程项目的质量。

贯彻落实安全生产责任制。安全生产责任制是根据“管生产必须管安全”的原则，对企业各级领导和各类人员明确地规定了在生产中应负的安全责任。落实各级领导安全责任制，强调法人代表负责制由项目经理主管，安全科长具体抓，各班组设兼职安全员，与各

施工队之间必须签订安全生产责任书，要求各施工队必须与各施工人员签订安全生产责任书，从面到点层层落实。必要时还要制定相关安全生产奖惩制度，根据各岗位、各工种的安全生产职责，对各班组实行安全生产考核，使安全生产与职工的经济利益挂钩，实行安全生产奖惩制度，加强劳动纪律的遵守，充分调动广大职工对安全生产的积极性、主动性，切实提高水利工程的质量。

加强水利工程施工现场的环境管理。对于施工企业的工程项目现场管理，必须建立整洁而有序的施工现场的管理措施，从而建立较为科学而有效的工程项目的施工管理的环境要素。通过工程项目施工现场的有效管理，也能建立更为有效率的施工场地的应用模式，通过结合建筑工程的实际施工条件和施工环境，按照具体的工程项目的施工要求和施工总体进度与计划等的控制，实现了对施工现场的有效管理和控制。水利工程现场管理可通过平面布置图对工程项目的进度和整体的计划进行有效的控制。通过张贴醒目标识实现了危险行为的管理和控制，从而在具体的安全标准和消防措施的建设上实现具体的施工现场的安全管理。通过建设符合相应管理规定的现场管理的条件设施，实现对建筑工程现场的有效改造，营造出适合工程项目建设的现场制度管理和及时的环境监控。水利工程的现场管理能有效建立高效而环保的质量管理和控制体系，从而能建立工程项目的有效质量管理体系。

强化施工机械和设备管理水平。在水利水电工程项目中，由于施工量较大，所以使用的机械设备也较多，对工程项目中相应机械设备的使用对其质量产生深远的影响。随着技术水平的提高，水利水电工程项目施工中的机械设备的种类也日趋丰富化。在水利水电工程的施工项目的建设过程中，要根据具体的水利水电工程的施工项目的特点，配置最佳的设备，且要建立水利水电工程项目机械设备的有效使用和管理体系，从而保证相应机械设备良好的状态和使用效率。在水利水电工程的施工过程中，应该实现人机固定的使用模式，同时也要建立机械设备的规范保养及建立机械的档案记录和管理。建立定期保养的施工机械设备管理、建立可靠安全的机械设备的运行模式，从而降低消耗同时延长机械设备的使用期限，从而保证工程项目的施工质量。

在水利工程项目施工中提高施工人员的综合素质，施工质量的高低在很大程度上受到水利施工人员的素质影响，必须从根本上提高全体施工人员的专业素养，才能为水利工程质量控制与安全管理提供有利条件。因此，在水利工程项目取得工程项目的建设权利后，必须选取经验丰富的项目管理人员负责管理，而后根据具体工程项目的特点建立施工项目的经理部，实现对工程项目的全面管理。同时，要努力提高施工人员的素质，定期对其进行培训，并需要结合各领域的知识对施工人员进行教育辅导，提高他们的综合素质，让他们更好地适应当今社会发展的需求，确保水利工程施工的质量达标，并提高水利工程施工技术水平。

五、水利工程质量管理的现状

如今我国的水利工程的质量管理工作情况“不容乐观”，水利工程质量管理的过程中还是出现了很多的问题，其中主要有这样一些问题：

（一）水利工程的施工人员对于水利工程施工质量的认识不够明确，对于水利工程施工的质量管理工作的认识不够，绝大多数的施工人员对于水利工程施工质量的保障作用认识不够。

（二）很多的水利工程施工方没能把施工的质量和安全重视起来，也没能认识到水利工程施工质量的重要性，往往水利工程施工中都是盲目地去追求工程的工期而忽视了质量，就算是国家已经反复强调了，但是很多的施工单位还是置若罔闻。

（三）施工的招、投标过程中出现了一些问题，水利工程建设的招、投标工作出现了一些围标或其他的违规行为，最后都会导致水利工程施工的质量出现问题。

（四）很多的水利工程施工由于一些地方势力或者腐败问题的影响，从而出现了一定的质量问题，也就进一步导致工程施工后续的质量责任制度没有办法落实，质量问题频发，投入的资金有很多都被另作他用，没有真正地为质量的提高带来作用。

（五）水利工程施工没有得到有效的市场监管，也没有相应的监理体系就不能够有效地对水利工程的施工质量进行行之有效的监管，从事水利工程质量管理工作的人员往往素质都达不到要求，技术能力等也都不能有效地保证水利工程的施工质量得到提高。

（六）水利工程在设计阶段也出现了一些问题，没能有效地从设计阶段就对水利工程的施工质量进行有效的控制，设计阶段对于整个水利工程的计划不科学也不合理导致质量风险增大。

六、水利工程建设安全生产管理规定

水利工程作为一项抗御自然灾害、确保农业生产的重要基础设施工程，自古以来都是国家民生发展的重要工程之一，是关乎国家发展的重要组成部分。近年来，国家的“十二五”规划中加大了对水利行业的资金投入，各地水利工程项目纷纷开始动工，而水利工程施工中的安全生产管理等问题也逐步显现出来，并且在实践应用中越来越受到了各方面的重视。如何提高水利工程施工的安全生产管理水平，是摆在我们面前的重要任务。本文就笔者数年来从事水利工程施工建设安全生产管理的经验以及平时的学习心得，简要分析一下当前水利工程的主要施工特点及安全事故产生的原因，同时对今后水利工程施工建设的安全生产管理工作进行一些探讨和论述。

第一条：

为了加强水利工程建设安全生产监督管理，明确安全生产责任，防止和减少安全生产事故，保障人民群众生命和财产安全，根据《中华人民共和国安全生产法》《建设工程安全生产管理条例》等法律、法规，结合水利工程的特点，制定本规定。

第二条：

本规定适用于水利工程的新建、扩建、改建、加固和拆除等活动及水利工程建设安全生产的监督管理。前款所称水利工程，是指防洪、除涝、灌溉、水力发电、供水、围垦等（包括配套与附属工程）各类水利工程。

第三条：

水利工程建设安全生产管理，坚持安全第一，预防为主的方针。

第四条：

发生生产安全事故，必须查清事故原因，查明事故责任，落实整改措施，做好事故处理工作，并依法追究有关人员的责任。

第五条：

项目法人（或者建设单位，下同）、勘察（测）单位、设计单位、施工单位、建设监理单位及其他与水利工程建设安全生产有关的单位，必须遵守安全生产法律、法规和本规定，保证水利工程建设安全生产，依法承担水利工程建设安全生产责任、项目法人的安全责任。

第六条：

项目法人在对施工投标单位进行资格审查时，应当对投标单位的主要负责人、项目负责人以及专职安全生产管理人员是否经水行政主管部门安全生产考核合格进行审查。有关人员未经考核合格的，不得认定投标单位的投标资格。

第七条：

项目法人应当向施工单位提供施工现场及施工可能影响的毗邻区域内供水、排水、供电、供气、供热、通信、广播电视等地下管线资料，气象和水文观测资料，拟建工程可能影响的相邻建筑物和构筑物、地下工程的有关资料，并保证有关资料的真实、准确、完整，满足有关技术规范的要求。对可能影响施工报价的资料，应当在招标时提供。

第八条：

项目法人不得调减或挪用批准概算中所确定的水利工程建设有关安全作业环境及安全施工措施等所需费用。工程承包合同中应当明确安全作业环境及安全施工措施所需费用。

第九条：

项目法人应当组织编制保证安全生产的措施方案，并自开工报告批准之日起 15 日内报有管辖权的水行政主管部门、流域管理机构或者其委托的水利工程建设安全生产监督机构（以下简称安全生产监督机构）备案。建设过程中安全生产的情况发生变化时，应当及时对保证安全生产的措施方案进行调整，并报原备案机关。保证安全生产的措施方案应当根据有关法律、法规、强制性标准和技术规范的要求并结合工程的具体情况编制，应当包括以下内容：项目概况；编制依据：安全生产管理机构及相关负责人；安全生产的有关规章制度制定情况；安全生产管理人员及特种作业人员持证上岗情况等；生产安全事故的应急救援预案；工程度汛方案、措施；其他有关事项。

第十条：

项目法人在水利工程开工前，应当就落实保证安全生产的措施，进行全面系统的布置，明确施工单位的安全生产责任。

第十一条：

项目法人应当将水利工程中的拆除工程和爆破工程发包给具有相应水利水电工程施工资质等级的施工单位。项目法人应当在拆除工程或者爆破工程施工 15 日前，将下列资料报送水行政主管部门、流域管理机构或者其委托的安全生产监督机构备案：施工单位资质等级证明；拟拆除或拟爆破的工程及可能危及毗邻建筑物的说明；施工组织方案；堆放、清除废弃物的措施；生产安全事故的应急救援预案。勘察（测）、设计、建设监理。

第十二条：

勘察单位应当按照法律、法规和工程建设强制性标准进行勘察，提供的勘察文件必须真实、准确，满足水利工程建设安全生产的需要。勘察单位在勘察作业时，应当严格执行操作规程，采取措施保证各类管线、设施和周边建筑物、构筑物的安全。勘察单位和有关勘察人员应当对其勘察成果负责。

第十三条：

设计单位应当按照法律、法规和工程建设强制性标准进行设计，并考虑项目周边环境对施工安全的影响，防止因设计不合理导致生产安全事故的发生。设计单位应当考虑施工安全操作和防护的需要，对涉及施工安全的重点部位和环节在设计文件中注明，并对防范生产安全事故提出指导意见。采用新结构、新材料、新工艺以及特殊结构的水利工程，设计单位应当在设计中提出保障施工作业人员安全和预防生产安全事故的措施建议。设计单位和有关设计人员应当对其设计成果负责。设计单位应当参与与设计有关的生产安全事故分析，并承担相应的责任。

第十四条：

建设监理单位和监理人员应当按照法律、法规和工程建设强制性标准实施监理，并对水利工程建设安全生产承担监理责任。建设监理单位应当审查施工组织设计中的安全技术措施或者专项施工方案是否符合工程建设强制性标准。建设监理单位在实施监理过程中，发现存在生产安全事故隐患的，应当要求施工单位整改；对情况严重的，应当要求施工单位暂时停止施工，并及时向水行政主管部门、流域管理机构或者其委托的安全生产监督机构以及项目法人报告。

第十五条：

为水利工程提供机械设备和配件的单位，应当按照安全施工的要求提供机械设备和配件，配备齐全有效的保险、限位等安全设施和装置，提供有关安全操作的说明，保证其提供的机械设备和配件等产品的质量和安全性能达到国家有关技术标准。

第十六条：

施工单位从事水利工程的新建、扩建、改建、加固和拆除等活动，应当具备国家规定的注册资本、专业技术人员、技术装备和安全生产等条件，依法取得相应等级的资质证书，并在其资质等级许可的范围内承揽工程。

第十七条：

施工单位依法取得安全生产许可证后，方可从事水利工程施工活动。

第十八条：

施工单位主要负责人依法对本单位的安全生产工作全面负责。施工单位应当建立和健全安全生产责任制度和安全生产教育培训制度，制定安全生产规章制度和操作规程，保证本单位建立和完善安全生产条件所需资金的投入，对所承担的水利工程进行定期和专项安全检查，并做好安全检查记录。施工单位的项目负责人应当由取得相应执业资格的人员担任，对水利工程建设项目的安全施工负责，落实安全生产责任制度、安全生产规章制度和操作规程，确保安全生产费用的有效使用，并根据工程的特点组织制定安全施工措施，消除安全事故隐患，及时、如实报告生产安全事故。

第十九条：

施工单位在工程报价中应当包含工程施工的安全作业环境及安全施工措施所需费用。对列入建设工程概算的上述费用，应当用于施工安全防护用具及设施的采购和更新、安全施工措施的落实、安全生产条件的改善，不得挪作他用。

第二十条：

施工单位应当设立安全生产管理机构，按照国家有关规定配备专职安全生产管理人员。施工现场必须有专职安全生产管理人员。专职安全生产管理人员负责对安全生产进行现场监督检查。发现生产安全事故隐患，应当及时向项目负责人和安全生产管理机构报告；对违章指挥、违章操作的，应当立即制止。

第二十一条：

施工单位在建设有度汛要求的水利工程时，应当根据项目法人编制的工程度汛方案、措施制订相应的度汛方案，报项目法人批准；涉及防汛调度或者影响其他工程、设施度汛安全的，由项目法人报有管辖权的防汛指挥机构批准。

第二十二条：

垂直运输机械作业人员、安装拆卸工、爆破作业人员、起重信号工、登高架设作业人员等特种作业人员，必须按照国家有关规定经过专门的安全作业培训，并取得特种作业操作资格证书后，方可上岗作业。

第二十三条：

施工单位应当在施工、组织设计中编制安全技术措施和施工现场临时用电方案，对下列达到一定规模的危险性较大的工程应当编制专项施工方案，并附具安全验算结果，经施工单位技术负责人签字以及总监理工程师核签后实施，由专职安全生产管理人员进行现场监督。基坑支护与降水工程；土方和石方开挖工程；模板工程；起重吊装工程；脚手架工程；拆除、爆破工程；围堰工程；其他危险性较大的工程，对前款所列工程中涉及高边坡、深基坑、地下暗挖工程、高大模板工程的专项施工方案，施工单位还应当组织专家进行论证、审查。

第二十四条：

施工单位在使用施工起重机械和整体提升脚手架、模板等自升式架设设施前，应当组织有关单位进行验收，也可以委托具有相应资质的检验、检测机构进行验收；使用承租的机械设备和施工机具及配件的，由施工总承包单位、分包单位、出租单位和安装单位共同进行验收，验收合格的方可使用。

第二十五条：

施工单位的主要负责人、项目负责人、专职安全生产管理人员应当经水行政主管部门安全生产考核合格后方可任职。施工单位应当对管理人员和作业人员每年至少进行一次安全生产教育培训，其教育培训情况记入个人工作档案。安全生产教育培训考核不合格的人员，不得上岗。施工单位在采用新技术、新工艺、新设备、新材料时，应当对作业人员进行相应的安全生产教育培训和监督管理。

第二十六条：

水行政主管部门和流域管理机构按照分级管理权限，负责水利工程建设安全生产的监督管理。水行政主管部门或者流域管理机构委托的安全生产监督机构，负责水利工程施工现场的具体监督检查工作。

第二节 工程环境保护的总体要求

一、总体要求

依据《中华人民共和国水污染防治法》《水土保持法》《建设项目环境管理保护条例》及有关水土保持和环境保护的文件规定，为了在施工建设中搞好环境保护，防止水土流失，保护生态环境，做到建设一方，保护一方，项目组结合实际情况，要求施工单位在本项目施工建设中，必须严格执行环境保护和水土保持“三同时”制度，严格执行本项目《环境影响报告书》及批复意见、《水土保持报告书》及批复意见和《地质灾害危险性分析报告》有关要求；严格按照设计文件及批复组织施工，将环保、水保等措施落实到施工全过程；自觉接受并积极配合国家级地方环保、水保行政主管部门的监督检查。

二、具体要求

环境保护是为了保护和改善环境质量，从而保护人民的身心健康，防止人体在环境污染影响下产生遗传突变和退化，合理开发和利用自然资源，减少或消除有害物质进入环境，加强生物多样性的保护，维护生物资源的生产能力，使之得以恢复。环境影响因素包括噪声，粉尘排放，运输遗撒，化学危险品、油品泄漏或挥发，有毒有害废弃物排放，生产、生活污水排放，办公用纸消耗，光污染，离子辐射，混凝土防冻剂的排放等。

（一）环境保护

环境保护一般措施：施工过程中，严格遵守有关环境保护的法律、法规和规章制度。按合同指定的施工用地范围布置临时设施，不乱动合同规定范围外的树木、植被。加强对施工现场的噪声、粉尘、废水、废气的控制和治理工作，做到生产区和生活区分开，避开附近居民的休息时间，采用先进设备和技术，降低噪声，控制粉尘、废气浓度及做好废水和废油的治理和排放工作。保持施工区和生活区的环境卫生，及时清除垃圾和废弃物，并按指定的地点堆放、处理，不影响周围的环境卫生。进入现场的材料、设备按施工组织设计要求置放有序，防止任意堆放器材杂物，阻塞工作场地周围的通道和影响环境。施工道路与临时场地经常洒水养护，保证施工区空气清洁。工程完工后，做到场地彻底清理、清除、打扫干净。

（二）环境保护专项治理

（1)在施工区、生活区设置足够的厕所和垃圾箱,配备专职的环卫人员,每天定时清扫、清运垃圾、清理厕所。教育全体人员爱护环境卫生，不随意丢弃垃圾。

（2）定期对垃圾进行收集集中，生活垃圾定期清运，按监理工程师的要求进行处理。

（3）对于无价值可燃物，尽快将其运至指定地点焚毁。在焚毁期间，采取必要的防火措施。无法烧尽或严重影响环境的清除物，按监理工程师指定的地区进行掩埋，并做到掩埋物不妨碍自然排水或污染地表、土层。

（三）环境保护措施

生产废水处理：混凝土养护、混凝土冷却的施工废水重点控制悬浮物的排放，施工时根据施工现场情况布置一定数量的施工污水沉淀池，经沉淀达到排放标准后，方可排放。施工临时生产设施如施工设备维修、车辆保养、车辆冲洗场等所产生的废水不得随意排放，停放场设污水沉淀池，对含油量超标的弃水进行收集并就地处理，含油深度达《污水综合排放标准》规定的一级标准后方可排放。指定专人定时清理各沉淀池的沉淀淤泥，清理出的淤泥运至监理工程师指定的地点进行处理。

（四）噪声污染控制

合理安排施工机械、施工时间，禁止夜间施工。加强施工管理，做到文明施工，将施工噪声的影响降低到最小范围与程度。

（五）粉尘防治

（1）土建施工过程中，作业场地必须采取围挡以减少扬尘扩散，围挡高度不应低于2.5 m。

（2）在施工场地安排员工定期对施工场地洒水以减少扬尘量，洒水次数根据天气情况而定。

（3）避免在大风天气进行施工作业。

（4）施工场地设置专人负责建筑垃圾、建筑材料的清运和堆放，堆放场应加盖苫布或洒水，防治二次扬尘。

（5）对建筑垃圾及弃土及时处理、清运，以减少占地，防治扬尘污染。

（6）施工机械及运输车辆应减速慢行。

（六）水土保持

为防治施工过程中水土流失现象的发生，对周围环境产生较为严重的影响，从而影响到工程进度和工程质量，因此，要求施工过程中采取以下防范措施：

（1）避免雨季施工，这样可以避免大规模水土流失。

（2）在施工中，应合理安排施工计划、施工程序，协调好各个施工步骤，雨季中减少地面坡度，减少开挖，并争取土料随挖随运，减少堆土、裸土的暴露时间，以免降水的直接冲刷。在暴雨期，还应采取应急措施，尽量用覆盖物覆盖新挖的陡坡，防止冲刷和塌崩。

（3）无论是挖方还是填方施工，应做好施工排水，先做好排水沟，不适用地表流水漫坡流动，面蚀裸露土壤；同时合理划分工作面。

（4）填方应边填土，边碾轧，不让疏松的土壤长期搁置。碾轧密实的土壤在水流作用下的流失量将大大小于疏松土壤。

（5）建筑物地基开挖临时堆土，外侧边缘采用编织袋挡护措施，其他裸露面采用密目网遮盖措施防护。临时堆土堆放，高度为 2.0~2.5 m，边坡比为 1 ： 15，编织袋挡墙高 1.0 m，顶宽 0.6 m，堆土量分散且较小的仅用密目网苫盖。

（6）统一调度土石方，合理安排施工时序，防治弃渣过多堆积。

（7）施工期注意运输器材的维护，运渣土车辆加盖篷布，不得任意抛撒弃渣。

第三节　水利工程因素与控制

水利工程因其是综合性的工程，其质量的好坏与人民生活有直接关系，但影响水利工程施工质量的因素较多，需采取有效的措施对这些不利因素进行控制，方能保证水利工程的质量。

一、因素分析

水利工程施工具有组成多样化，影响因素多变的特性。而施工的目标是在有限的时间里，组织高效益的施工，在保证工程质量的前提下，尽可能地以最小的投入建成使建设方满意的合格工程，并使自己获得合理的回报。作为施工企业要想不断发展，在竞争中立于不败之地，唯有通过加强管理，才能达到预期的目的从而获得更高的利益。由于水利工程施工管理自身的特征，其施工管理的主要方法是通过施工成本控制、质量控制、进度控制、安全管理、信息管理等一系列管理手段来实现的，而各种管理手段又是相辅相成，相互关联，如施工质量差而导致返工，从而造成人工、材料、机械的二次支出，施工成本的增加及工期的拖延等。下面从以下几点来谈几个因素。

（一）人员因素

由于水利工程的质量总的来说还是人为控制的，所以影响工程质量的主要原因还是人为的因素，主要就是施工的人员还有管理人的素质，所有人员的专业能力施工技能水平，他们的责任意识、法律意识和工作的自我管理能力都是能够直接对工程质量造成影响的。人为的因素分为多个方面。首先是企业本身管理阶层，水利施工企业管理者的工程质量意识淡薄，国家工程事不关己，采取忽视的态度。单位质量管理体系形同虚设，这对工程质量势必造成严重影响，施工企业的领导阶层对工程质量起着不可忽视的作用。其次是施工单位操作工人，扎实的技术水平、严谨的工作作风也是工程质量的重要保证。最后是监理人员及业主质量管理人员，要对施工进度和质量做认真公正的检验、检查。不合格工序绝对不放过。因此，保证工程质量首先要考虑人的因素，因为人是施工过程的建设者，他们是形成工程质量的主要因素。

（二）材料设备因素

材料的质量和设备的效率直接作用到工程质量里，所以在水利工程的建设过程中材料和设备也是非常重要的影响因素，材料和设备的管理工作同样是一个重要的质量管理影响因素。材料是构成工程的物质条件，材料质量是水利工程质量的基础。材料质量不达标，工程质量就不可能符合标准。为了实现收益最大化，部分水利工程承包单位会采购一些不符合工程技术参数要求和规范要求的半成品或施工材料，或因采购人员、材料检测人员工作素养低，对原材料质量不能有效控制，这对于水利工程质量而言是一个重大安全隐患。

（三）工艺技术因素

水利工程施工中对于质量产生巨大影响的还有工艺和技术，主要就是施工要有序地进行和施工要能够达到应该有的质量就必须要依靠可靠的成熟的技术工艺，所以工艺和技术因素也是质量管理中需要更多注意的因素。

（四）环境因素

水利工程常常都是在户外的大型工程，所以都会受到一些地质条件和天气的影响，而且这些因素都会对质量造成较大影响。

（五）水利工程质量的影响因素

偶然性原因是对工程质量经常起作用的原因。例如，取自同一批合格的混凝土，尽管每组试块的强度值在一定范围内有微小差异，但不易控制和掌握，只能从整体上用方差、离散系数和保证率等综合性指标来判断整体的质量状况。偶然性原因一般是不可避免的，是不易识别和预防的（也可能采取一定技术措施加以预防，但在经济上显然不合理），所以在工程质量控制工作中，一般不考虑偶然性原因对工程质量波动的影响。偶然性原因在质量标准中是通过规定保证率、离散系数、方差、允许偏差的范围来体现的。异常性原因是那些人为可以避免的。异常性原因是凭借一定的手段或经验完全可以避免与消除的原因，如调查不充分，论证不彻底，导致项目选样失误；参数选择或计算错误，导致方案选样失误；材料、设备不合格，施工方法不合理违反技术操作规程等都可能造成工程质量事故等，都是影响工程质量的异常性的原因。异常性原因对工程质量影响比较大，对工程质量的稳定起着明显的作用，因此，在工程建设中，必须正确认识它，充分分析它，设法消除它，使工程质量各项指标都控制在规定的范围内。异常性原因在工程质量上的表现是其结果导致某些质量指标偏离规定的标准。

二、控制措施

水利工程是为开发利用水资源和消除水害而修建的工程。按其服务对象分为防洪工程、农田水利工程、水力发电工程、航道和港口工程、供水和排水工程、环境水利工程、海涂围垦工程等。运用、保护和经营已开发的水源、水域和水利工程设施是水利管理的重要组成部分。水利管理的目标是：保护水源、水域和水利工程，合理使用，确保安全，消除水害，增加水利效益，验证水利设施的正确性。俗话说“三分建，七分管”，水利工程管理得好与坏将影响到其正常运行以及效益的发挥工程。实践表明，一个无论设计是否存在缺陷的工程，只要针对具体问题，采取有效的管理措施，并在运行中不断加以改善，仍然能充分发挥其作用；反之，如果管理不善，不断损坏，就不能充分发挥其作用。因此，在水利工程管理工作采取各种技术、经济、行政措施实现水利工程管理目标，发挥并挖掘工程潜力，确保工程安全并处于最佳工作状态，是水利工程管理的首要工作。

人员因素：必须要加强工程参与人员的素质专业技能培训工作，必须要建立相应的绩效考核制度到实际的工作开展过程中，要激发所有人工作的积极性，要经常开展水利工程建设的法律相关培训工作，尤其是对管理人员的法律培训必须要加强。在水利工程的材料采购过程中，必须要严格地加强管理，多人监督进行材料的采购工作，然后就是材料的施工使用的整个过程都必须要加强对材料的管理，才能够保证材料使用能够对工程质量提高起到有益作用，而设备的采购、使用和管理同样需要加强管理。

工程开始之前，对于工程施工中可能运用到的技术必须要进行分析、研究，选取最合适的工艺技术；然后就是在工艺技术的实际施工过程中必须要按照相应的技术规范严格地来执行。

水利工程在开工之前必须要对当地的自然环境条件做好调查分析，在遇到自然不可抗力影响的时候，必须要有相应的应急方案，保证工程的顺利实施。

提高水利工程施工质量的措施。政府主管部门对工程项目的质量监督实行间接管理。为加强对水利工程质量控制，国家制定建筑法，规定了监督部门要按国家标准化协会制定的工程建设标准监督施工及验收工作，并建立了完善的质量监督工程师制度。政府对工程质量的监督管理，主要采取由当地政府建设主要部门委托或授权，由国家认可的质量监督工程师组成的质量监督审查公司，代表政府对所有新建工程和涉及结构安全的改建工程的质量实行强制性监督审查。在工程质量检查中，对工程材料的检测，一般由承包商负责送到国家认可的工程质量检测机构检测。当发生工程质量事故或业主与承包商对工程材料、施工质量发生争议时，由质量监督工程师委托国家认可的工程质量检测机构进行检测，检测费用由承包商、业主或质量监督公司中的责任方负担。

第四节　工程投资中存在的问题及解决方法

作为国民经济发展的基础性产业之一，水利水电工程建设不同于其他建筑行业，具有建设周期长、作业面大、投资高和协作部门多等特点。工程从立项、可行性研究、设计、施工到运行阶段，涉及许多方面的问题，受地质地形条件、水文气象条件、移民安置、当地经济发展水平、交通及资源市场状况等多方面的影响。投资管理贯穿于整个工程始末，是促使其能顺利进行的原动力，其作用自然是不言而喻的。因市场经济是一个动态的、逐步渗透的体系，同时受水利水电工程建设独特性的影响，投资管理在实际操作过程中遭遇了许多复杂的问题。虽然我国已经颁发了一些相关的管理办法和实施细则，水利工程投资管理也逐步向社会化、专业化、规范化的模式转变，但投资管理办法在执行过程中仍然需要一次质的飞跃。

一、存在的问题

水利水电工程作为我国的基础性建设产业之一，由于具有投资大、建设周期较长等特点，决定了工程从投资决策阶段直至竣工阶段的各个环节均需纳入建设成本控制的环节。从招、投标标价及相关的评标方法、工程造价预算、原材料价格和实际施工过程中人工、材料的优化管理等方面指出了现行水利工程中存在的相关问题。

（一）水利工程招、投标

招、投标法是为了规范招标、投标活动，保护国家利益、社会公共利益和招标、投标活动当事人的合法权益，提高经济效益，保证项目质量制定的法律。作为工程承包、发包的主要形式在国际国内的工程项目建设中已广泛实施，是一种富有竞争性的采购方式，是市场经济的重要调节手段，它不但能为业主选择好的供货商和承包人，而且能够优化资源配置，形成优胜劣汰的市场机制。水利工程招标内容包括设计、监理、施工和材料等，其中施工招标是竞争最激烈的。在招标过程中，评标方法尤为重要。水利部实施的《水利工程建设项目招标投标管理规定》中，评标方法包括综合评分法、综合最低评标价法、合理最低投标价法、综合评议法和两阶段评标法。从目前水利工程施工招标情况看，采用最多的是综合评分法和合理最低投标价法，其他方法使用较少。

综合评分法。该评分法最普遍的就是百分制评分法。事先在招标文件或评标定标办法中将评标的内容进行分类，形成若干评价因素，评标因素的设置应充分体现企业的整体素质和综合实力，准确反映公开、公平、公正的竞标法则。因此，评标因素主要从胜任程度与信誉评价、对招标文件的响应性、施工组织设计和投标报价等方面进行设置。确定各项评价因素所占的比例和评分标准，由评标组织中的每位成员按照评分规则，采用无记名方式打分，最后统计投标人的得分，得分最高者为中标人。该方法能够综合反映各投标单位的综合实力，但是主观因素较多，容易产生纠纷和不公正，因此对专家要求很高。

合理最低投标价法。该方法与国际惯例比较接近，只对投标人的投标报价进行评议，从而确定中标人的评标定标方法。采用该法评标，决定成败的关键是标价的高低。一般的做法是，通过对投标书进行资格初审，在资格条件均符合业主条件的情况下，进一步对投标单位的施工技术和报价的合理性进行审查，经终审证明该低标价是切实可行、措施得当的合理低标价，则确定该投标单位中标。由此可知，合理低标价不一定是最低投标价。该方法简单易行，人为因素少，特别符合业主希望价格较低的愿望，但该方法风险高，对于工期长、物价波动大、施工质量要求高的项目，业主和施工单位都需要承担相当大的风险。

预测建设工程造价的方法。目前预测建设工程造价的基本方法大致有两种：单位估价法和实物量法。单位估价法是利用分部分项工程单价计算工程造价的方法。计算程序是：

1. 根据施工图计算分部分项工程量；

2. 根据地区单位估价表或预算定额单价计算分部分项工程直接费，并汇总为单位工程直接费；

3. 计算间接费、计划利润，并与直接费汇总，得出单位工程预算造价；进一步汇总得出综合预算造价和总预算造价。实物量法是利用预算定额计算人工、材料、机械台班用量，进而计算工程造价的方法。计算程序是：

（1）根据施工图计算分部分项工程量；

（2）根据预算定额计算分部分项工程所需的人工、材料和机械台班消耗量，并按单位工程加以汇总；

（3）根据人工日工资标准、材料预算价格、机械台班费用单价等资料，计算单位工程直接费；

（4）计算间接费、计划利润，并与直接费汇总成单位工程预算造价，进一步汇总得出综合预算造价和总预算造价。单位估价法计算比较简单、方便。我国的单位估价法所采用的人、材、机数量的定额是按一定时期、一定范围由某个行政部门编制颁发的，反映了某个时期行业或地区范围的社会平均先进水平。编制定额是一项技术含量高、难度大、周期长的复杂系统工作，在编制定额时由于编制的方法、收集数据的准确性、编制人员业务水平等因素所限，往往造成有些定额子目与工程实际不符、行业之间定额水平差距较大。在实际工作中，这种按定额计算的单价法计算出来的单价有时与工程实际差异较大，这也是采用单价法编制概预算的主要弊端。实物量法是国际通用的编制方法，是针对每个工程的具体情况来计算工程造价，如果设计深度满足要求，施工方法符合实际，采用此方法比较合理、准确。目前水利水电工程建设项目施工招投标竞争日益激烈，国内施工企业急需与世界先进国家接轨，参与到国际水利水电工程建设项目投标中。在这样的形势下，水利水电工程施工企业能够根据自身的施工设备、技术优势和管理水平，利用实物量法编制出反映投标人实际承受能力的投标报价，参与到国际水利水电工程招标市场的竞争是非常必要的。

材料价格的确定。随着改革开放的不断深入，市场自主定价模式逐渐主导市场，在工程建设中，建筑工程材料价格随着市场需求在不断地波动。材料费占工程总造价的60%~70%，现阶段建筑市场格外活跃，建筑材料品种繁多，来源广泛，且价格变化快，差异性大。因此，如何合理有效地控制材料价格是工程造价控制的关键问题，实行建筑材料价格动态管理，对有效控制工程总投资将起着十分重要的作用。

在水利工程中，材料价格都是在招标文件的条款中有明确规定的。但是由于水利工程建设的工期较长，计划的材料和实际所需的材料是有差别的，在工程施工过程中购买材料的价格是以发票为依据的。这种做法的弊端较多，很多地区购货发票管理比较混乱，不能真实地反映实际材料价格；由于不合理的竞争手段使材料发票的随意性大，购货发票审核认定比较困难，工作量大，而且容易引起结算纠纷。因此，以购物发票为依据结算，不利于控制工程造价。

（二）工程造价过程控制

水利工程建设整个过程可分为 3 个阶段：前期准备阶段、设计阶段和施工阶段。因此，要有效地控制水利工程的造价必须从这三方面入手。在我国的工程建设中，投资方急于求成，对整个工程估计不足、准备不充分，因而不但没有达到控制投资的目的，相反，资源严重浪费，同时给建设进程也带来了严重的影响。主要表现在以下几个方面：

1. 工程建设的前期筹建工作繁琐，主要是为后期设计施工做准备。例如，地质勘探、地形测量、气象情况、水文资料等，均对后续的工作有着重要的影响。但是由于水利工程工期较长、不确定因素较多，因此，无法对这些情况进行准确的了解和估计，故在施工过程中突破工程概预算是常有的事情。

2.“三通一平”（水通、电通、路通和场地平整）和移民问题也是前期工作中比较棘手的问题，在许多工程项目中都存在。在还没有做好“三通一平”工作和移民工作的情况下，就督促施工单位进场开工，这给后期工作留下了很多隐患，更严重的是可能影响工程的正常进度，产生适得其反的效果。

3. 工程设计同样对工程投资有着很大的影响。许多工程设计人员积累了多年的工程设计经验，有重技术而对经济和结构的优化并不是很重视的思想。此外，设计人员在对工地的实际地形地质等因素不是十分清楚的情况下，闭门造车，导致设计出来的建筑物和实际地形地质条件不相符的结果，由此造成的质量缺陷和安全隐患给工程投资带来极大的浪费。

4. 施工阶段的浪费也是导致超出预算的原因。大多水利工程中的统供材料（如钢筋、水泥、砂石骨料等）都由业主提供，最后在结算过程中予以核销扣除。施工单位在施工过程中不用考虑自身原材料的投资及统供材料的供给，且最后的结算工程量与原材料的消耗量一般成正比。对于一些隐蔽性工程，在施工前难以估算原材料的用量，如固结和帷幕灌浆等；施工单位在施工过程中对原材耗费的控制和管理不到位，甚至有意浪费以增加工程量，如漏浆不采取有效措施及时进行处理，大量弃浆和工地水泥存储管理不善导致结块硬化等，这些都导致水利工程建设成本的增加。

（三）现行定额不合理，投资概估算失真

现行的水利工程定额和取费标准反映的是一定时期内社会生产力的发展水平。

现行的定额体系实施时间较长，更新周期较长，已经不符合实际情况。因此，依靠定额计算投资估算肯定不合理，那么，投资控制也就毫无意义。

（四）招标人不符合要求

在一些工程招标中，行政领导的干预过多，甚至存在违反《招投标法》和《水利工程建设项目施工招标投标管理规定》的行为，严重违反了招标的公开、公平、公正、择优的原则。主要体现在：

1. 不具备自主招标能力而自主招标，或不能择优选择有资质的代理机构进行招标。

2. 按照规定须公开招标的项目进行邀请招标，或者肢解工程规避招标。这些行为均会导致项目建设难以选到有竞争性的优秀中标人，使工程项目建设蒙受损失，甚至导致项目失败。

（五）评标标准不统一

目前，水利工程招标项目很多，但是，没有统一的评标标准和硬性的原则，工程项目的招标人或代理机构按自己的想法制定评标标准，加大有利于倾向单位的项目权重，存在较强的主观因素，加之评标时候的倾向性，很难做到公平、公正和科学择优。

二、解决方法

加快水利建设是我国目前基础产业优先发展战略的重要体现，为解决水利建设投、融资难问题，必须依据我国国情现状，通过借鉴国外经验，提出如下几点措施：

（一）对于招投标中存在的问题可以从以下四个方面着手改善

1. 依据《招投标法》全面建立和推行招投标制度，加强执法和监督力度，规范招投标行为。

2. 招标工作是一项严肃、艰巨的工作，专家队伍的整体素质直接影响到招标的效果。因此，必须建立一个知识结构合理、政治素质过硬、专业涵盖面广的专家队伍，以保证评标定标工作的科学性，对专家队伍要实行动态管理，优胜劣汰，同时要加强队伍政治法律、专业知识的学习，开阔视野，调整知识结构，时刻把握时代脉搏。

3. 招标单位应在招标之前就对所有可能参加竞标单位的整体素质有所把握，为各个竞标单位建立完整的电子档案作为竞标的参考，避免受到各投标单位所提供资料的影响，盲目地从主观上判断各个投标单位的综合实力。

4. 招标单位可以根据施工难度、施工工期、施工质量等方面的要求将整个工程项目划分为不同的标段，结合各个标段的特点分别选择适用的招标方法。

（二）为了适应市场经济的发展并与国际接轨，用实物量法编制定额是大趋势

许多年来，我国技术人员已习惯了单位估价法。由于实物量法比较复杂，对施工组织设计的要求相当高，要求概预算编制人员和施工组织设计人员都要有较高的业务水平和丰富的经验，要掌握大量的基础资料，同时对施工组织设计应具有较高的综合分析能力，因此在短期内推行实物量法是很难的。在目前的形势下，推行一种介于单位估价法与实物量法之间的方法“定额实物量结合法”作为过渡不失为一种好的方法。主要要做好以下几个方面的工作：

1. 工程造价人员要知识多元化，掌握多个行业的定额和目前存在的各种常用的施工技术，以便能够准确地估算工程实际发生的费用。

2. 工程造价人员要熟悉施工组织设计、施工过程、施工强度以及工程进度等多个方面，充分结合本单位自身的特点参照市场价格异常性原因综合分析，建立特殊分部工程投标单价数据库实行动态管理，并在实际中不断完善。

3. 结合法。就是工程直接费采用单位估价法编制，间接费、辅助工程、营地工程则按实物量法测算编制，间接费的实际数据资料比较多，稍加整理就可采用。推行实物量法首先从编制标底、报价开始，逐步推广到初设概算。总之，从“单位估价法”向“实物量法”转换是一个长期的过程，需要所有技术人员的共同努力。

（三）为了减小由于材料价格的波动对工程造成的影响，要做好以下三个方面的工作

1. 在工程实施之前要对所需的材料进行充分的估计和储备，同时在施工过程中注意减少材料浪费。

2. 不同的材料都有固定的生产厂家和供应商，不同种类的建材有固定的生产厂家和销售市场，材料的采购应从该渠道直接购进，因此，它的价位代表着产品的主要价格态势，偏离主渠道调查的材料价格，会缺乏代表性。

3. 建设单位要结合不同的地域及时统计更新市面上材料价格信息和价格变化规律，以便在最佳时期补充材料，从而达到有效控制价差的目的。

（四）水利工程造价过程控制是一项系统工程

水利工程造价过程控制贯穿于投资决策阶段、设计阶段、承发包阶段、施工阶段以及竣工阶段等各个环节。作为投资方要加强管理，力求把建设工程投资控制在批准的投资限额以内，随时纠正发生的偏差，在建设过程中要合理使用资源，以保证项目投资控制目标的实现，从而取得较好的投资效益和社会效益。在投资决策阶段，对拟建项目的各建设方案从技术和经济两个方面进行综合评价，并在优化方案的基础上，确定高质量的投资估算，它是工程建设中在各阶段预控制项目总投资的依据。

在设计阶段，审查设计概算看设计的概算是否在批准的投资估算内，如发现超估算，应找出原因，修改设计，调整概算，力争科学经济合理。进行设计招标，引入竞争机制。通过多种方案的竞标，优选出建筑结构和布局最佳的设计方案。在初步设计阶段，根据设计任务书的设计原则、各项经济指标、方案的比选，把初步设计造价严格控制在限额内。施工图设计应按照批准的初步设计，其限额的重点应放在工程量的控制上。在工程正式上马之前做好“三通一平”工作，为以后的施工铺平道路，以确保施工正常顺利进行。在施工阶段对工程造价的管理除了加强合同管理、工程结算管理外，重点应加强施工现场管理，杜绝投资浪费。

第五章　施工组织设计

Chapter 5

第一节　施工组织设计概述

一、施工组织设计的作用

施工组织设计是对拟建工程实施的全过程实行科学、经济管理的重要手段。通过编制施工组织设计，可以全面考虑拟建工程的各种施工条件，拟定合理的施工方案，确定施工顺序、施工方法、劳动组织和技术经济组织措施，合理地统筹安排人力、材料消耗、机械使用及工程进度计划，保证建设工程按质、按期交付使用。它为拟建工程设计方案在经济合理性、技术先进性和实施可行性三方面的论证提供依据；为建设单位编制基本建设计划，拟定初步设计概算提供依据；并为施工企业提供依据，使其提前掌握人力、材料和机械设备的使用先后顺序，全面合理安排材料的供应与消耗。

二、施工组织设计的分类

按照编制的对象或范围不同，可以分为施工组织总设计、单项工程施工组织设计和分部（分项）工程施工组织设计三类。

（一）施工组织总设计

施工组织总设计是以整个水利水电枢纽工程为编制对象，用以指导整个工程项目施工全过程的各项施工活动的综合性技术经济文件。它根据国家政策和上级主管部门的指示，分析研究枢纽工程建筑物的特点、施工特性及其施工条件，制定出符合工程实际的施工总体布置、施工总进度计划、施工组织和劳动力、材料、机械设备等技术供应计划，用以指导施工。

（二）单项工程施工组织设计

单项工程施工组织设计是以一个单项（单位）工程为编制对象。

（三）分部（分项）工程施工组织设计

分部（分项）工程施工组织设计主要指以分部（分项）工程为对象，其编制较详细、具体。按照基本建设程序，一般在工程设计阶段要编制施工组织总设计，编制相对比较宏观、概括和粗略，对工程施工起指导作用，但可操作性差；在工程项目招投标或施工阶段要编制单项工程施工组织设计或分部（分项）工程施工组织设计，编制对象具体，内容也比较翔实，具有实施性，可以作为落实施工措施的依据。

三、施工组织设计的内容

施工组织总设计、单项工程施工组织设计和分部（分项）工程施工组织设计，是整个工程项目不同广度、深度和作用的三个层次。它们都必须具有以下基本内容。

（一）工程特性分析。

（二）施工部署和施工方案的选择。

（三）施工准备工作计划。

（四）施工进度计划。

（五）各项资源需要量计划。

（六）施工总布置。

（七）各项技术经济指标分析。

施工组织设计在各设计阶段有不同的深度和要求，其成果组成也有所不同。施工组织总设计主要包括施工总进度、施工总体布置、技术供应三部分。施工总进度主要研究合理的施工期限和在既定的条件下确定主体工程施工分期及施工程序，在施工安排上使各施工环节协调一致。施工总体布置根据选定的施工总进度，研究施工区的空间组织问题，是实施总进度的重要保证。施工总进度决定了施工总体布置的内容和规模。施工总体布置的规模，影响准备工程工期的长短和主体工程施工进度。因此，施工总体布置在一定条件下又起到验证施工总进度合理性的作用。技术供应的总量及分年度供应量，由既定的总进度和总体布置所确定，而技术供应的现实性与可靠性是实现总进度、总体布置的物质保证，从而验证了二者的合理性。

四、编制施工组织设计基本原则

施工组织设计对工程造价、工期、选择枢纽布置形式等都有重要的影响。因此，编制施工组织设计时，必须遵循下列基本原则：

（一）严格执行国家有关方针政策，法令、规程规范及标准条例，并符合国内招投标的规定和国际招投标的惯例。

（二）面向社会、深入调查，收集市场信息，根据工程特点，因地制宜提出切实可行的施工方案，并进行全面技术经济比较。

（三）结合国情积极开发和推广新技术、新材料、新工艺和新设备，凡经实践证明技术经济效益显著的科研成果，应尽量采用，努力提高技术效益和经济效益。

（四）统筹安排，综合平衡，妥善协调各分部（分项）工程，做到均衡施工。

第二节　施工方案

施工方案是对整个建设项目全局做出统筹规划和全面安排，其主要是解决影响建设项目全局的重大战略问题。它是施工组织设计的中心环节，是对整个建设项目带有全局性的总体规划。由于建设项目的性质、规模、客观条件不同，施工方案的内容和侧重点也各不相同。因此，在进行施工方案设计时，应对具体情况进行具体分析，按总工期、合同工期的要求，事先制定出必须遵循的原则，做出切实可行的施工方案。

一、拟定施工程序

（一）在保证工期要求的前提下，尽量实行分期分批施工

为了充分发挥工程建设投资的效果，对于大中型、总工期较长的工程建设项目，一般应当在保证总工期的前提下，实行分期分批建设，既可使各具体项目迅速建成，及早发挥工程效益，又可在全局上实现施工的连续性和均衡性，减少临时工程数量，降低工程成本。至于如何进行分期分批，则要根据生产工艺要求、工程规模大小、施工难易程度、建设单位要求、资金和技术资源情况等，由建设单位、监理单位和施工单位共同研究确定。

（二）统筹安排各类项工程施工

既要保证重点，又要兼顾其他。在安排施工项目先后顺序时，应按照各工程项目的重要程度，优先安排以下工程：

1. 先期投入生产或起主导性作用的工程项目。

2. 工程量大、施工难度大、施工工期长的工程项目。

3. 生产需先期使用的机修、车床、办公楼及部分宿舍等。

4. 供施工使用的项目。如钢筋加工厂、木材加工厂、各种预制构件加工厂、混凝土搅拌站、采砂（石）场等附属企业及其他为施工服务的临时设施。

（三）注意施工顺序的安排

施工顺序是指互相制约的工序在施工组织上必须加以明确而又不可调整的安排。建筑施工活动由于建筑产品的固定性，必须在同一场地上进行，如果没有前一阶段的工作，后一阶段就不能进行。在施工过程中，即使它们之间交错搭接地进行，也必须遵守一定的顺序。满足施工工艺的要求，不能违背各施工顺序间存在的工艺顺序关系。例如，堤（坝）

护坡工程的施工顺序为：堤（坝）坡面平整、碾压、垫层铺设，护坡块的砌筑。考虑施工组织的要求，有的施工顺序，可能有多种方式，此时必须按照对施工组织有利和方便的原则确定。例如，水闸的施工，闸室基础较深，而相邻结构基础浅，则应根据施工组织的要求，先施工闸室深基础，再施工相邻的浅基础。考虑施工质量的要求，例如，现浇混凝土的拆模，必须等到混凝土强度达到一定要求后，方可拆模。

施工顺序一般要求：

1. 先地下后地上：主要指应先完成基础工程、土方工程等地下部分，然后再进行地面结构施工；即使单纯的地下工程也应执行先深后浅的程序。

2. 先主体后围护：指先对主体框架进行施工，再施工围护结构。

3. 先土建后设备安装: 先对土建部分进行施工,再进行机电金属结构设备等安装的施工。

（四）注意施工季节的影响

不同季节对施工有很大影响，它不仅影响施工进度，而且还影响工程质量和投资效益，在确定工程开展程序时，应特别注意。例如在多雨地区施工，就必须考虑先土方工程，再进行其他工程的施工；大规模的土方工程和深基础工程施工，最好不要安排在雨季；寒冷地区的工程施工，最好在入冬时转入室内作业和设备安装。

二、施工方法与施工机械的选择

施工方案编制的依据主要是：施工图纸、施工现场勘察调查的资料和信息、施工验收规范、质量检查验收标准、安全与技术操作规程、施工机械性能手册、新技术、新设备、新工艺等的资料。施工方案编制的主要内容包括：确定主要的施工方法、施工工艺流程、施工机械设备等。对施工方法的确定，要兼顾技术工艺的先进性和经济的合理性；对施工工艺流程的确定，要符合施工的技术规律，对施工机械的选择，应使主要施工机械的性能满足工程的需要，辅助配套机械的性能应与主导施工机械相适应，并能充分发挥主导施工机械的工作效率。在现代化施工条件下，施工方法与施工机械关系极为密切，一旦确定了施工方法，施工机械也就随之而定。施工方法的选择随工种的不同而不同，例如，土石方工程中，确定土石方开挖方法或爆破方法；钢筋混凝土工程中，确定模板类型及支撑方法，选择混凝土的搅拌、运输和浇筑方法等。所选择的机械化施工总方案，不仅在技术上先进、适用，而且在经济上是合理的。

三、评价施工方案

施工方案的评价工作是对施工方案进行技术经济评价的重要一环，评价的目的在于对单位工程各个可行的施工方案进行比较，选择出工期短、质量好、成本低的最佳方案。评价施工方案的方法主要有两种：

（1）定量分析评价。定量是通过计算各方案的一些主要技术经济指标，进行综合比较分析，从中选出综合指标较佳方案的一种方法。主要技术经济指标包括：工期指标、劳动量指标、主要材料消耗指标和成本指标。

（2）定性分析评价。指结合施工经验，对多个施工方案的优缺点进行分析比较，最后选定较优方案的评价方法。水利水电工程施工组织设计的编制工作非常复杂，而作用又十分突出，因此要求在编制施工组织设计时，既要敢于创新，又不能盲目冒进，只有编制出切合实际的施工组织设计，才能保证水利水电工程建设的顺利进行。

第三节 施工总进度计划

施工进度计划的任务，就是分析工程所在地区的自然条件、社会经济资源、工程施工特性和可能的施工进度方案，研究确定关键性工程的施工分期和施工程序，协调平衡地安排其他单项工程的施工进度，使整个工程施工前后兼顾，互相衔接，减少干扰，均衡生产，最大限度地合理使用建设资金、劳动力、机械设备和建筑材料，在保证工程质量和施工安全的前提下，按时或以较短工期建成投产，发挥效益，满足国民经济发展的需要。

一、施工总进度计划的编制原则

（一）水利水电工程建设阶段的划分

编制施工总进度计划时，应依据我国施工组织管理水平和施工机械化程度，合理安排施工期。应分析论证业主对施工总工期提出的要求。大中型水利水电工程建设，施工组织设计规范规定工程建设全过程可划分四个阶段：

1. 工程筹建期：工程正式开工前，业主应完成的对外交通、施工供电和通信系统、征地、移民以及招标、评标、签约等工作，为主体工程施工承包商具备进场开工条件所需时间。

2. 工程准备期：准备工程开工起至关键线路上的主体工程开工或河道截流闭气前的工期；一般包括："四通一平"、导流工程、临时房屋和施工工厂设施建设等。

3. 主体工程施工期：自关键线路上的主体工程开工或一期围堰截流闭气后开始，至第一台机组发电或工程开始发挥效益为止的工期。

4. 工程完建期：自水电站第一台发电机组投入运行或工程开始受益起，至工程竣工的工期。编制施工总进度时，工程施工总工期应为后三项工期之和。工程建设相邻两个阶段的工作可交叉进行。

施工总进度计划应综合反映工程建设各阶段的主要施工项目及其进度安排，并充分体现总工期的目标要求。

（二）编制原则

1. 认真贯彻执行国家法律法规，主管部门对本工程建设的指示，应满足国家和上级部门对本工程建设的要求。

2. 力求缩短建设周期，加强与施工组织设计的其他各专业设计密切联系，统筹考虑，并以关键性工程的施工工期和施工程序为主导，协调安排好各单项工程的施工进度，经过必要的方案比较，选择最优方案。

3. 在充分掌握和认真分析基本资料的基础上，尽可能采用先进施工技术、设备，最大限度地组织均衡施工，力争全年施工，加快施工进度。同时，应做到实事求是，留有适当余地，保证工程质量和安全施工。当施工情况发生变化时，要及时调整和落实施工总进度。

4. 充分重视和合理安排准备工程的施工进度，在主体工程开工前，相应各项准备工程应基本完成，为主体工程开工和顺利进行创造条件。

5. 对高坝大库工程，应研究分期建设或分期蓄水的可能性，尽可能减少第一批机组投产前的工程投资。

二、施工进度计划的编制内容和类型

（一）施工进度计划的编制内容

不同设计阶段施工进度计划的具体内容如下：

1. 可行性研究阶段编制轮廓性施工进度计划。根据工程具体条件和施工特点，对拟定的各种坝址坝型和水工枢纽布置方案，分别进行施工进度的研究工作，提出施工进度资料，参与方案选择和评价水工枢纽布置方案，在既定方案基础上，配合拟定和选择施工导流方案，研究确定主体工程施工分期和施工程序，提出施工控制性进度表及主要工程的施工强度、估算劳动力高峰人数和总工日数。

2. 初步设计阶段编制施工总进度计划。根据主管部门对可行性研究报告的审查意见、设计任务书以及实际情况的变化，在参与选择和评价水工枢纽布置方案和配合选择施工导流方案过程中，提出和修改施工控制性进度；对既定水工和施工导流方案的控制性进度，进行方案比较，选择最优方案，以利施工组织设计各专业开展工作。在各专业设计分析研究和论证的基础上，进一步调查、完善、确定施工控制性进度，编制施工总进度和准备工程进度，提出主要施工强度、施工强度曲线、劳动力需要量曲线等资料。

3. 技术设计（招标设计）阶段编制单项工程施工总进度计划。根据初步设计编制的施工总进度和水工建筑物型式，工程量的局部修改，结合施工方法和技术供应条件，选择合适的劳动定额，制定单项工程施工进度，并据以调整施工总进度。

（二）施工进度计划的类型

施工进度计划常用施工进度表等形式表示，施工进度表分为两种类型：

1. 横道图（甘特图）。横道图上标有各单项工程主要项目的施工时段、施工工期和平均强度，并有经平衡后汇总的主要施工强度曲线和劳动力需要量曲线。由于它具有图面简单明确，使用时直观易懂等优点，故在实际工程中广泛应用。其缺点是不能反映各分项工程间的逻辑关系，不能反映进度安排的工期、投资或资源的相互制约关系，并且进度的调整修改工作十分复杂，优化也十分困难。

2. 网络图。它能明确反映各分项工程之间的依存关系，并能标示出控制工期的关键线路，便于施工的控制和管理，同时又有利于采用计算机等先进的计算手段，因此施工进度计划的优化或调整比较方便。

三、施工总进度计划的编制步骤

（一）收集基本资料

在编制施工总进度之前和在工作过程中，要收集和不断完善编制施工总进度所需的基本资料。

1. 可行性研究报告及审查意见。

2. 初步设计各专业阶段成果。

3. 工程建设地点的对外交通现状及近期发展规划。

4. 施工期（包括初期蓄水期）通航和下游用水等要求情况。

5. 建筑材料的来源和供应条件调查资料。

6. 施工区水源、电源情况及供应条件。

7. 地方及各部门对工程建设期的要求和意见。

8. 当地可能提供修理、加工能力的情况。

9. 当地承包市场及可能提供的劳动力情况。

10. 当地可能提供的生活必需品的供应情况，居民的生活习惯。

11. 工程所在河段水文资料、洪水特性、各种频率的流量及洪量、水位流量关系、冬季冰凌情况（北方河流）、河段各种频率洪水、泥石流以及上下游水利水电工程对本工程的影响情况。

12. 工程地点的气温、水温、地温、降水、风、冻层、冰情和雾等气象资料。

13. 工程地点的地形、地质、水文工程地质条件等资料。

14. 与工程有关的国家政策、法律和规定。

（二）编制轮廓性施工进度计划

在进行流域规划阶段和可行性研究阶段，一般基本资料不齐全，但设计方案较多，有些项目尚未进行工作，不可能对主体建筑的施工分期、施工程序进行详细的分析，因此，这一阶段的施工进度，属轮廓性的，称轮廓性施工进度。在流域规划阶段，轮廓性施工进度计划是最终成果；在可行性研究阶段，是编制控制性施工进度的中间成果，其目的一是为了配合拟定可能成立的导流方案；二是为了对关键性工程项目进行粗略规划，拟定工程的受益日期和总工期，并为编制控制性进度做好准备；在初步设计阶段，可不编制轮廓性进度计划。轮廓性施工进度，可根据初步掌握的基本资料和水工布置方案，结合其他专业设计的工作，对关键性工程施工分期、施工程序进行粗略的研究之后，参考已建同类工程的施工进度指标，概估工程受益的工期和总工期。

（三）编制控制性施工进度计划

控制性施工进度在可行性设计阶段，是施工总进度的最终成果；在初步设计阶段，是编制施工总进度的重要步骤，并作为中间成果，提供给施工组织设计的有关专业，作为设计工作的初步依据。控制性施工进度同导流、施工方法设计等专业有密切的联系，在编制过程中，应根据建设总工期的要求，确定施工分期和施工程序，以拦河坝为主要主体建筑的工程，还应解决好施工导流和主体工程施工方法设计之间在进度安排上的矛盾，协调各主体工程在施工中的衔接关系。因此，控制性施工进度的编制必然是一个反复调整的过程。

完成控制性施工进度的编制后，涉及施工总进度中的主要技术问题，应当基本解决。

（四）施工进度方案比较

在可行性研究阶段或初步设计的前期，一般常有几个水工布置方案，对于具有代表性的水工方案，都应编制控制性施工进度计划表，提出施工进度计划指标和对水工方案的评价意见，作为水工布置方案比较的依据之一。有时，对一个水工方案可能做出几种不同的施工方案，因而可以编制出多个相应的施工进度方案，需要对施工进度方案进行比较和优选。

（五）编制施工总进度计划表

在初步设计的后期，即选定水工总体布置方案之后，对以拦河坝为主要主体建筑的工程在导流方案确定之后，编制选定方案的施工总进度表。在编制施工总进度表时，以控制性施工进度为基础，列入非控制性的工程项目，进一步修改、完善控制性施工进度表，并编制各阶段施工形象进度图，绘制劳动力需要量曲线。同时还要提出准备工程施工进度表。准备工程的规模和工程量，由对外交通、施工总布置和辅助企业专业提供。

施工总进度表是施工总进度计划的最终成果。除了应绘出主要施工强度曲线外，还应绘出劳动力需要量曲线，并计算整个工程的总劳动工日。

四、施工总进度计划的编制要点

（一）控制性施工进度的编制

编制控制性施工进度，首先要选定关键性工程项目，根据工程特点和施工条件，拟定关键性工程项目的施工程序。在此基础上，初拟控制性施工进度表，然后由施工方法设计等专业进行施工方法设计，对初拟的施工进度加以论证。经过反复修改、调整，最后确定控制性施工进度。控制性施工进度表应列出控制性施工进度指标的主要工程项目，应显示工程的开工、截流、各项主体建筑物的施工程序和开工、完工日期、大坝各期上升高程、工程受益日期和总工期，以及主要工种的施工强度。

1. 分析选定关键性工程项目

水利水电工程项目繁多，编制控制性施工进度时，应以关键性工程项目为主线，慎重研究其施工分期和施工程序，其他非控制性的工程项目，则可围绕关键性工程项目的工期要求，考虑节约资源和施工强度平衡的原则进行安排。选定关键性工程项目的方法如下：

（1）分析工程所在地区的自然条件。在编制控制性施工进度之前，应当首先取得工程所在地区的水文、气象、地形、地质等基本资料，并进行认真的分析研究。例如河流的水文条件对拦河坝施工的影响；降雨、气温等对土料填筑和混凝土工程施工的影响；地形、地质条件对坝基处理、高边坡开挖和地下工程施工的影响等。

（2）分析主体建筑物的施工特性。在编制控制性进度之前，应取得主要水工建筑物的布置图和剖面图。根据水工建筑物图纸，研究大坝坝型、高度、宽度和施工特点，研究地下厂房跨度、高度和可能的出渣通道、引水隧洞的洞径、长度、可能开挖方式、是否有施工支洞等。

（3）分析主体建筑物的工程量。水工设计提供工程量之后，应对各建筑物的工程量分布进行分析。例如位于河床水上部分和水下部分，右岸和左岸，上游和下游，以及在某些控制高程以上或以下的工程量，分析施工期洪水对这些工程施工的影响。

（4）选定关键性工程。通过以上分析，用施工进度参考指标，粗估各项主体建筑物的控制工期，即可初步选定控制工程受益工期的关键性工程。随着控制性施工进度编制工作的深入，可能发现新的关键性工程，于是控制性施工进度就应以新的关键性工程为主进行编制。

2. 初拟控制性施工进度表

选定关键性工程之后，首先分析研究关键性工程的施工进度，而后以关键性工程的施工进度为主线，安排其他单项工程的施工进度，拟定初步的控制性施工进度表。以下就拦河坝为关键性工程项目，说明初拟控制性施工进度的步骤和方法。

（1）结合研究导流方案，确定拦河坝的施工程序。拦河坝的施工进度和施工导流方式以及施工期历年度汛方案有密切的关系。不同的导流方案有不同的施工程序。

（2）确定准备工程的工期。在编制控制性施工进度时，首先要分析确定准备工程的工期，才能安排导流工程、其他准备工程和岸坡开挖的开始时间。

（3）确定坝基开挖工期和基础处理工期。

①确定截流时段：截流时段一般均安排在河流的枯水季节。当采用隧洞或明渠导流方案时，在隧洞（明渠）完工并具备通水条件之后的枯水期，安排河床截流。为了有较多的时间进行基坑开挖和修建围堰，截流最好安排在枯水期开始的时段。如采用分期导流方案，第一期围堰也应安排在枯水期初合龙闭气。

②确定坝基开挖的工期：坝基开挖的顺序，一般是先岸坡、后河床。岸坡开挖在准备工程就绪后开始，在截流前完成。河床坝基在围堰截流闭气并完成基坑排水后开始。在安排控制进度时，从截流到开始进行开挖，应留 1.5~2 个月的时间进行围堰基础防渗体施工和基坑排水及道路工作。坝基开挖强度应根据地质条件、采用的施工方法、施工设备及基坑开挖面积等因素进行分析计算。根据初步拟定的开挖强度，安排坝基开挖强度。当采用过水围堰时，在进度中应扣除基坑过水的影响时间。

③确定基础处理的工期：基础处理主要包括帷幕灌浆、固结灌浆、接触灌浆、断层破碎带处理和防渗墙施工等。在水库蓄水前应完成蓄水高程以下的灌浆，在水库水位蓄至正常蓄水位之前应完成全部灌浆任务。帷幕灌浆一般都在廊道内进行，施工一般不受水文气象条件的影响，受大坝施工干扰较小，其进度可视施工单位的装备水平，在蓄水前均衡地安排。

固结灌浆和接触灌浆与大坝基础混凝土浇筑穿插进行，一般不影响关键线路工期。断层破碎带处理，视断层破碎带的部位、处理方案、工作量大小安排工期。混凝土防渗墙，根据工作面上可能布置的冲击钻台数，按每台日进尺 3 m 安排进度。

（4）确定坝体各期上升高程。确定坝体各期上升高程是编制控制性施工进度的重要内容之一。一般步骤如下：根据导流分期和拟定的施工程序，绘制坝体分期分段的高程—工程量累计曲线；分析统计坝体施工有效工日，研究确定拦洪高程和拦洪日期；根据导流和各年的度汛要求，初步拟定控制性部位的各期上升高程；计算各时段的上升速度和施工强度，根据采用的施工设备的生产能力，分析达到各期上升高程的可能性和可靠性；进行反复调整，确定合理的上升高程。

（5）确定底孔（导流洞）封堵、蓄水和发电日期。底孔（导流洞）封堵时，封孔（洞）日期可按要求确定。导流泄水建筑下闸后，水库开始蓄水，当水库蓄至死水位，第一台机组安装完成后，电站开始发电。

（6）安排其他单项工程的施工进度。其他单项工程的施工进度，根据其本身在施工期的运用条件以及相互衔接关系，围绕拦河坝的施工进度进行安排和调整。

（7）初拟控制性施工进度表。首先以导流工程和拦河坝为主体，绘出导流工程和拦河坝的进度，绘出截流日期，定出具体各期上升高程和封孔（洞）日期，算出各时段的开挖及混凝土浇筑（或土石料填筑）的月平均强度。其次绘制各单项工程的进度，计算施工强度（土石方开挖和混凝土浇筑）。最后计算和绘制施工强度曲线，反复调整，使各项进度合理，施工强度曲线平衡。

（8）编制控制性施工进度。初拟控制性施工进度之后，提交施工技术专业进行主要建筑物的施工方法设计，并编制单项工程施工进度表，通过施工方法设计的论证之后，对初拟的控制性施工进度表进行调整和平衡，并最终完成控制性施工进度表。

（二）准备工程施工进度

为了有计划、有步骤地进行准备工程，为高速度、高质量地建设主体工程创造条件，在初步设计阶段，应当编制准备工程施工进度。准备工程施工进度计划应按以下方法编制。

1. 准备工程进度在初步设计的后期进行编制，以初步完成的控制性总进度为依据。

2. 单项准备工程的工期，可根据工程规模和工程量，参考已建成工程的实际工期，或参考指标，结合本工程具体条件，安排准备工程进度表。

3. 场内交通主干线应先行安排施工，并确定施工道路投入使用时间。

4. 宜创造条件提前建设砂石系统、混凝土生产系统，根据主体工程施工进度要求确定系统投入正常运行的建设时间。

5. 其他准备工程如场地平整、供电系统、供水系统、供风系统、场内通信系统、施工工厂设施、生活和生产房屋等的建设应与所服务的主体工程施工进度协调安排。

（三）导流工程施工进度

1. 对于一次拦断和分期导流的一期导流工程宜安排在施工准备期内进行，若为关键工程则应根据工程需要提早安排施工。

2. 河道截流宜安排在枯水期或汛后期进行，但不宜安排在封冻期和流冰期，截流时间应根据围堰施工所需施工时段和安全度汛要求，结合所选时段各月或旬的平均流量大小，合理分析确定。

3. 围堰闭气和堰基防渗完成后，即可进行基坑抽水作业。对于土石围堰与软质基础的基坑，应考虑控制排水下降速度。

4. 采用过水围堰导流方案时，应分析围堰过水期限及过水前后对工期带来的影响，在多泥沙河流上应考虑围堰过水后清淤所需工期。

5. 根据挡水建筑物施工进度安排确定施工期临时度汛时期，并应论证在要求的时间前挡水建筑物的施工具备拦挡设计度汛洪水标准要求。

6. 导流泄水建筑物完成导流任务后，封堵时段宜选在汛后，使封堵工程能在一个枯水期内完成。如汛前封堵，应有充分论证和确保工程安全度汛措施。

（四）基础开挖与地基处理工程施工进度

1. 坝基开挖施工进度的安排方法

（1）根据基坑开挖面积、岩土级别、开挖方法、出渣道路及按工作面分配的施工设备型号、性能、数量等分析计算坝基开挖强度及相应的工期。

（2）根据各个部位的开挖量和初步拟定的开挖强度，按施工程序的要求，在控制进度中绘出开挖进度线。

（3）把初步绘制的控制进度表交给担任开挖的施工设计人员，进行开挖施工方法设计。如果经过施工设计，认为控制进度中规定的施工强度难以达到时，应修改控制进度的开工和竣工日期。

2. 安排坝基开挖进度应注意的问题

（1）坝基和河床式厂房基础岸坡开挖可安排与导流工程平行施工，并在河道截流前完成。

（2）河床基础开挖应安排在围堰闭气和基坑排水后进行。采用大型机械开挖时，还应考虑一定的准备工作和创造工作面的工期。对于大型工程，从截流到开始进行开挖，一般应有 1~2 个月的闭气、抽水和准备工期。

（3）在深陡狭窄的坝址，岸坡开挖的石渣将大部分或全部落入河床，应根据地形条件分析可能落入河床的石渣数量，基坑开挖进度中，应考虑出渣所用的工期。

（4）当采用过水围堰时，应分析基坑过水损失的工期，对于含沙量大的河流，还应分析过水后清淤所占用的工期。

3. 地基处理工程进度安排

水利水电工程地基处理，一般包括灌浆、断层处理和防渗墙工程，其施工进度主要是根据施工总进度要求，结合本身的施工特性而安排。

（1）应根据地质条件、处理方案、工程量、施工程序、施工水平、设备生产能力和总进度要求等因素研究决定。地质条件复杂、技术要求高、对总工期起控制作用的地基处理，应分析论证对施工总进度的影响。

（2）不良地质基础处理宜安排在建筑物覆盖前完成。固结灌浆宜在混凝土浇筑 1~2 层后进行，但经过论证，也可在混凝土浇筑前进行。帷幕灌浆可在坝基混凝土浇筑面或廊道内进行，不宜占直线工期，应在本坝段和相邻坝段坝基固结灌浆完成后进行。

（3）两岸岸坡有地质缺陷的坝基，应根据地基处理方案安排施工工期，当处理部位在坝基范围以外或地下时，可考虑与坝体浇筑（填筑）同时进行，在水库蓄水前按设计要求处理完毕。

（五）土石坝施工进度

1. 土石坝施工进度的特点

（1）对于采用黏性土料作防渗体的土石坝，降雨和气温条件对施工进度有很大影响。黏性土料一般在 0 ℃时就要冻结，不易压实。在雨季和严寒季节，施工有效工日显著减少，为此，必须根据工程所在地区的气象资料，详细分析施工的有效工日。

（2）土石坝在施工期间，一般不允许坝体过水，在截流后的下一个汛前，一般应将坝体填筑到拦洪高程。对于过水土石坝应分析坝体过水后恢复正常施工所需的时间，并应论证在设计要求的过水时间之前完成坝体防护工程施工。土石坝在一个枯水期或在洪水来临之前，能否达到设计的拦洪高程是研究土石坝施工进度的首要问题。

（3）土石坝施工，一般常采用全年挡水的围堰，其高度和填筑量均较大，上游围堰常同大坝的坝壳相结合，有时利用围堰代替坝体拦洪。

（4）黏土心墙坝的施工，上、下游坝壳受心墙上升速度的制约，而心墙施工首先要进行地基处理（如开挖截水槽或浇筑混凝土防渗墙等），且心墙填筑受气候因素的影响。因此，黏土心墙坝的施工进度，主要由心墙上升速度来控制。

黏土斜墙坝的堆石体施工，受气象因素影响较小，可以均衡上升，但斜墙的升高往往落后于堆石体，而大坝拦洪时，要求斜墙也达到拦洪高程。混凝土面板堆石坝的施工进度，主要由石料的运输条件、填筑工艺和上坝强度来控制，应合理安排面板施工时间，减小面板施工和坝壳填筑等相互干扰。

2. 有效施工工日的分析

采用黏性土料作为防渗体的土石坝，黏性土料的备料和填筑，受气温、降雨等气象因素的影响，年内各月的施工有效工日有很大的差异，在我国南方的雨季和北方的冬季，施工有效工日较少，工期受到明显的影响。因此，在安排大坝施工进度之前，首先要分析施工有效工日，作为安排施工进度的依据。

（1）停工标准的拟定。由于我国南方和北方气象条件差异很大，各个工程施工的具体条件不同，难以拟定一个统一的标准。

（2）有效工日的统计方法。

①收集气象资料。包括：历年逐日降雨量资料，历年逐日平均气温资料，历年各月阴天、风力、风速资料，历年逐日蒸发量资料，历年各月相对湿度资料。

②统计历年各月由于降雨而停工的天数。根据历年逐日降雨量资料和拟定的停工标准，

分别统计黏土备料、黏土填筑、砂砾料开采和填筑、坡积料填筑。

③统计历年各月气温、大风和其他因素影响而停工的天数。统计方法与因雨停工相同。

④统计有效工日。

（3）有效工日的选取。对有效工日影响最大的是降雨（在我国北方是气温），因降雨而影响停工的天数，可以有不同选取方法。当降雨资料系列较短时，以选取多雨年为宜，当系列较长时，可选取多年平均值作为设计依据，而以多雨年的有效工日，作为研究施工措施时的备用情况。

3. 坝体高程—工程量曲线绘制

安排土石坝施工进度的过程中，坝体各期上升高程的确定，不仅要考虑施工导流、大坝拦洪等要求，而且要分析大坝的填筑强度是否能够实现。因此，坝体各期上升高程，要经过反复分析和比较之后才能确定。绘制坝体高程—工程量曲线，就是为了适应这种工作过程的需要，每当拟定一个高程之后，可以很快地从曲线上查到该高程以下的工程量，准确地算出大坝的填筑强度。

4. 大坝施工分期的拟定

（1）纵断面上的分期。土石坝施工在纵断面上可以采取分段和不分段两种方式进行。对于河床较窄的河流，一般采用不分段施工方式。即采取岸边隧洞或埋在坝内的涵管导流，大坝由基础全面向上平起，在一个枯水期把基础处理好并把大坝填筑到拦洪高程，也可以采用过水围堰，在第一个枯水期处理地基，填筑一部分坝体，第二个枯水期将坝体填筑到拦洪高程。不分段施工由于坝体在纵断面上不留接缝，对大坝的质量有利，另外，施工场面比较大，便于安排坝面流水作业。对于河床较宽的河流，在一岸或两岸有天然台阶地，大坝可以采取分段施工。第一期在台阶地开挖导流明渠，枯水期明渠导流，进行河床基础处理，将坝体填筑到一定高程，与此同时，台阶地段也可以填筑一部分坝体；第二期封堵导流明渠，改由隧洞（或涵管）导流，集中力量填筑合龙坝体，在一个枯水期内将坝体修到拦洪高程。由于台阶地施工可以利用原河床开挖明渠导流，所以在修建导流隧洞的同时就可以填筑一部分坝体，使坝体填筑强度比较均衡。另外可以减少坝体的工程量，降低抢修拦洪坝体的施工强度，对保证按期达到拦洪高程有利。如果采料场位于上游较低的高程上，分段施工可以较多地利用上游料场。

（2）横断面上的分期。所谓横断面上的分期，主要指拦洪前采取经济断面施工。对于大型土石坝工程，在抢修拦洪坝体时，工程量大，填筑强度高，施工十分紧张，为了减少拦洪阶段的工程量，降低填筑强度，保证按期达到拦洪高程，可以采取经济断面进行填筑。根据不同坝型和不同填筑材料的分区情况，拟定分区填筑施工程序。黏土斜墙坝先填堆石料，斜墙紧跟填筑；混凝土面板坝先填坝体到一定高程，然后混凝土面板一次筑成；

黏土心墙坝，心墙的填筑控制整个坝体升高，一般堆石体可先于心墙一定高程，当条件许可时，心墙与堆石体应同时上升。

5. 施工进度安排

首先结合导流设计，研究坝体在纵断面上的分段和横断面上的分期，安排一个轮廓进度。其次就确定坝的拦洪高程和达到拦洪高程的日期，确定坝体各期上升高程，根据有效工日定出各个时段的施工强度和坝体上升速度，由施工设计对此强度和上升速度进行分析论证，经过反复比较修正，最后确定坝的施工进度。

（1）确定拦洪高程。拦洪高程是指大坝在施工过程中，按一定的洪水标准确定的坝体挡水高程。确定拦洪高程是一项综合性的工作，须由导流设计、施工总进度、施工方法密切配合，反复比较后才能最后选定。在初步选定拦洪高程后，施工总进度着重分析拦洪前的填筑量和填筑强度，并由施工方法加以配合。如果不能达到此高程，则应改变拦洪方案，如加大导流的泄洪能力，以降低拦洪高程，或者采取特殊的泄洪或保坝措施。进行几个拦洪方案的分析与比较，最终选定一个经济上合理、技术上可靠、保证大坝安全的坝体拦洪高程。

（2）确定拦洪日期。拦洪日期是指施工进度规定的坝体达到拦洪高程的日期。拦洪日期的确定是安排土石坝施工进度的一个重要问题。安排时间过早，虽然减少了抢修拦洪坝体的工期，但是加大了施工强度；安排过迟，万一洪水提前到来，将造成坝体漫水，引起大坝失事，造成重大损失。确定拦洪日期的方法是根据河流的水文特性和历年的洪水流量记录，分析历年最大洪水的出现规律，与导流设计共同研究，选取最大洪水可能出现的日期。

（3）确定拦洪过渡期坝体上升高程。由枯水期末到设计规定的拦洪日期这一时段，称为拦洪过渡期。确定拦洪过渡期坝体上升高程有两种方法。

①按水文特性划分时段法。将过渡期按水文特性划分为若干时段，计算各个时段不同频率的洪水及其相应的坝前水位（库容大时应调洪），坝体高程在各时段末应达到下一时段的设计洪水位以上。现举例说明该方法，某坝采取枯水期挡水围堰，枯水时段为 9 月 15 日至次年 3 月 31 日，拦洪日期为 7 月 20 日，拦洪设计洪水标准为 P=1% 的流量 11 000 m^3/s。根据本流域的水文特性，将过渡期划分为三个时段，分别计算其不同频率的流量。根据各时段的拦河坝的坝高、库容等条件，选定时段设计洪水，并计算其坝前水位，从而确定各时段末的坝体上升高程。

②按月划分时段法。按月计算不同频率的流量及相应水位，从而确定月末的坝体上升高程，其方法同上。

（4）坝体填筑强度的论证。

①根据坝体各期上升高程，在坝体高程—填筑量曲线上查得各控制时段的填筑量，根据各相应时段的有效工日，算出时段的日平均填筑强度。

②日平均强度乘以日不均衡系数即为日高峰强度。日不均衡系数和工程的机械化配套程度、施工管理水平、物料性质以及时段的长短有关，可以在 1.3~1.6 的范围内选取。确定日高峰强度以后，应进行施工方法设计，研究物料运输、上坝方式、碾压施工方法、坝面流水作业分区等，经过施工方法设计，论证能否达到施工进度规定的施工强度。

（5）坝体上升速度的论证。

①根据坝体各期上升高程和该时段的施工有效工日，计算坝体的日平均上升速度。

②黏土心墙坝和斜墙坝的上升速度，主要由心墙或斜墙的上升速度控制。心墙、斜墙可能的上升速度，同土料的性质、压实机械的性能及压实参数有关，要通过碾压试验确定。改善上坝运输道路，采用大型运输机械和重型碾压机械，加大铺土厚度，可以提高土石坝的施工强度，加快上升速度，在安排土石坝施工进度时，应结合工程的具体条件，尽可能采用先进的施工方案，加快土石坝的施工进度。在初步拟定施工进度时，可以参考已建工程的施工进度指标，结合本工程的具体条件，初步拟定坝体的上升速度和施工强度。

（六）混凝土坝的施工进度

1. 混凝土坝的施工，受气温条件的影响，在高温季节，要加强骨料的降温和混凝土的散热措施；在寒冷季节，当日平均气温稳定在 5 ℃以下时，要进行冬季作业，增加混凝土坝的施工难度。因此，在我国南方的高温季节和北方的冬季寒冷地区，混凝土坝的施工强度和上升速度，都将受到影响。在安排混凝土施工进度时，应分析有效工作天数，大型工程经论证后若需加快浇筑进度，可考虑在冬、夏季采取确保施工质量的措施后施工。混凝土浇筑的月工作日数可按 25 d 计。对控制关键线路工期的工作日数，宜将气象因素影响的停工天数从设计日历数中扣除。

2. 混凝土坝一般采取柱状分块分层浇筑，浇筑过程中，层与层之间，因温度控制要求，应有一定的间歇时间，特别是基础层，因受基础约束的影响，浇筑层薄，温控要求严格，必须利用有利季节浇筑混凝土，对施工进度有一定的制约；块体之间的间歇期，随混凝土浇筑的准备工序而异。因此，混凝土坝的上升速度，同块体多少、分层厚度、温控条件以及混凝土的准备工序有直接关系。常态混凝土的平均升高速度与坝型、浇筑块数量、浇筑高度、浇筑设备能力以及温度控制要求等因素有关，宜通过分析计算或工程类比确定。碾压混凝土平均升高速度应综合分析仓面面积、铺筑层厚度、混凝土生产和运输能力、碾压等因素后确定。

3. 混凝土在浇筑过程中，要求各块体均匀上升，相邻块高差有一定的限制。块体之间形成缝面，重力坝的纵缝，拱坝的纵缝和横缝，须在混凝土温度降低到设计灌浆温度时，进行水泥灌浆，使坝型成整体，才能承受水压力，因此坝体要二期冷却和接缝灌浆。

①上升速度。根据导流、度汛和蓄水、发电的要求，初步确定坝体各期上升高程，安排大坝控制进度，算出各时段的坝体上升速度。然后，根据分层分块、温控要求和坝体内埋设件等施工条件，拟定层块之间的间歇期，对关键部位进行分析计算，论证进度安排的坝体上升速度是否能够达到。

②浇筑强度。在坝体高程—混凝土累计曲线上查得各控制时段的混凝土量，算出混凝土的平均浇筑强度和高峰强度，根据可能布置的混凝土运输、浇筑设备的生产能力，估算可能达到的浇筑强度，论证控制进度所安排的浇筑强度能否达到。采用大型浇筑设备，改进混凝土的运输工艺，采用通仓薄层浇筑，减少浇筑层之间的间歇时间，浇筑干硬性混凝土，采用碾压混凝土施工方法，可以减少坝体接缝灌浆数量，提高混凝土的浇筑强度。

③坝体浇筑进度的调整。经过上升速度和浇筑强度的论证，如果确认达不到控制进度的要求，则应反过来修正导流和度汛方案。例如增加导流底孔数量，加大缺口宽度，降低缺口高程等，或者修改初步拟定的控制进度，推迟蓄水、发电日期。经过反复调整和修正，求得导流度汛可靠，施工技术可行的各期坝体上升高程。

（七）地面厂房施工进度

1. 地面厂房应在基础开挖（除保护层外）完成后再进行混凝土浇筑施工。若厂房施工为控制进度的关键工程，可安排开挖与混凝土浇筑平行作业，但爆破开挖对已浇筑或新浇筑混凝土不应产生有害影响。

2. 厂房的平均升高速度与厂房型式、混凝土浇筑块数量、浇筑高度、浇筑设备能力以及温度控制要求等因素有关，宜通过分析计算或工程类比确定。

3. 混凝土浇筑应统筹兼顾机电设备、金属结构及各种埋件安装等工序。

（八）地下工程施工进度

1. 地下工程施工进度应统筹兼顾开挖、支护、浇筑、灌浆、金属结构、机电安装等工序。

2. 地下工程可全年施工，应根据各工程项目规模、地质条件、施工方法及设备配套情况，用关键线路法确定施工程序和各洞室、各工序间的相互衔接和合理工期。

3. 地下工程月进度指标可根据地质条件、施工方法、设备性能、工作面等情况，经分析计算或工程类比确定。

（九）金属结构及机电安装施工进度

1. 处于关键线路上的金属结构及机电安装工程进度应在施工总进度中逐项确定。

2. 金属结构及机电安装施工进度应协调与土建工程施工的交叉衔接。应逐项确定控制金属结构及机电安装进度的土建工程交付安装的时间。

五、施工总进度计划编制方法

（一）划分并列出工程项目

总进度计划的项目划分不宜过细。列项时，应根据施工部署中分期、分批开工的顺序和相互关联的密切程度依次进行，防止漏项，突出每一个系统的主要工程项目，分别列入工程名称栏内。对于一些次要的零星项目，则可合并到其他项目中去。例如河床中的水利水电工程，若按扩大单项工程列项，可以有准备工作、导流工程、拦河坝工程、溢洪道工程、引水工程、电站厂房、升压变电站、水库清理工程、结束工作等。

（二）计算工程量

工程量的计算一般应根据设计图纸、工程量计算规则及有关定额手册或资料进行。其数值的准确性直接关系到项目持续时间的误差，进而影响进度计划的准确性。当然，设计深度不同，工程量的计算（估算）精度也不一样。设计图完成后，要考虑工程性质、工程分期、施工顺序等因素，分别按土方、石方、混凝土、水上、水下、开挖、回填等不同情况，分别计算工程量。有时，为了分期、分层或分段组织施工的需要，应分别计算不同高程（如对大坝）、不同桩号（如对渠道）的工程量，做出累计曲线，以便分期、分段组织施工。计算工程量常采用列表的方式进行。工程量的计量单位要与使用的定额单位相吻合。计算出的工程量应填入工程量汇总表。

（三）计算各项目的施工持续时间

确定进度计划中各项工作的作业时间是计算项目计划工期的基础。在工作项目的实物工程量一定的情况下，工作持续时间与安排在工程上的设备水平、人员技术水平、人员与设备数量、效率等有关。在现阶段，工作项目持续时间的确定方法主要有：

1. 按实物工程量和定额标准计算。根据计算出的实物工程量，应用相应的标准定额资料，就可以计算或估算各项目的施工持续时间。

2. 套用工期定额法。对于总进度计划中大“工序”的持续时间，通常采用国家制定的各类工程工期定额，并根据具体情况进行适当调整或修改。水利水电工程工期定额可参照《水利水电枢纽工程项目建设工期定额》。

3. 三时估计法。有些工作任务没有确定的实物工程量，或不能用实物工程量来计算工时，也没有颁布的工期定额可套用，例如试验性工作或采用新工艺、新技术、新结构、新材料的工程。此时，可采用“三时估计法”计算该项目的施工持续时间。

（四）分析确定项目之间的逻辑关系

项目之间的逻辑关系取决于工程项目的性质和轻重缓急、施工组织、施工技术等许多因素，概括说来分为两大类。

1. 工艺关系，即由施工工艺决定的施工顺序关系。在作业内容、施工技术方案确定的情况下，各工种工作逻辑关系是确定的，不得随意更改。如一般土建工程项目，应按照先地下后地上、先基础后结构、先土建后安装再调试的原则安排施工顺序。现浇柱子的工艺顺序为：扎柱筋—支柱模—浇柱混凝土—养护和拆模。土坝坝面作业的工艺顺序为：铺土—平土—晾晒或洒水—压实—刨毛。它们在施工工艺上，都有必须遵循的逻辑顺序，违反这种顺序将付出额外的代价甚至造成巨大损失。

2. 组织关系，即由施工组织安排决定的施工顺序关系。如工艺上没有明确规定先后顺序关系的工作，由于考虑到其他因素（如工期、质量、安全、资源限制、场地限制等）的影响而人为安排的施工顺序关系，均属此类。例如，由导流方案所形成的导流程序，决定了各控制环节所控制的工程项目，从而也就决定了这些项目的衔接顺序。再如，采用全段围堰隧洞导流的导流方案时，通常要求在截流以前完成隧洞施工、围堰进占、库区清理、截流备料等工作，由此形成了相应的衔接关系。又如，由于劳动力的调配、施工机械的转移、建筑材料的供应和分配、机电设备进场等原因，安排一些项目在先、另一些项目滞后，均属组织关系所决定的顺序关系。由组织关系所决定的衔接顺序，一般是可以改变的。只要改变相应的组织安排，有关项目的衔接顺序就会发生相应的变化。项目之间的逻辑关系，是科学地安排施工进度的基础，应逐项研究，仔细确定。

（五）初拟施工总进度计划

通过对项目之间进行逻辑关系分析，掌握工程进度的特点，理清工程进度的脉络之后，就可以初步拟订出一个施工进度方案。在初拟进度时，一定要抓住关键，分清主次，理清关系，互相配合，合理安排。要特别注意把与洪水有关、受季节性限制较严、施工技术比较复杂的控制性工程的施工进度安排好。对于坝后式水利水电枢纽工程，其关键项目一般位于河床，故施工总进度的安排应以导流程序为主要线索。先将施工导流、围堰截流、基坑排水、坝基开挖、基础处理、施工度汛、坝体拦洪、下闸蓄水、机组安装和引水发电等关键性控制进度安排好，其中应包括相应的准备、结束工作和配套辅助工程的进度。这样，构成的总的轮廓进度即进度计划的骨架。然后，再配合安排不受水文条件控制的其他工程项目，形成整个枢纽工程的施工总进度计划草案。

需要注意的是，在初拟控制性进度计划时，对于围堰截流、拦洪度汛、蓄水发电等这样一些关键项目，一定要进行充分论证，并落实相关措施。否则，如果延误了截流时机，影响了发电计划，对工期的影响和造成国民经济的损失往往是非常巨大的。对于引水式水利水电工程，有时引水建筑物的施工期限成为控制总进度的关键，此时总进度计划应以引水建筑物为主来进行安排，其他项目的施工进度要与之相适应。

（六）调整和优化

初拟进度计划形成以后，要配合施工组织设计其他部分的分析，对一些控制环节、关键项目的施工强度、资源需用量、投资过程等重大问题进行分析计算。将同一时期各项工程的工程量加在一起，用一定的比例画在施工进度计划的底部，即可得到建设项目资源需要量动态曲线，若曲线上存在较大的高峰和低谷，则表明在该时段里各种资源的需求量变化较大，需要调整一些单位工程的施工速度或开工时间，以便消除高峰和低谷，使各个时期的资源需求量尽量达到均衡，若发现主要工程的施工强度过大或施工强度很不均衡（此时也必然引起资源使用的不均衡）时，就应进行调整和优化，使新定出的计划更加完善，更加切实可行。必须强调的是，施工进度的调整和优化往往要反复进行，工作量大而枯燥，现阶段已普遍采用优化程序进行计算机计算。

（七）编制正式施工总进度计划

经过调整优化后的施工进度计划，可以作为设计成果整理以后提交审核。此外，还应根据施工开展程序和主要工程项目施工方案，编制好施工项目全场性的施工准备工作计划。

六、单位工程进度计划

单位工程进度计划的编制方法与总进度计划基本相同，在满足总进度计划的前提下，应将项目划分得更细、更具体一些。

（一）划分施工过程

编制单位工程进度计划时，首先应按照图纸和施工顺序列出拟建单位工程的各个施工过程，并结合施工方法、施工条件、劳动组织等因素，加以适当调整，使其成为编制单位工程进度计划所需的施工过程。

通常单位工程进度计划表中只列出直接在建筑物或构筑物上进行施工的建筑安装类施工过程，而不列出小型构件制作和运输过程，如：门窗制作和运输等、制备类、运输类施工过程。但当某些构件采用现场就地预制方案，单独占有工期，且对其他分部分项工程的施工有影响或其运输工作需与其他分部分项工程的施工密切配合时，如：水闸闸室上部结构的预制与吊装、装配式渡槽排架等的预制与吊装等，也需将这些制作类和运输类施工过程列入。在确定施工过程时，应注意以下几个问题：

1. 施工过程划分的粗细程度，主要根据单位工程施工进度计划的客观要求。对控制性施工进度计划，项目划分得要粗一些，通常只列出分部工程名称，如：混凝土坝的控制性进度计划，只列出基础工程、主体工程等施工过程；对实施性的施工进度计划，项目划分得要细一些，通常要列到分项工程，如上面所说的混凝土坝工程还要划分为基础砂石料开挖、石方开挖、基础处理、不同坝段、分区的混凝土施工等分项工程。

2. 施工过程的划分要结合所选择的施工方案。如：结构安装工程，若采用分件吊装法，则施工过程的名称、数量和内容及其安装顺序应按照构件来确定；若采用综合吊装法，则施工过程应按施工单元（节间、区段）来确定。

3. 注意适当简化单位工程进度计划内容，避免工程项目划分过细、重点不突出。因此，可考虑将某些穿插性分项工程合并到主要分项工程中去，如：止水的施工可以并入混凝土工程；而在同一时间内，由同一工程队施工的工程也可以合并，如：模板的架立、钢筋的制作与安装并为混凝土工程一个施工过程；对于次要的、零星的分项工程，可合并为“其他工程”一项。

4. 所有施工过程应大致按施工先后顺序排列，所采用的施工项目名称可参考现行定额手册上的项目名称。总之，划分施工过程要粗细得当。根据所划分的施工过程列出分部分项工程一览表。

（二）计算工程量

计算工程量时，一般可以直接采用施工图预算的数据，但应注意有些项目的工程量应按实际情况作适当调整。如：计算柱基土方工程量时，应根据土的级别和采用的施工方法（单独柱基开挖、基槽开挖还是大开挖，边坡稳定要求放边坡还是加支撑）等实际情况进行计算。工程量计算时应注意以下几个问题：

（1）各分部分项工程的工程量计算单位应与现行定额手册中所规定的单位一致，以免换算劳动力、材料和机械数量时产生错误。

（2）结合选定的施工方法和技术要求计算工程量。

（3）结合施工组织的要求，按分区、分项、分段计算工程量。

（4）直接采用预算文件中的工程量时，应按施工过程的划分情况将预算文件中有关项目的工程量汇总。

（三）确定劳动量和机械台班数

劳动量和机械台班数应当根据各分部分项的工程量、施工方法和现行的施工定额，并结合当时当地的具体情况加以确定：

$P=QS$ 或 $P=QH$

式中：

P——完成某施工过程所需的劳动量（工时）或机械台班数（台时）；

Q——完成某施工过程所需的工程量；

S——某施工过程所采取的产量定额；

H——某施工过程所采用的时间定额。

例如，已知某渡槽排架的基础土方为 3 240 m^3，采用人工挖土，工时产量为 0.8 m^3，则完成挖基础所需总劳动量为：

P=32 400 ÷ 8=4 050（工时）

若已知每立方米挖土方时间定额为 1.25 工时，则完成挖基础所需总劳动量为：

$P = 3\,240 \times 1.25 = 4\,050$（工时）

（四）确定各施工过程的施工天数

计算各分部分项工程施工天数的方法有两种：

1. 根据施工项目经理部计划分配在该分部分项工程上的施工机械数量和专业工人人数确定：

$t = P/Rmk$

式中：

t——完成某分部分项工程的施工天数；

P——某分部分项工程所需的机械台时数量或劳动量；

R——每班安排在某分部分项工程上的施工机械台时或劳动人数；

m——每天工作班次；

k——每班工作时间。

例如，某工程砌筑砖墙，需要总劳动量 1 280 工时，一班制工作，每班工作 8 h，每天出勤人数为 22 人（其中瓦工 10 人，普工 12 人），则施工天数为：

$t = 1\,280/(22 \times 1 \times 8) \approx 7$（d）

在安排每班工人和机械台数时，应综合考虑各分项工程工人班组的每个工人都应有足够的工作面（不能小于最小工作面），以发挥高效率并保证施工安全；各分项工程在进行正常施工时所必需的最低限度的工人班组人数及其合理组合（不能小于最小劳动组合），以达到最高的劳动效率。

2. 根据工期要求倒排进度。首先，根据规定的总工期和施工经验，确定各分部分项工程的施工时间，然后，再按各分部分项工程需要的劳动量或机械台班数，确定每一分部分项工程每个工作班组所需要的工人数或机械台数：

$R = P/tmo$

例如，某单位工程的土方工程采用机械施工，需要 696 个台时完成，则当工期为 8 d 时，一班制，每班工作 8 h，所需挖土机的台数为：

$R = 696/(8 \times 1 \times 8) = 11$（台）

通常计算时均先按一班制考虑，如果每天所需机械台数或工人人数已超过施工单位现有人力、物力或工作面限制时，则应根据具体情况和条件，从技术和施工组织上采取积极的措施，如：增加工作班次，最大限度地组织立体交叉平行流水施工等。

（五）编制施工进度计划的初始方案

编制施工进度计划时，必须考虑各分部分项的合理施工顺序，尽可能地组织流水施工，力求主要工种的工作队连续施工。

1. 划分主要施工段（分部工程），组织流水施工。首先，安排其中主导施工过程的施工进度，使其尽可能地连续施工，其他穿插施工过程尽可能与它配合、穿插、搭接或平行作业。

2. 配合主要施工阶段，安排其他施工阶段（分部工程）的施工进度。

3. 按照工艺的合理性和工序性，尽量穿插、搭接或平行作业方法，将各施工阶段（分部工程）的流水作业图表最大限度地搭接起来，即得单位工程施工进度计划的初始方案。

（六）施工进度计划的调整

为了使初始方案满足规定的目标，一般进行如下检查调整：

1. 各施工过程的施工顺序、平行搭接和技术间歇是否合理。

2. 工期方面：初始方案的总工期是否满足连续、均衡施工。

3. 劳动力方面：主要工种工人是否满足连续、均衡施工。

4. 物资方面：主要机械、设备、材料等的利用是否均衡，施工机械是否充分利用。经过检查，对不符合要求的部分，可采用增加或缩短某些分项工程的施工时间。在施工顺序允许的情况下，将某些分项工程的施工时间向前或向后移动。必要时，改变施工方法或施工组织等方法进行调整。

应当指出，上述编制施工进度计划的步骤不是孤立的，而是相互依赖、相互联系的，有的可以同时进行。由于水利水电工程施工是一个复杂的生产过程，受到周围客观因素的影响很多，在施工过程中，由于劳动力和机械、材料等物资的供应及自然条件等因素的影响而经常不符合原计划的要求，因而在工程进展中，应随时掌握施工动态、经常检查、不断调整计划。

第四节　施工总布置

一、施工总布置的作用、内容及布置原则

（一）施工总布置的作用

施工总平面图是拟建项目施工场地的总布置图，是施工组织设计的重要组成部分，它是根据工程特点和施工条件，对施工场地上拟建的永久建筑物、施工辅助设施和临时设施

等进行平面和高程上的布置。施工现场的布置应在全面了解掌握枢纽布置、主体建筑物的特点及其他自然条件等基础上，合理地组织和利用施工现场，妥善处理施工场地的内外交通，使各项施工设施和临时设施能最有效地为工程服务。保证施工质量，加快施工进度，提高经济效益，同时，也为文明施工、节约土地、减少临时设施费用创造了条件。另外，将施工现场的布置成果标在一定比例的施工地区地形图上，就构成施工现场布置图。绘制的比例一般为 1 ∶ 1 000 或者 1 ∶ 2 000。

（二）施工总布置的内容

施工总布置的内容主要有：

（1）配合选择对外运输方案，选择场内运输方式以及两岸交通联系的方式，布置线路，确定渡口、桥梁位置，组织场内运输。

（2）选择合适的施工场地，确定场内区域划分原则，布置各施工辅助企业及其他生产辅助设施，布置仓库站场、施工管理及生活福利设施。

（3）选择给水、供电、压气、供热以及通信等系统的位置，布置干管、干线。

（4）确定施工场地排水、防洪标准，规划布置排水、防洪沟槽系统。

（5）规划弃渣、堆料场地，做好场地土石方平衡以及开挖土石方调配。

（6）规划施工期环境保护和水土保持措施。概括起来包括：原有地形已有的地上、地下建筑物、构筑物、铁路、公路和各种管线等；一切拟建的永久建筑物、构筑物、道路和管线；为施工服务的一切临时设施；永久、半永久性的坐标位置，料场和弃渣场位置。

（三）施工总布置原则及依据

1. 施工总布置原则

施工总布置方案应遵循因地制宜、因时制宜、有利生产、方便生活、易于管理、安全可靠、经济合理的原则。

（1）施工总布置应综合分析水工枢纽布置、主体建筑物规模、型式、特点、施工条件和工程所在地区社会、自然条件等因素，妥善处理好环境保护和水土保持与施工场地布局的关系，合理确定并统筹规划为工程施工服务的各种临时设施。

（2）施工总布置方案应贯彻执行十分珍惜和合理利用土地的方针，遵循因地制宜、因时制宜、有利生产、方便生活、易于管理、安全可靠、注重环境保护、减少水土流失、充分体现人与自然和谐相处以及经济合理的原则，经全面系统比较论证后选定。

（3）施工总布置设计时应该考虑以下各点：

①施工临时设施与永久性设施，应研究相互结合、统一规划的可能性。临时性建筑设施，不要占用拟建永久性建筑或设施的位置。

②确定施工临建设施项目及其规模时，应研究利用已有企业设施为施工服务的可能性

与合理性。

③主要施工工厂设施和临时设施的布置应考虑施工期洪水的影响，防洪标准根据工程规模、工期长短、河流水文特性等情况，分析不同标准洪水对其危害程度，在5~20年重现期范围内酌情采用。高于或低于上述标准，应有充分论证。

④场内交通规划，必须满足施工需要，适应施工程序、工艺流程；全面协调单项工程、施工企业、地区间交通运输的连接与配合，运输方便，费用少，尽可能减少二次转运；力求使交通联系简便，运输组织合理，节省线路和设施的工程投资，减少管理运营费用。

⑤施工总布置应做好土石方挖填平衡，统筹规划堆、弃渣场地；弃渣应符合环境保护及水土保持要求。在确保主体工程施工顺利的前提下，要尽量少占农田。

⑥施工场地应避开不良地质区域、文物保护区。

⑦避免在以下地区设置施工临时设施：严重不良地质区域或滑坡体危害地区；泥石流、山洪、沙暴或雪崩可能危害地区；重点保护文物、古迹、名胜区或自然保护区；与重要资源开发有干扰的地区；受爆破或其他因素严重影响的地区。施工总布置应该根据施工需要分阶段逐步形成，做好前后衔接，尽量避免后阶段拆迁。初期场地平整范围按施工总布置最终要求确定。

2. 施工总布置依据

（1）DL 5021—1993《水利水电工程初步设计报告编制规程》。

（2）可行性研究报告及审批意见、上级单位对本工程建设的要求或批件。

（3）工程所在地区有关基本建设的法规或条例、地方政府、业主对本工程建设的要求。

（4）国民经济各有关部门（铁道、交通、林业、灌溉、旅游、环境保护、城镇供水等）对本工程建设期间有关要求及协议。

（5）当前水利水电工程建设的施工装备、管理水平和技术特点。

（6）工程所在地区和河流的自然条件（地形、地质、水文、气象特征和当地建材情况等）、施工电源、水源及水质、交通、环境保护、旅游、防洪、灌溉、航运、供水等现状和近期发展规划。

（7）当地城镇现有修配、加工能力，生活、生产物资和劳动力供应条件，居民生活、卫生习惯等。

（8）施工导流及通航等水工模型试验、各种原材料试验、混凝土配合比试验、重要结构模型试验、岩土物理力学试验等成果。

（9）工程有关工艺试验或生产性试验成果。

（10）勘测、设计各专业有关成果。

二、施工总平面的布置

（一）收集基本资料

1. 当地国民经济现状及发展的前景。

2. 可为工程施工服务的建筑、加工制造、修配、运输等企业的规模、生产能力及其发展规划。

3. 现有水陆交通运输条件和通过能力，近远期发展规划。

4. 水、电以及其他动力供应条件。

5. 邻近居民点、市政建设状况和规划。

6. 当地建筑材料及生活物质供应情况。

7. 施工现场土地状况和征地的有关问题。

8. 工程所在地区行政区规划图、施工现场地形图及主要临时工程剖面图，三角水准网点等测绘资料。

9. 施工现场范围内的工程地质与水文地质资料。

10. 河流水文资料、当地气象资料。

11. 规划、设计各专业设计成果或中间资料。

12. 主要工程项目定额、指标、单价、运杂费率等。

13. 当地及各有关部门对工程施工的要求。

14. 施工现场范围内的环境保护要求。

（二）编制临时建筑物的项目清单

在充分掌握基本资料的基础上，根据施工条件和特点。结合类似工程经验或有关规定，编制临时建筑物的项目清单。并初步定出它们的服务对象、生产能力、主要设备、风水电等需要量及占地面积、建筑面积和布置的要求。以混凝土工程为主体的枢纽工程，临建工程项目一般包括以下内容：

1. 混凝土系统（包括搅拌楼、净料堆场、水泥库、制冷楼）。

2. 砂石加工系统（包括破碎筛分厂、毛料堆场、净料堆场）。

3. 金属结构机电安装系统（包括金属结构加工厂、金属结构拼装场、钢管加工厂、钢管拼装场、制氧厂）。

4. 机械修配系统（包括机械修配厂、汽车修配厂、汽车停放保养场、船舶修配厂、机车修配厂）。

5. 综合加工系统（包括木材加工厂、钢筋加工厂、混凝土预制厂）。

6. 风、水、电、通信系统（包括空压站、水厂、变电站、通信总机房）。

7. 基础处理系统（包括设备堆放基地、灌浆基地）。

8. 仓库系统（包括基地仓库、工区仓库、现场仓库、专业仓库）。

9. 交通运输系统（包括铁路场站、公路汽车站、码头港区、轮渡）。

10. 办公生活福利系统（办公房屋、宿舍、公共福利房屋、招待所）。

（三）现场布置总规划

这是施工现场布置中的最关键一步。应该着重解决施工现场布置中的重大原则问题，具体包括以下几点：

1. 施工场地是一岸布置还是两岸布置。

2. 施工场地是一个还是几个，如果有几个场地，哪一个是主要场地。

3. 施工场地怎样分区。

4. 临时建筑物和临时设施采取集中布置还是分散布置，哪些集中哪些分散。

5. 施工现场内交通线路的布置和场内外交通的衔接及高程的分布等。一般施工现场为了方便施工，利于管理，都将现场划分成主体工程施工区，辅助企业区，仓库、站、场、转运站，码头等储运中心，当地建筑材料开采区，机电金属结构和施工机械设备的停放修理场地，工程弃料堆放场，施工管理中心和主要施工区，生活福利区等。各区域用场内公路沟通，在布置上相互联系，形成统一的、高度灵活的、运行方便的整体。在进行各分区布置时，应满足主体工程施工的要求。对以混凝土建筑物为主体的工程枢纽，应该以混凝土系统为重点，即布置时以砂石料的生产，混凝土的拌和、运输线路和堆弃料场地为主，重要的施工辅助企业集中布置在所服务的主体工程施工工区附近，并妥善布置场内运输线路，使整个枢纽工程的施工形成最优工艺流程。对于其他设施的布置，则应围绕重点来进行，确保主体工程施工。在进行区域规划时，布置方式有集中布置、分散布置和混合布置等三种方式，水利水电工程一般多采用混合布置。对于坝后式水电站枢纽，由于永久建筑物的布置比较集中，且坝址附近又有开阔地，在可满足临时设施的布置要求时，常把临时设施集中布置，新青铜峡、观音阁等工程就是这种布置形式。若坝址施工现场位于高山峡谷地区，地形狭窄，可根据实际情况，进行具体布置。

①地形较狭窄时，可沿河流一岸或两岸冲沟绵延布置，按临时建筑物及其设施对施工现场影响程度分类排队，对施工影响大的靠近坝址区布置，其他项目按对工程影响大小顺序逐渐远离分散布置，新安江、上犹江、柘溪等工程均采用了这种布置型式。

②地形特别狭窄时，则可把与施工现场关系特别密切的设施（如混凝土生产系统）布置在坝址附近，而其他一些施工辅助企业等布置在大坝较远的基地，这是典型的混合布置，如三门峡水库等。对于引水式水电站或大型输水工程，常在取水口、中间段和厂房段设立施工场地，即形成“一条龙”的布置形式，又称分散布置。在现场规划布置时，要特别注意场内运输干线的布置，如两岸交通联系的线路，砂石骨料运输线路，上、下游联系的过

坝线路等。

（四）施工现场布置

施工总平面布置图应根据设计资料和设计原则，结合工程所在地的实际情况，编制出几个可能方案进行比较，然后选择较好的布置方案。

1. 施工交通运输

施工交通包括对外交通和场内交通两部分。对外交通是指联系施工工地与国家公路或地方公路、铁路车站、水运港口及航空港之间的交通，一般应充分利用现有设施，选择较短的新建、改建里程，以减少对外交通工程量。场内交通是联系施工工地内部各工区、料场、堆料场及各生产、生活区之间的交通，一般应与对外交通衔接。在进行施工交通运输方案的设计时，主要解决的问题有：选定施工场内外的交通运输方式和场内外交通线路的连接方式；进行场内运输线路的平面布置和纵剖面设计；确定路基、路面标准及各种主要的建筑物（如桥涵、车站、码头等）的位置、规模和形式；提出运输工具和运输工程量、材料和劳动力的数量等。

（1）确定对外交通和场内交通的范围。对外交通方案应确保施工工地与国家或地方公路、铁路车站、水运港口之间的交通联系，具备完成施工期间外来物资运输任务的能力；场内交通方案应确保施工工地内部各工区、当地材料产地、堆渣场、各生产、生活区之间的交通联系，主要道路与对外交通衔接。

（2）场内交通规划的任务。场内交通规划的任务是正确选择场内运输主要和辅助的运输方式，合理布置线路，合理规划和组织场内运输。各分区间交通道路布置合理、运输方便可靠、能适应整个工程施工进度和工艺流程要求，尽量避免或减少反向运输和二次倒运。

（3）场内运输的特点。场内运输的特点是物料品种多、运输量大、运距短；物料流向明确，车辆单向运输；运输不均衡；对运输保证性要求高；场内交通的临时性；运输方式多样性。

（4)场内运输方式。运输方案选择应考虑工程所在地区可供利用的交通运输设施情况，施工期总运输量、分年度运输量及运输强度，重大件运输条件，国家（地方）交通干线的连接条件以及场内、外交通的衔接条件，交通运输工程的施工期限及投资，转运站以及主要桥涵、渡口、码头、站场、隧道等的建设条件。场外交通运输方案的选择，主要取决于工程所在地区的交通条件、施工期的总运输量及运输强度、最大运件重量和尺寸等因素。中、小型水利工程一般情况下应优先采用公路运输方案，对于水运条件发达的地区，应考虑水运方案为主，其他运输方式为辅。场内运输方式的选择，主要根据各运输方式自身的特点，场内物料运输量，运输距离对外运输方式、场地分区布置、地形条件和施工方法等。中、小型工程一般采用汽车运输为主，其他运输为辅的运输方式。至于对外交通运输专用线或场内公路设计时，应结合具体情况，参照国家有关的公路标准来进行。场内运输方式分水平运输和垂直运输方式两大类。垂直运输方式和永久建筑物施工场地、各生产系统内部的运输组织等，一般由各专业施工设计考虑，场内交通规划主要考虑场区之间的水平运输方式。水电工程常采用公路和铁路运输作为场内主要水平运输方式。

2. 仓库与材料堆场的布置

（1）当采用铁路运输时，仓库通常沿铁路线布置，并且要留有足够的装卸前线；如果没有足够的装卸前线，必须在附近设置转运仓库。布置铁路沿线仓库时，应将仓库设置在靠近工地一侧，以免内部运输跨越铁路。同时仓库不宜设置在弯道处或坡道上。

（2）当采用水路运输时，一般应在码头附近设置转运仓库，以缩短船只在码头上的停留时间。

（3）当采用公路运输时，仓库的布置较灵活，一般中心仓库布置在工地中央或靠近使用的地方，也可以布置在靠近外部交通连接处。砂石、水泥、石灰、木材等仓库或堆场宜布置在施工对象附近，以免二次搬运。一般笨重设备应尽量放在车间附近，其他设备仓库可布置在其外围或其他空地上。

（4）炸药库应布置在僻静的位置，远离生活区；汽油库应布置在交通方便之处，且不得靠近其他仓库和生活设施，并注意避开多发的风向。

3. 加工厂布置

一般应将加工厂集中布置在同一个地区，且多处于工地边缘。

各种加工厂应与相应仓库或材料堆场布置在同一地区。污染较大的加工厂，如砂石加工厂、沥青加工厂和钢筋加工厂，应尽量远离生活区和办公区，并注意风向。

4. 布置内部运输道路

根据加工厂、仓库及各施工对象的相对位置，研究货物转运图，区分主要道路和次要道路。

（1）在规划临时道路时，应充分利用拟建的永久性道路，提前修建永久性道路或者先修路基和简易路面作为施工所需的道路，以达到节约投资的目的。

（2）道路应有两个以上进出口，道路末端应设置回车场；场内道路干线应采用环形布置，主要道路宜采用双车道，宽度不小于 6 m；次要道路宜采用单车道，宽度不小于 3.5 m。

（3）一般场外与省、市公路相连的干线，因其以后会成为永久性道路，因此，一开始就建成高标准路面；场区内的干线和施工机械行驶路线，最好采用碎石级配路面，以利修补；场内支线一般为土路或砂石路。

5. 行政与生活临时设施布置

应尽量利用建设单位的生活基地或其他永久性建筑，不足部分另行建造，还可考虑租用当地的民房。一般全工地性行政管理用房宜设在全工地入口处，以便对外联系；也可设在工地中间，便于全工地管理；工人用的福利设施应设置在工人较集中的地方，或工人必经之处；生活基地应设在场外，距工地 500~1 000 m 为宜；食堂可布置在工地内部或工地与生活区之间。应尽量避开危险品仓库和砂石加工厂等位置，以利安全和减少污染。

6. 临时水电管网及其他动力设施的布置

临时水电管网沿主要干道布置干管、主线；临时总变电站应设置在高压电引入处，不应放在工地中心；设置在工地中心或工地中心附近的临时发电设备，沿干道布置主线；施工现场供水管网有环状、枝状和混合式三种形式。根据工程防火要求，应设立消防站。一般设置在易燃物（木材、仓库、油库、炸药库等）附近，并须有通畅的出口和消防车道，其宽度不宜小于 6 m；沿道路布置消防栓时，其间距不得大于 100 m，消防栓到路边的距离不得大于 2 m。

工地电力网，一般 3~10 kV 的高压线采用环状，380/220 V 低压线采用枝状布置。工地上通常采用架空布置，距路面或建筑物不小于 6 m。

应该指出，上述各设计步骤不是截然分开、各自孤立进行的，而是互相联系，互相制约的，需要综合考虑、反复修正才能确定下来。

（五）施工辅助企业

水利水电工程施工的辅助企业主要包括：砂石采料厂，混凝土生产系统，综合加工厂（混凝土预制构件厂，钢筋加工厂，木材加工厂等），机械修配厂，工地供风，供水系统等。其布置的任务是根据工程特点、规模及施工条件，提出所需的辅助企业项目、任务和生产规模及内部组成，选定厂址，确定辅助企业的占地面积和建筑面积，并进行合理的布置，使工程施工能顺利地进行。

1. 砂石骨料加工厂

砂石骨料加工厂布置时，应尽量靠近料场，选择水源充足、运输及供电方便，有足够的堆料场地和便于排水清淤的地段，同时，若砂石料厂不止一处时，可将加工厂布置在中心处，并考虑与混凝土生产系统的联系。砂厂骨料加工厂的占地面积和建筑面积与骨料的生产能力有关。

2. 混凝土生产系统

混凝土生产系统应尽量集中布置，并靠近混凝土工程量集中的地点，如坝体高度不大时，混凝土生产系统高程可布置在坝体重心位置。混凝土生产系统的面积可依据选择的拌和设备的型号生产能力来确定。

3. 综合加工厂

综合加工厂尽量靠近主体工程施工现场，若有条件时，可与混凝土生产系统一起布置。

（1）钢筋加工厂。一般需要的面积较大，最好布置在来料处，即靠近码头、车站等。占地面积和建筑面积。

（2）木材加工厂。应布置在铁路或公路专用线的近旁，又因其有防火的要求，则必须安排在空旷地带，且主要建筑物的下风向，以免发生火灾时蔓延。木材加工厂的占地面积和建筑面积。

（3）混凝土预制构件厂。其位置应布置在有足够大的场地和交通方便的地方，若服务对象主要为大坝主体，应尽量靠近大坝布置。

4. 机械修配厂

应与汽车修配厂和保养厂统一设置，其位置一般选在平坦、宽阔、交通方便的地段，若采用分散布置时，应分别靠近使用的机械、设备等地段。

5. 工地供风系统

工地供风主要供石方开挖、混凝土、水泥输送、灌浆等施工作业所需的压缩空气。一般采用的方式是集中供风和分散供风，压缩空气主要由固定式的空气压缩机站或移动的空压机来供应。一个供风系统主要由空压机站和供风管道组成。空压机站的供风量。

空气压缩机站的位置，应尽量靠近用风量集中的地点，保证用风质量，同时，接近供电供水系统，并要求有良好的地基，空气压缩机距离用风地点最好在 700 m 左右，最大不超过 1 000 m。供风管道采用树枝状布置，一般沿地表敷设，必要时可局部埋设或架空敷设（如穿越重要交通道路等），管道坡度大致控制为 0.1%~0.5% 的顺坡。

6. 工地供电系统

工地用电主要包括室内外交通照明用电和各种机械、动力设备用电等。在设计工地供电系统时，主要应该解决的问题是：确定用电地点和需电量、选择供电方式、进行供电系统的设计。工地的供电方式常见的有：施工地区已有的国家电网供电、临时发电厂供电、移动式发电机供电等三种方式，其中国家电网供电的方式最经济方便，宜尽量选用。工地的用电负荷，按不同的施工阶段分别计算。工地内的供电采用国家电网供电应先在工地附近设总变电所，将高压电降为中压电，在输送到用户附近时，通过小型变压器（变电站）将中压降为低压（380/220 V），然后输送到各用户；另在工地应有备用发电设施，以备国家电网停电时备用，其供电半径以 300~700 m 为宜。施工现场供电网络中，变压器应设在所负担的用电集中、用电量大的地方，同时各变压器之间可作环状布置，供电线路一般呈树枝形布置，采用架空线等方式敷设，电杆距为 25~24 m，并尽量避免供电线路的二次拆迁。

7. 工地供水系统

工地供水系统主要由取水工程、净水工程和输配水工程等组成，其任务在于经济合理地供给生产、生活和消防用水。在进行供水系统设计时，首先应考虑需水地点和需水量，水质要求，再选择水源，最后进行取水、净水建筑物和输水管网的设计等。

（1）生产用水量。生产用水包括进行土石方工程、混凝土工程、灌浆工程施工所需的用水量，以及施工企业和动力设备等消耗的水量。

（2）生活用水量。生活用水量主要是指生活区和现场生活用水。

（3）消防用水量。消防用水包括施工现场消防用水和居住区的消防用水，施工现场的消防用水量与工地范围有关，而居住区的消防用水量由居住区人数来确定。

（4）工地的总需水量。工地现场的总需水量应满足不同时期高峰生产用水和生活用水的需要，并按消防用水量进行校核。

供水系统的水源一般根据实际情况确定，但生产、生活用水必须考虑水质的要求，尤其是饮用水源，应尽量取地下水为宜。布置用水系统时，应充分考虑工地范围的大小，可布置成一个或几个供水系统。供水系统一般由供水站、管道和水塔等组成。水塔的位置应设在用水中心处，高程按供水管网所需的取大水头计算。供水管道一般用树枝状布置，水管的材料根据管内压力大小分为铸铁和钢管两种。

工地供水系统所用水泵，一般每台流量为 10~30 L/s，扬程应比最高用水点和水源的高差高出 10~15 m。水泵应有一定的备用台数，同一泵站的水泵型号尽可能统一。

（六）施工临时设施

1. 仓库

（1）仓库的分类。工地仓库的主要功能是储存和供应工程施工所需的各种物资、器材和设备。根据它的用途和管理形式分为：中心仓库（储存全工地统一调配使用的物料）、转运站仓库（储存待运的物资）、专用仓库（储存一种或特殊的材料）、工区分库（只储存本工区的物资的材料）、辅助企业分库（只储存本企业用的材料等）等。按照结构形式分为：露天式仓库、棚式仓库和封闭式仓库等。

（2）仓库的布置。仓库布置的具体要求是：服务对象单一的仓库、堆场、应靠近所服务的企业或施工地点。

①中心仓库应布置在对外交通线路进入工区入口处附近。

②特殊材料库（如炸药等）布置在不会危害企业、施工现场、生活福利区的安全的位置。

③仓库的平面布置应尽量满足防火间距的要求。

（3）仓库储存量的计算。仓库储存量的确定需根据施工条件、供应条件、运输条件等具体情况确定。对仓库储存量的要求既不能存储过多，造成积压浪费，又要满足工程施工的需要，且具有一定的存储量。另外，受季节影响的材料，应分析施工和生产的中断因素。水运时需考虑洪、枯水和严寒季节影响。

2. 工地临时房屋

一般工地上的临时房屋主要有：行政管理用房（如办公室等）、文化娱乐用房（如俱乐部等）、居住用房（如职工宿舍等）、生活福利用房（如医院、商店、浴室等）等。

修建这些临时房屋时，必须注意既要满足实际需要，又要节约修建费用。具体应考虑以下问题：

（1）尽可能利用施工区附近城镇的居民和文化福利设施。

（2）尽可能利用拟建的永久性房屋。

（3）结合施工地区新建城镇的规划统一考虑。

（4）临时房屋宜采用装配式结构。具体工地各类临时房屋需要量，取决于工程规模、工期长短、投资情况和工程所在地区的条件等因素。

三、施工总布置的优化及设计成果施工

临时设施的平面布置和竖向布置完成后，对施工总布置进行协调修正，检查施工临时设施和主体工程施工之间、各临时建筑物之间是否协调，有无干扰矛盾，生产和施工工艺之间的配合如何，能否满足保安、防火和卫生的要求，对于不协调的布置进行调整。最后编制总布置有关技术经济指标图表，完成施工总布置设计。

（一）施工总布置方案比较指标

1. 交通道路的主要技术指标包括工程质量、造价指标、运输费及运输设备需用量。

2. 各方案土石方平衡计算成果及弃渣场规划。

3. 风、水、电系统各方案管线布置的主要工程量、材料和设备等。

4. 生产、生活福利设施的建筑物面积和占地面积。

5. 有关施工征地移民的各种指标。

6. 施工工厂设施的土建、安装工程量。

7. 站场、码头和仓库装卸设备需要量。

8. 其他临建工程量。

（二）施工总布置方案比较定性分析内容

1. 布置方案能否充分发挥施工工厂的生产能力。

2. 满足施工总进度和施工强度的要求。

3. 施工设施、站场、临时建筑物的协调和干扰情况。

4. 施工分区的合理性。

5. 研究当地现有企业为工程施工服务的可能性和合理性。

（三）施工总布置的主要内容

1. 坐标系统、风玫瑰（指北针），必要的地形、地物、标高、图例等。

2. 主体建筑物及主要导流建筑物轮廓布置。

3. 主要施工机械设备布置、运输系统（如门式、塔式、缆式起重机、混凝土运输线、栈桥等）轮廓布置。

4. 主要施工分区划分范围，主要施工辅助企业、大型临时设施布置以及堆、弃渣场地范围。

5. 风、水、电及其他动力、能源、场（厂）站位置及主、干管线。

6. 当地主要建筑材料场地位置及范围。

7. 场地排水布置。

8. 准备工程量一览表。

9. 临建工程项目一览表。

10. 生产、生活福利设施及其他建筑物一览表。

11. 场内外交通运输技术指标及转运、存储建筑物数量一览表。

（四）施工总布置设计成果

1. 文字说明。

2. 施工总布置图，比例 1 ∶ 2 000~1 ∶ 10 000。

3. 施工对外交通图。

4. 居住小区规划图，比例 1 ∶ 500~1 ∶ 1 000。

5. 施工征地范围规划图和施工用地面积一览表。

6. 施工用地分期征用示意图。

第五节 资源使用计划

资源是施工生产的物质基础，是工程实施必不可少的前提条件，它们的费用占工程总费用的 70% 以上，所以资源消耗的节约是工程成本节约的主要途径。如果资源不能保证，任何考虑得再周密的工期计划也不能实行。资源需要量是指项目施工过程中所必须消耗的各类资源的计划用量，它包括：劳动力、建筑材料、机械设备以及施工用水、电、动力、运输、仓储设施等的需要量。资源管理的任务就是按照工程项目的实施计划编制资源的使用和供应计划，将项目实施所需的资源按正确的时间、正确的数量供应到正确的地点，并降低资源成本消耗（如采购费用、仓库保管费等）。

一、劳动力计划

（一）劳动力需要量

劳动力需要量指的是在工程施工期间，直接参加生产和辅助生产的人员数量以及整个工程所需总劳动量。水利水电工程施工劳动力，包括建筑安装人员，企业工厂、交通的运行和维护人员，管理、服务人员等。劳动力需要量是施工总进度的一项重要指标，也是确定临时工程规模和计算工程总投资的重要依据之一。劳动力计划的计算内容是施工期各年份月劳动力数量（人），施工期高峰劳动力数量（人），施工期平均劳动力数量（人）和整个工程施工的总劳动量（工日）。

（二）劳动力计算方法

1. 劳动定额法

（1）劳动力定额。劳动力定额是完成单位工程量所需要的劳动工日。在计算各施工时段所需要的基本劳动力数量时，是以施工总进度为基础，用各施工时段的施工强度乘以劳动力定额而得。总进度表上的工程项目，是基本施工工艺环节中各施工工序的综合项目，例如：石方开挖，包括开挖和出渣等，混凝土浇筑包括砂石料开采、加工和运输、模板、钢筋、混凝土拌和、运输、浇筑和养护等，土石方填筑包括物料开采、运输、上坝和填筑等。

所以计算劳动力所需的劳动力定额，主要是依据本工程的建筑物特性、施工特性、选定的施工方法、设备规格、生产流程等经过综合分析后拟定。

（2）劳动力需要量计算步骤。拟定劳动力定额。以施工总进度表为依据，绘制单项工程的施工进度线，并说明各时段的施工强度。计算基本劳动力曲线。计算企业工厂运行劳动力曲线。计算对外交通、企业管理人员、场内道路维护等劳动力曲线。计算管理人员、服务人员劳动力曲线。计算缺勤劳动力曲线。计算不可预见劳动力曲线。计算和绘制整个工程的劳动力曲线。

（3）基本劳动力计算。以施工总进度表为依据，用各单项工程分年、分月的日强度乘以相应劳动力定额，即得单项工程相应时段劳动力需要量。同年同月各单项工程劳动力需要量相加，即为该年该月的日需要劳动力。

（4）施工企业工厂运行劳动力。以施工进度表为依据，列出各企业工厂在各年各月的运行人员数量，同年同月逐项相加而得。各企业各时段的生产人员，一般由企业工厂设计人员提供。

（5）对外交通、企管人员及道路维护劳动力。用基本劳动力与企业工厂运行人员之和乘以系数 0.1 ~ 0.5（混凝土坝工程和对外交通距离较远者取大值）。

（6）管理人员。管理人员（包括有关单位派驻人员），取上述（3）至（5）项的生产人员总数的 7%~10%。

（7）缺勤人员。缺勤人员取上述生产人员与管理人员总数之和的 5%~ 8%。

（8）不可预见人员。上述（3）至（7）项人员之和的 5%~10%。可行性研究阶段取 10%，初步设计阶段取 5%。

2. 类比法

根据同类型、同规模（水工、施工）的实际定员类比，通过认真分析加以适当调整。此方法比较简单，也有一定的准确度。

二、材料、构件及半成品需用量计划

水利水电工程所使用的材料包括消耗性材料、周转性材料和装置性材料。由于材料品种繁多，且不同设计阶段对材料需要量估算精度的要求不同，一般在初步设计阶段，仅对工程施工影响大，用量多的钢材、木材、水泥、炸药、燃料等材料进行估算。

（一）材料需要量估算依据

1. 主体工程各单项工程的分项工程量。

2. 各种临时建筑工程的分项工程量。

3. 其他工程的分项工程量。

4. 材料消耗指标一般以部颁定额为准，当有试验依据时，以试验指标为准。

5. 各类燃油、燃煤机械设备的使用台班数。

6. 施工方法，原材料本身的物理、化学、几何性质。

（二）主要材料汇总

主要材料用量，应按单项工程汇总并小计用量，最后累计全部工程主要材料用量。汇总工作可按表的形式进行。

（三）编制分期供应计划

1. 根据施工总进度计划的要求，在主要材料计算和汇总的基础上编制分期供应计划。

2. 分期材料需要量应分材料种类、工程项目、计算分期工程量占总工程量的比例，并累计整个工程在各时段中的材料需用量。

3. 材料供应至工地时间应早于需要时间，并留有验收、材料质量鉴定、出入库等时间。

4. 如考虑某些材料供应的实际困难，可在适当时候多供应一定数量，暂时储存以备后用。但储存时间不能超过有关材料管理和技术规程所限定的时间，同时应考虑资金周转等问题。

5. 供应计划应按各种材料品种或规格、产地或来源分列供应数量和小计供应量。

三、施工机械需用量计划

施工机械是施工生产要素的重要组成部分。现代工程项目都要依靠使用机械设备才能完成任务。随着科学技术不断发展，新机械、新设备层出不穷，大型的资金密集型和技术密集型的机械在现代机械化施工中起着越来越重要的作用。

（一）施工机械设备的选择

正确拟定施工方案和选择施工机械是合理组织施工的关键。施工方案要做到技术上先进、经济上合理，满足保证施工质量，提高劳动力生产率，加快施工进度及充分利用机械的要求；而正确选择施工机械设备能使施工方法更为先进、合理，又经济。因此施工机械选择的好坏很大程度上决定了施工方案的优劣。所以，在选择施工机械时应遵照以下原则：

1. 适应工地条件，符合设计和施工要求，保证工程质量，生产能力满足施工强度要求。选择的机械类型必须符合施工现场的地质、地形条件及工程量和施工进度的要求等。为了保证施工进度和提高经济效益，工程量大的采用大型机械，否则选用小型机械，但这并不是绝对的。例如某大型工程施工地区偏僻，道路狭窄，桥梁载重量受到限制，大型机械不能通过，为此要专门修建运输大型机械的道路、桥梁，显然是不经济的，所以选用中型机械较为合理。

2. 设备性能机动、灵活、高效、能耗低、运行安全可靠。选择机械时要考虑到各种机械的合理组合，这是决定所选择的施工机械能否发挥效率的重要因素。合理组合主要包括主机与辅助机械在台数和生产能力的相互适应以及作业线上的各种机械相配套的组合。首先主机与辅助机械的组合，必须保证在主机充分发挥作用的前提下，考虑辅助机械的台数和生产能力。其次一种机械施工作业线是几种机械联合作业组合成一条龙的机械化施工，几种机械的联合才能形成生产能力。如果其中某一种机械的生产能力不适应作业线上的其他机械的生产能力或机械可靠性不好，都会使整条作业线的机械发挥不了作用。

3. 通用性强，能满足在先后施工的工程项目中重复使用。

4. 设备购置及运行费用较低，易获得零配件，便于维修、保养、管理和调度。施工机械固定资产损耗费（折旧费用、大修理费等）与施工机械的投资成正比，运行费（机上人工费、动力、燃料费等）可以看作与完成的工程量成正比。这些费用是在机械运行中重点考虑的因素。大型机械需要的投资大，但如果把其分摊到较大的工程量中，对工程成本的影响就很小。所以，大型工程选择大型的施工机械是经济的。为了降低施工运行费，不能大机小用，一定要以满足施工需要为目的。设备采购应通过市场调查，一般机械应为常用机型，有利于承包商自带，少量大型、特殊机械，可由业主单位采购，提供承包商使用。原则上，零配件供应由承包商自行解决。

（二）施工机械设备汇总平衡

在施工机械设备选型后，应进行主要施工机械设备的汇总工作。汇总时按各单项工程或辅助企业汇总机械设备的类型、型号、使用数量，分别了解其使用时段、部位、施工特点及机械使用特点等有关资料。

（三）施工机械设备平衡

施工机械设备平衡的目的是在保证施工总进度计划的实施、满足施工工艺要求的前提下，尽量做到充分发挥机械设备的效能，配套齐全，数量合理，管理方便和技术经济效益显著，并最终反映到机械类型、型号的改变、配置数量的变化上。一般情况下，施工机械设备平衡的主要对象是主要的土石方机械、运输机械、混凝土机械、起重机械、工程船舶、基础处理机械和主要辅助设备等七大类不固定设置的机械。

机械平衡的主要内容是同类型机械设备在使用时段上的平衡，同时应注意不同施工部位、不同类型或型号的互换平衡。

（四）施工机械设备总量及分年度供应计划

1. 机械设备数量汇总表

机械设备数量汇总数字为机械设备平衡后，并考虑了备用数的总需要量。应包括主要的、配套的全部机械设备。

2. 分年度供应计划

施工机械设备分年度供应计划应注意以下几点：

（1）分年度供应计划在机械设备平衡表、平衡后的机械设备数量汇总表的基础上编制，反映机械进场的时间要求。

（2）分年度供应计划应分类型列表，分类型小计。

（3）供应时间应早于使用时间，从机械设备全部运抵工地仓库时起至能实际运用止，应包括清点、组装、试运转等时间。对于技术先进的机械设备，还应包括技术工人培训时间。

（4）考虑设备进场以及其他实际问题，备用数量可分阶段实现，但供应数不得低于实际使用数量。

（5）制订分年供应计划，应对设备来源进行调查。如供应型号不能满足要求时，应与专业设计人员协商调整型号。

（6）机械设备来源包括自备、购国产、购进口、租赁等。

第六章　施工项目管理概述

Chapter 6

第一节　施工项目管理的主要工作

施工项目管理是施工企业对施工项目进行有效的掌握控制。主要特征：一是施工项目管理者是建筑施工企业，他们对施工项目全权负责；二是施工项目管理的对象是施工项目，具有时间控制性，也就是施工项目有运作周期（投标—竣工验收）；三是施工项目管理的内容是按阶段变化的。根据建设阶段及要求的变化，管理的内容具有很大差异；四是施工项目管理要求强化组织协调工作，主要是强化项目管理班子，优选项目经理，科学地组织施工并运用现代化的管理方法。在施工项目管理的全过程中，为了取得各阶段目标和最终目标的实现，在进行各项活动中，必须加强管理工作。

一、建立施工项目管理组织

（一）由企业采用适当的方式选聘称职的施工项目经理。

（二）根据施工项目组织原则，选用适当的组织形式，组建施工项目管理机构，明确责任、权利和义务。

（三）在遵守企业规章制度的前提下，根据施工项目管理的需要，制定施工项目管理制度。

二、编制施工项目管理规划

施工项目管理规划是对施工项目管理目标、组织、内容、方法、步骤、重点进行预测和决策，做出具体安排的纲领性文件。施工项目管理规划的内容主要有：

（一）进行工程项目分解，形成施工对象分解体系，以便确定阶段控制目标，从局部到整体地进行施工活动和进行施工项目管理。

（二）建立施工项目管理工作体系，绘制施工项目管理工作体系图和施工项目管理工作信息流程图。

（三）编制施工管理规划，确定管理点，形成施工组织设计文件，以利执行。现阶段这个文件便以施工组织设计代替。

三、进行施工项目的目标控制

施工项目的目标有阶段性目标和最终目标。实现各项目标是施工项目管理的目的所在。因此应当坚持以控制论理论为指导，进行全过程的科学控制。施工项目的控制目标包括进度控制目标、质量控制目标、成本控制目标、安全控制目标和施工现场控制目标。在施工项目目标控制的过程中，会不断受到各种客观因素的干扰，各种风险因素随时可能发生，故应通过组织协调和风险管理，对施工项目目标进行动态控制。

四、对施工项目的生产要素进行优化配置和动态管理

施工项目的生产要素是施工项目目标得以实现的保证，主要包括劳动力资源、材料、设备、资金和技术（即 5M）。生产要素管理的内容包括：

（一）分析各项生产要素的特点。

（二）按照一定的原则、方法对施工项目生产要素进行优化配置，并对配置状况进行评价。

（三）对施工项目各项生产要素进行动态管理。

五、施工项目的合同管理

由于施工项目管理是在市场条件下进行的特殊交易活动的管理，这种交易活动从投标开始，持续于项目实施的全过程，因此必须依法签订合同。合同管理的好坏直接关系到项目管理及工程施工技术经济效果和目标的实现，因此要严格执行合同条款约定，进行履约经营，保证工程项目顺利进行。合同管理势必涉及国内和国际上有关法规和合同文本、合同条件，在合同管理中应予高度重视。为了取得经济效益，还必须注意搞好索赔，讲究方法和技巧，提供充分的证据。

六、施工项目的信息管理

项目信息管理旨在适应项目管理的需要，为预测未来和正确决策提供依据，提高管理水平。项目经理部应建立项目信息管理系统，优化信息结构，实现项目管理信息化。项目信息包括项目经理部在项目管理过程中形成的各种数据、表格、图纸、文字、音像资料等。项目经理部应负责收集、整理、管理本项目范围内的信息。项目信息收集应随工程的进展进行，保证真实、准确。施工项目管理是一项复杂的现代化的管理活动，要依靠大量信息及对大量信息进行管理。进行施工项目管理和施工项目目标控制、动态管理，必须依靠计算机项目信息管理系统，获得项目管理所需要的大量信息，并使信息资源共享。另外要注意信息的收集与储存，使本项目的经验和教训得到记录和保留，为以后的项目管理提供必

要的资料。

七、组织协调

组织协调指以一定的组织形式、手段和方法，对项目管理中产生的关系不畅进行疏通，对产生的干扰和障碍给予排除的活动。

（一）协调要依托一定的组织形式和手段。

（二）协调要有处理突发事件的机制和应变能力。

（三）协调要为控制服务，协调与控制的目的，都是保证目标实现。

八、施工现场的管理

应认真搞好施工现场管理，做到文明施工、安全有序、整洁卫生、不扰民、不损害公众利益。施工现场管理是承包人和分包人共同的责任。承包人项目经理部负责施工现场场容文明形象管理的总体策划和部署；各分包人在承包人项目经理部的指导和协调下，按照分区划块原则，搞好分包人施工用地区域的场容文明形象管理规划，严格执行，并纳入承包人的现场管理范畴，接受监督、管理与协调。施工现场场容规范化建立在施工平面图设计的科学合理化和物料器具定位管理标准化的基础上。根据承包人企业的管理水平，建立和健全施工平面图管理和现场物料器具管理标准，为项目经理部提供场容管理策划的依据。由项目经理部结合施工条件，按照施工方案和施工进度计划的要求，认真进行施工平面图的规划、设计、布置、使用和管理。

第二节　项目经理部

随着社会主义市场经济的建立，施工项目管理已在各类工程建设施工中全面推行，而在施工项目管理中，项目经理部是施工项目管理的工作班子，是施工项目管理的组织保证。因此，只有组建一个好的施工项目经理部，才能有效地实现施工项目管理目标，完成施工项目管理任务。

一、建立施工项目经理部的基本原则

（一）根据所设计的项目组织形式设置经理部。不同的组织形式对项目经理部的管理

力量和管理职责提出了不同的要求，同时也提供了不同的管理环境。

（二）根据工程项目的规模、复杂程度和专业特点设置项目经理部。规模大小不同，职能部门的设置也不同。

（三）项目经理部是一个具有弹性的、一次性的施工管理组织，可以随工程任务的变化而调整。在工程项目施工开始前建立，在工程竣工交付使用后，项目管理任务全面完成，项目经理部解体。

二、施工项目经理部的部门设置和人员配置

施工项目经理部的部门和人员设置应满足施工全过程项目管理的需要，既要尽量地减少其规模，又要保证能够高效率运转，所确定的各层次的管理跨度要科学合理。

一般情况下，项目经理部下设的部门应包括：

（一）经营核算部门：主要负责预算、合同、索赔、资金收支、成本核算、劳动配置及劳动分配等工作。

（二）工程技术部门：主要负责生产调度、文明施工、技术管理、施工组织设计、计划统计等工作。

（三）物资设备部门：主要负责材料的询价、采购、计划供应、管理、运输、工具管理、机械设备的租赁配套使用等工作。

（四）监控管理部门：主要负责工程质量、安全管理、消防保卫、环境保护等工作。

（五）测试计量部门：主要负责计量、测量、试验等工作。

施工项目经理部的人员配置可根据具体工程项目情况而定，除设置经理、副经理外，还要设置总工程师、总经济师和总会计师以及按职能部门配置的其他专业人员。技术业务管理人员的数量根据工程项目的规模大小而定，一般情况下不少于现场施工人员的 5%。

三、施工项目经理部的运作

成立施工项目经理部，建立有效的管理组织是项目经理的首要职责，它是一个持续的过程，需要有较高的领导技巧。项目经理部应该结构健全，包括项目管理的所有工作。在建立各个管理部门时，要选择适当的人员，形成一个能力和专业知识相互配合、相互补充的统一的工作群体。项目经理部要保持最小规模，最大可能地使用现有部门中的职能人员。项目经理的目标是把所有成员的思想和力量集中起来，形成一个统一整体，使各成员为了一个共同的项目目标而努力。项目经理要明确经理部中的人员安排，宣布对成员的授权，指出各个成员的职权使用范围和应注意的问题。例如对每个成员的职责及相互间的活动进行明确定义和分工，使大家知道各自的岗位有什么责任？该做什么？如何做？需要什么条

件？达到什么效果？项目经理要制定项目管理规范，部门间相互沟通的渠道。项目目标和各项工作明确后，人员开始执行分配到的任务，逐步推进工作。项目经理要与成员们一起参与解决问题，共同做出决策。要能接受和容忍成员的不满和抱怨，积极解决矛盾，不能通过压制手段来使矛盾自行解决。项目经理应创造并保持一种有利的工作环境，激励人们朝预定的目标共同努力，鼓励每个人都把工作做得更出色。项目经理应当采取参与、指导和顾问式的领导方式，而不能采取等级制的、独断的和指令式的管理方式。项目经理分解工作目标、提出要求和限制、制定规则，由组织成员自己决定怎样完成任务。随着项目工作的深入，各方应互相信任，进行很好的沟通和公开的交流，形成和谐的相互依赖关系。

第三节　项目经理

项目经理在工程施工的过程中起着重要作用，是施工项目实施过程中所有工作的总负责人，在工程建设过程中起着协调各方面关系、沟通技术、信息等方面的纽带作用，在工程施工的全过程中处于十分重要的地位。

一、项目经理的职责

施工项目经理在承担工程项目施工管理过程中，应履行以下职责：

（一）贯彻执行国家和工程所在地政府有关工程建设和建筑管理的法律、法规和政策，执行企业的各项管理制度，维护企业整体利益和经济权益。

（二）严格财经制度，加强财务管理，积极组织工程款回收，正确处理国家、企业和项目及其单位个人的利益关系。

（三）组织制定项目经理部各类管理人员的职责和权限、各项管理规章制度，并认真贯彻执行。

（四）组织编制施工管理规划及目标实施措施，编制施工组织设计并组织实施。

（五）科学地组织施工和加强各项管理。并做好建设单位、监理和各分包单位之间的协调工作，及时解决施工中出现的问题。

（六）执行经济责任书中由项目经理负责履行的各项条款。

（七）对工程项目施工进行有效控制，执行有关技术规范和标准，积极推广应用新技术、新工艺、新材料和项目管理软件集成系统，确保工程质量和工期，实现安全、文明生产，努力提高经济效益。

二、现代工程项目对项目经理的要求

项目经理部是项目组织的核心，而项目经理领导着项目经理部工作，所以项目经理居于工程项目的核心地位，他对整个项目经理部以及对整个项目起着举足轻重的作用。现代工程项目对项目经理的要求越来越高，人们对项目经理的知识结构、工作能力和个人素质也提出了更高的要求。

（一）项目经理的素质要求

对于专职的项目经理，他不仅应具备一般领导者的素质条件，还应当符合项目管理的特殊要求。

1. 项目经理必须具有良好的职业道德。他要有相当的敬业精神，对工作积极、热情，勇于挑战，勇于承担责任，努力完成自己的职责。不能因为管理工作的效果无法定量评价而怠于自己的工作职责。

2. 项目经理应具有创新精神和不断开拓发展的进取精神。由于每个工程项目都是一次性的，都有自己的特点，管理工作也不是一成不变的，这就要求项目经理不能墨守成规，要不断开拓创新，勇于承担责任和做出决策，并努力追求更高目标，确保工作的完美。

3. 项目经理要讲究信用，为人诚实可靠。他要有敢于承担错误的勇气，为人正直，办事公平、公正，实事求是。他不能因为受到业主的误解或批评而放弃自己的职责，项目经理应以项目的总目标和整体利益为出发点开展工作。

4. 项目经理要忠于职守，任劳任怨。在实际工作中，项目管理工作很少能够使各方面都满意，甚至可能都不满意，都不能理解，有时还会吃力不讨好。所以项目经理不仅要化解矛盾，而且要使大家理解自己，同时还要经得住批评指责，有一定的胸怀和容忍性。

5. 项目经理要具有很高的社会责任感和道德观念，具有高瞻远瞩、全局性的观念。

（二）项目经理的能力要求

1. 具有长期的工程管理工作经历和丰富的工程管理经验，特别是同类项目成功的经历。项目经理要有很强的专业技术技能，但又不能是纯技术专家。他应当具有较强的综合能力，能够对项目管理过程和工程技术系统有较成熟的理解，对整个工程项目做出全面细致的观察，能预见到可能出现的各种问题并制定可行的防范措施。

2. 具有处理人事关系的能力。项目经理对下属的领导应当主要依靠自身的影响力和说服力，而不是依靠职位权力和上级命令。项目经理要充分利用合同和项目管理规范赋予的权力进行工程管理和组织运作；采取有效的措施激励项目组成员，调动大家的积极性，提高工作效率。项目经理在项目中要充当教练、活跃气氛者、激励管理者和矛盾调解员等多种角色，因此要有较强的人际关系能力。

3. 具有较强的组织管理能力。项目经理作为领导者，要能胜任项目领导工作，积极研究领导的艺术，知人善用，敢于授权；要协调好项目管理中各个方面的关系，善于人际交往，能够与外界积极交往，与上层积极沟通与交流。项目经理在工作中要善于处理矛盾与冲突，具有追寻目标和跟踪目标的能力。

4. 具有较强的谈判能力。项目经理要有较强的语言表达和逻辑思维能力，讲究谈判技巧，具有较强的说服能力和个人魅力。

5. 项目经理的个人领导风格和管理方式应具有可变性和灵活性，能够适应不同的项目和不同的组织。具备领导才能是成为一个好的施工项目经理的重要条件，团结友爱、知人善任、用其所长、避其所短，善于抓住最佳时机，并能当机立断，坚决果断地处理将要发生或正在发生的问题，避免矛盾或更大矛盾的产生。具有了这些能力就能更好地领导项目经理部的全体员工，唤起大家的积极性和创造性，齐心协力完成施工项目的建设。

（三）项目经理的知识要求

项目经理必须具有专业知识，一般来自工程的主要专业，否则很难在项目中被人们接受和真正介入项目。项目经理不仅要有专业知识，还要接受过项目管理的专门培训或再教育，具有广博的知识，能够对所从事的项目迅速设计解决问题的方法、程序，进行有效的管理。

掌握熟练的专业技术知识是成为优秀项目经理的必要条件。如果没有扎实的专业知识作后盾，在项目的实施过程中遇到难题或模棱两可的问题就无从下手、手忙脚乱，最终导致人力物力上的浪费，甚至造成更大的错误。作为一个好项目经理的同时更要精通本专业各方面的技术知识。在精于本专业各项技术的同时应该有更广泛的知识面，要了解多学科、多个专业的知识，也就是说什么都知道、什么都懂，形成 T 形的知识结构。这样就可以在施工中轻松自如地领导各方面的工作，化解来自各方面的矛盾，顺利完成项目施工任务。项目经理具有良好的素质和熟练的项目施工管理、经营技巧，可以为企业创造丰厚的利润。我国是发展中国家，相对于发达国家还有很大差距，基础设施建设还有很长的路要走，所以项目经理要积极努力学习，在实践中锻炼自己，成长为一名优秀的项目经理，更多地为国家和社会做出自己的贡献，实现自身的人生价值和社会价值。

第七章　施工项目合同控制

Chapter 7

第一节 建设工程合同

一、合同的概念

合同是契约的一种，是法人与法人之间，法人与公民之间以及公民与公民之间为实现某个目的确定相互的民事权利义务关系而签订的书面协议。所谓法人就是有独立支配的财产或进行独立核算，能够以自己的名义进行经济活动，享受权利和承担义务，依照法定程序成立企业、国家机关、事业单位、社会团体等组织。工程承包合同是经济合同的一种，是业主与工程咨询公司、设计、施工单位或其他有关单位之间，以及这些单位之间，为明确在完成项目建设的各种活动中双方责、权、利等经济关系而达成的书面协议。合同一经签订即具有法律特征、受到法律保护。合同具有如下特征：

（一）签订合同是双方或多方的法律行为，是各方表示一致意见的行为，不是单方的法律行为。

（二）合同是当事人之间确立、变更、终止双方或多方特定权利义务关系的协议文件。

（三）签订合同是双方（或多方）按法律规定程序和形式达成协议的法律行为。不履行合同或未按法律规定程序及未经双方同意，单方变更或解除合同都属非法行为，要负相应的法律责任。国际承包工程合同除了具有上述法律特征以外，还有一个重要特征就是它是跨国的合同。合同双方往往分居两个或两个以上的国家，因而决定了承包合同法律关系的复杂性。合同当事人是依照本国法律组成的法人，他们的经济活动受到本国法律的监督，经济利益受到本国法律的保护；而双方当事人又要接受合同执行国家法律的约束。为了解决履行合同过程中不可协商的纠纷，双方应在合同中规定仲裁地点、仲裁机构及仲裁法律。

二、合同要素与订立过程

合同的要素包括合同的主体、客体和内容等三大要素。主体：即签约双方的当事人，也是合同的权利与义务的承担者。它包括法人和自然人。客体：即合同的标的，是签约当事人权利与义务所指向的对象。内容：即合同签约当事人之间的具体的权利与义务。合同订立过程划分“要约”和“承诺”两个阶段。要约是一方当事人以缔结合同为目的向对方表达意愿的行为。提出要约的一方称为要约人，对方称为受要约人。要约人在要约时，除了表示订立合同的愿望外，还必须明确提出合同的主要条款，以使对方考虑是否接受要约。显然，工程招标文件就是要约，业主为要约人，而投标人就是受要约人。承诺是受要约人按照要约规定的方式，对要约的内容表示同意的行为。一项有效的承诺必须具备以下条件：

（一）承诺必须在要约的有效期内做出。

（二）承诺要由受要约人或其授权的代理人做出。

（三）承诺必须与要约的内容一致。如果受要约人对要约的内容加以扩充、限制或变更，这就不是承诺而是新要约。新要约须经原要约人承诺才能订立合同。

（四）承诺的传递方式要符合要约提出的要求。从有效承诺的四个条件分析，投标标书是承诺的一种特殊形式。它包含着新要约的必然过程。因为投标人（受要约人）在接受招标文件内容（要约）的同时，必然要向业主（要约人）提出接受要约的代价（即投标标价）。这就是一项新要约，业主接受了投标人的新要约之后才能订立合同。

三、合同的作用

合同在工程承包中的作用，表现在以下几个方面。

（一）合同是双方行为的准则

在工程承包合同执行过程中，无论业主还是承包商，其一切行为和工作都是以合同为根据的，双方都必须按合同的规定办事。

（二）合同的制约作用

合同规定了双方的权利和义务。双方这种权利义务的相互关系是一种法律关系，因为双方签订的合同，受到国家法律（或惯例）的制约、保护和监督。双方都必须履行合同。

（三）合同的惩罚作用

合同一经签订，不经双方同意，任何一方都无权变更合同。双方都必须按合同规定的条款认真履行合同。如果一方不履行合同或不完全按合同条款履行责任，都要受到惩罚，承担对方由此而造成的损失。

（四）合同是解决双方纠纷的准则

在执行合同过程中，难免要出现这样或那样的争执和纠纷，有些争执和纠纷通过双方友好协商，可以得到合理解决。而有些争执和纠纷虽经协商仍得不到解决，这时就要由第三者出面调解或提交仲裁机构仲裁。不管这些争执和纠纷是否通过协商、调解或仲裁来解决，合同都是解决双方纠纷的唯一准则。因此订立合同条款时应对纠纷的协商、调解和仲裁做出相应的规定。

四、工程承包合同的类型

如上所述，工程承包合同是为明确业主与承包商双方权利义务而订立的必须共同遵守的协议文件。由于权利义务内容不同就有不同的承包合同类型。

（一）合同的类型

1. 按照标约的不同，工程承包合同主要分如下几种：

（1）交钥匙承包合同。该合同也称统包合同，或建设全过程承包合同。采用这种承包方式，建设单位一般只提出建设要求和竣工期限，要求承包单位对项目可行性研究、项目建成投产或使用实行全过程总承包。由承包单位作为项目主持人将各项建设工作分包给设计、施工、设备物资供应单位。自己负责各项建设活动的计划、组织、协调和监督工作。这种承包方式要求业主与承包单位密切配合，涉及决策性质的重大问题仍应由业主或其上级主管部门做出决策。

（2）施工承包合同。该合同也叫工程总包合同，即由工程承包公司、具有组织施工能力的设计单位或具有设计能力的施工企业，或由设计单位与施工单位联合对项目建设阶段（由初步设计到项目建成投产）实行总承包。总承包单位可用自己的力量完成设计和施工中部分工作，也可将设计施工中专业性较强的工作分包出去，甚至将全部实质性工作分包出来，自己充当项目建设的管理者来完成承包任务。

这种承包合同，也要求业主与承包商紧密配合。但承包商对项目建设仍负全部责任。这种合同一般可采用总价、成本加酬金，或设计用成本加酬金，施工用总价的计价方式来订立合同。

（3）设计合同。它是业主与设计单位或工程咨询单位之间为该项目的设计工作而签订的合同。我国勘察设计合同，系根据批准的设计任务书由建设单位与设计单位签订的，明确规定了提交设计文件的内容、时间和质量要求及其他必要的资料、协作条件等。勘察与设计任务不由同一单位承担时，建设单位应分别与勘测单位和设计单位签订相应的合同。经业主同意，主体设计的承担人可以将设计任务中的专业设计部分分包给专业设计单位，但它仍应对项目的设计工作负全部责任。

（4）工程施工合同。由于承包施工任务的范围不同，基本上可以分为施工总包合同、分别承包合同、施工分包合同、劳务分包合同、劳务合同等几种。这种合同层次是项目法组织施工的需要。

①施工总包合同。是业主将整个项目的施工工作交给一个有能力的施工企业来负责而与该企业签订的施工总承包合同。总包单位对施工任务实行层层分包，与专业分包和劳务分包单位签订分包合同，在总包对整个工程施工的计划组织协调下共同完成施工任务。

②分别承包合同。是业主将整个工程的施工任务采用分阶段分项目招标发包时，分别

与承包各阶段或工程分项施工任务的主要承包单位签订的合同。各主要承包人直接向业主负责。

③工程分包合同。在层层分包的体系中，总包制中的总包，分别直接发包的各个承包商，以及各个分包商为履行合同，均需要将其承担的部分施工任务分包给专业性更强的专业承包商承担，并与之签订分包合同，并在合同执行过程中协调监督分包商的工作。分包商须对其分包的部分工程或单项工程提供材料、设备和劳务，为完成该分包合同规定的任务承担一切责任。分包商只对总承包商承担义务并在总承包商那里享有一定的权利，不直接和业主发生关系，但要承担总包商对业主承担的有关义务。

④劳务分包合同。承包商承包施工任务，往往本身只有技术和管理力量，而缺乏劳务，因此将工程的施工任务以劳务分包的形式包给由劳务公司，或综合性工程公司组成的劳务队伍。由总包商提供技术、装备和材料，按总包商的计划、技术要求，由乙方组织劳务进行施工，这种合同就叫劳务分包合同。合同甲方应按工程进度及时向乙方提供施工材料、施工机械、施工技术并支付价款，合同乙方应及时派遣足够的施工和管理人员，组织劳力进行施工，保证工程质量、按期完成施工任务。工程任务完成后，乙方除获得以固定总价方式结算的合同价款外，还可能分享到甲方利润。

⑤劳务合同。从本质上讲它是一种雇佣合同，是业主或承包商或分包商为建设某一工程施工任务，因缺少劳力而与劳务提供者签订雇佣所需人员的合同。乙方在商定的各种条件下，按照合同甲方的进度要求向甲方提供其所需的人员，由雇主组织安排从事劳务工作。每个受雇人员以工作时间为单位向雇主领取一定的报酬。这种合同的特点是劳务提供者不承担任何风险，也不分享雇主的利润。而仅由甲方付给劳务提供者一笔管理费。劳务合同分成建制和个别劳务合同两种，前者是派遣单位根据业主或总承包商的具体要求，配备全套人马的劳务队伍供甲方组织使用。个别劳务合同就是按雇主需要派遣个别或少量专业技术人员进行服务。

（5）材料供应合同。根据建设单位或施工单位商定的分工，建设单位或施工单位按年度计划与生产厂商、预制构配件加工厂签订供应合同。

（6）设备供应与安装合同。为完成永久工程的设备供应及安装工程部分，建设单位可根据具体情况，与设备供应商（或设备成套公司）或制造厂家签订五种范围不同的合同。

①单纯设备供应合同。这是一种设备的买卖合同。

②设备供应与安装合同。它是一种承包合同，承包人除供应设备外，还负责设备的安装和对安装完毕的设备进行试车验收等工作。

③单纯安装合同。它是承包性服务合同，它可计工收费也可以总价承包。

④监督安装合同。这是业主愿意自己组织成套设备安装，设备供应商根据与业主签订

的合同，派出工程师及其他技术人员进行技术援助，对安装工作进行指导与监督。

⑤成套设备服务合同。这实际上是设备供应与咨询服务的综合性合同。对于复杂的或采用新技术的工程项目，业主可委托设备制造公司除了供应成套设备以外，可以在出让许可证，指导安装，监督施工、进行试生产，培训技术人员等工作各方面进行综合服务。

（7）建设施工管理合同。聘请工程建设经理对项目建设进行全过程管理，由业主与工程建设经理的派遣单位（工程咨询公司、工程建设公司等）签订服务性合同，向业主提供项目可行性研究及与设计阶段有关的市场、技术、费用等方面的咨询服务，招标文件与招标签订合同方面的服务并承担在施工阶段监理工程师所负责的施工管理与合同监督工作。与传统的工程师不同，建设经理参与了项目全过程，并全面领导和组织项目建设工作，在施工阶段不仅负责合同监督工作，而且要负责组织整个施工现场各个承包商及有关单位和个人协调地进行施工工作等项施工管理工作。

（8）咨询服务合同。由咨询单位为项目建设向业主提供业主所需各类服务而签订的咨询服务合同。包括项目建设前期的勘测、科研、试验、可行性研究、资金筹措、设计、采购招标发包咨询和项目施工监督、中间验收、试车投产、竣工验收，以及项目生产阶段的生产准备、人员培训、生产指导、经营管理等方面的专业咨询或综合性咨询服务。

2. 按照工程价款的结算方式不同，可分为总价合同、单价合同、工程成本加酬金合同和混合型合同四个类型。前两种又称固定价格合同。

（1）总价合同。总价合同是普遍采用的一种合同类型。即业主与承包人按议标和投标标价，经过谈判签订。承包人负责按合同总价完成合同规定的全部工程。其特点是承包人签订总价合同，要承担全部风险，不管实际支出，只能按总价结算工程价款，发包人也同意按合同总价付款而不管承包人遭受巨大损失或是取得异乎寻常的超额利润。

这种总价合同，适用于工期不长，物价变幅不会太大，设计深度满足精确计算工程量要求，施工条件稳定，建设工程的型式、规模、内容都很典型的工程，或是业主为了省事，愿意以较大富裕度价格发包的工程。

（2）单价合同。这是水利土木工程中广泛采用的一种合同类型。承包人以合同确定的工程项目的工程单价向业主承包，负责完成施工任务，然后按实际发生的工程量和合同中规定的工程单价结算工程价款。这种合同又有纯单价合同与估计工程量单价合同之分。前者无论实际工程量变化多大，其单价不变。后者系发包人按估计工程量让投标人报价，当实际工程量与估计工程量相差过大，超过规定的幅度时，允许调整单价以补偿承包人因施工力量不足或过剩所造成的损失。

这种合同适用于招标时尚无详细图纸或设计内容尚不十分明确，只是结构已经确定，工程量还不够准确的情况。当采用总承包合同时，可以一部分项目采用总价合同，另一部分项目采用单价合同，水利水电工程的主体工程项目，一般采用单价合同。

（3）实际成本加酬金合同。这种合同的基本特点是以工程实际成本，加上商定的酬金来确定工程总造价。这种合同方式主要适用于开工前对工程内容尚不十分确定的情况。例如设计未全部完成就要求开工，或工程内容估计有很大变化，工程量及人工材料用量有较大出入，质量要求高或采用新技术的工程项目等，这种合同方式，承包商不承担任何风险，因为工程费用实报实销，所以获利也最小，但却有保证。在实践中有以下四种不同的具体做法。

①实际成本加固定百分数酬金合同。工程造价为实际成本，再加上按实际成本的百分数（一般为5%）付给承包人的酬金。

这种计价方式，酬金随工程成本的水涨而船高，显然不能鼓励承包人不顾一切地降低成本或缩短工期，这对业主是不利的，现在已较少采用。

②实际成本加固定酬金合同。工程成本实报实销，但酬金是事先按预算成本的一定百分比计算的。这种合同方式，虽不能鼓励承包人降低造价，但为尽快取得酬金，承包人将会努力缩短工期。这是它的可取之处，为了鼓励承包商更好地工作，也有在固定酬金之外，再根据工程质量，工期和成本情况另外再加奖金的。在这种情况下，奖金所占比例的上限可大于固定酬金，可以起很大的激励作用。

③实际成本加浮动酬金合同。这种合同方式要事先商定工程预算成本和酬金的预期金额，如果实际成本恰好等于预计成本，工程造价就是实际成本加固定酬金；如果实际成本低于预算成本，则增加酬金；如果实际成本高于预算成本，即减少酬金。酬金增减部分，可以是一个百分数，也可以是固定数。采用这种方式通常规定，当实际成本超支而减少酬金时，以原定的固定酬金为减少的最高限度。也就是在最坏的情况下，承包人将得不到任何酬金，但也不承担赔偿超支的责任。这种方式对承发包双方都没有太多风险，又能促使承包人关心降低成本和缩短工期。

④目标成本加奖罚合同。在仅有初步设计和工程说明书迫切要求开工的情况下，可根据粗略估算的工程量和适当的单价表编制概算，作为目标成本，另外规定一个百分数作为酬金。最后结算时，如果实际成本高于目标成本并超过事先商定的界限（例如5%），或低于目标成本（也有一个幅度）时，承包人应按商定比例承担超支或分享节余。此外还可另加工期奖励。

这种合同方式可以促使承包人关心降低成本和缩短工期。而且目标成本是随设计工作进展而加以调整才确定下来的，故承包双方都不会承担多大的风险。以上几种实际成本加酬金合同，都是按实际成本报销，所不同的只是酬金的计算方式不同，为的是使承包人关心降低成本，缩短工期。所以，支付酬金的方式是多种多样的，不限于上述四种方式。保证最高成本加固定酬金合同也是常用的另一种方式。这种方式，先定预计成本和酬金，再定保证最高成本金额。当实际成本超过最高限额时，超过部分全部由承包人承担，不仅要用预定酬金充抵，甚至要用承包人自有资金充抵。当实际成本低于预定成本时，节余部分由承包人与业主按规定比例分享。

（4）混合型合同。有部分固定价格、部分实际成本合同和阶段转换合同方式两种。前者是对重要的设计内容已具体化的项目采用固定价格合同；而对次要的，设计还未具体化的项目采用实际成本加酬金合同。后者则是指在一个项目的前阶段和后阶段采取不同的结算方式。如开始采用实际成本加酬金合同，等项目进行了一段时间，情况比较明朗时，改用固定价格合同。

（二）合同类型的选择

合同结算类型的选择，取决于下列因素：

1. 业主的意愿。有的业主宁愿多出钱，一次以总价合同包死，以免以后加强对承包人的监督而带来的麻烦。

2. 工程设计的具体、明确程度。如果承包合同不能规定得比较明确。双方都不会同意采用固定价格合同，只能订立实际成本加酬金合同。

3. 项目的规模及其复杂程度。规模大而复杂的项目，承包风险较大，不易估算准确，不宜采用固定价格合同。即使采用限额成本加酬金或目标成本加酬金也困难，故以实际成本加固定酬金再加奖励为宜，或者有把握的部分采用固定价格合同，估算不准的部分采用实际成本加酬金合同。

4. 工程项目技术先进性程度。若属新技术开发项，甲乙方过去都没有这方面的经验。一般以实际成本加酬金为宜，不宜采用固定价格合同。

5. 承包人的意愿和能力。有的工程项目，对承包人来说已有相当的建设经验，如果要它建设这种类似的工程项目，只要项目不太大，它是愿意也有能力采用固定价格合同来承包工程的。因为总价合同可以取得更多的利润。然而有的承包人在总包项目建设时，考虑到自己的承担风险能力有限，决定一律采用实际成本加酬金合同，不采用固定价格。

6. 工程进度的紧迫程度。招标过程是费时间的，对工程设计要求也高，所以工程进度太紧，一般不宜采用固定价格合同，可以采用实际成本加酬金的合同方式。选择有信誉有能力的承包人提前开工。

7. 市场情况。如果只有一家承包人参加投标，又不同意采用固定价格合同，那么业主只能采用实际成本加酬金合同。如果有好几家承包人参加竞标，业主提出的要求，承包人均愿意考虑。当然如果承包人技术、管理水平高，信誉好，愿意采取什么合同，业主也会考虑。

8. 甲方的工程监督力量如果比较弱，最好将工程由承包人以固定价格合同总承包。如果采用实际成本加酬金合同。就要求甲方有足够的合格监督人员，对整个工程实行有效的控制。

9. 外部因素或风险的影响。政治局势，通货膨胀，物价上涨，恶劣的气候条件等都会影响承包工程的合同结算方式。如果业主和承包人对工程建设期间这些影响无法估计，乙方一般不愿采用固定价格合同，除非业主愿意承担在固定价格中附加一笔相当大的风险费用（即预备费）。

一个项目究竟应该采取哪种合同形式不是固定不变的。有时候一个项目中各个不同的工程部分，或不同阶段就可能采取不同形式的合同。业主在制定项目分包合同规划时，必须根据实际情况，全面地反复地权衡各种利弊，做出最佳决策，选定本项目的分项合同种类和形式。

第二节　FIDIC 合同条件

一、FIDIC 土木工程施工合同条件简介

（一）FIDIC 简介

国际咨询工程师联合会及其合同条款 FIDIC 是国际咨询工程师联合会（F é d é ration Internationale Des Ing é nieurs Conseils)的法文名称的缩写,它是各国咨询工程师协会创建的，其目标是共同促进成员协会的专业影响，并向各成员协会传播他们感兴趣的信息。第二次世界大战以后，成员的数目迅速发展，到 20 世纪末，已成为拥有遍布全球 67 个成员的协会，是世界上最具有权威性的国际工程咨询工程师组织。

FIDIC 下设五个永久性专业委员会，即业主与咨询工程师关系委员会（CCRC）、合同委员会（CC）、风险管理委员会（RMC）、质量管理委员会（QMC）和环境委员会（ENVC）。各专业委员会编制出版了许多规范性的和指南性的文件,对合同条款而言,主要有以下几种:

1.《业主 / 咨询工程师标准服务协议书》；

2.《电气和机械工程合同条件》（第三版订正）；

3.《土木工程施工合同条件》（第四版订正）1988 年；

4.《土木工程施工分包合同条件》；

5.《设计——建造与交钥匙工程合同条件》；

6.《施工合同条件》；

7.《EPC/ 交钥匙工程合同条件》；

8.《工程设备和设计——建造合同条件》；

9.《合同简短格式》。

（二）FIDIC 系列合同条件的特点

1. 国际性、广泛的使用性和权威性

FIDIC 系列合同条件是在总结国际工程合同管理各方面经验教训的基础上制定的，是在总结各个国家和地区的业主、咨询工程师和承包商各个方面经验的基础上编制出来的，并且不断地修改完善，是国际上最有权威性的合同文件，也是世界上国际招标的工程项目中使用最多的合同条件。我国有关部委编制的合同条件和协议书范本也都把 FIDIC 系列合同条件作为重要的参考文本。世界银行、亚洲开发银行、非洲开发银行等国际金融机构组织的贷款项目，规定必须采用 FIDIC 系列合同条件。同时，FIDIC 条件既保证了一般的、普遍的使用性，又照顾了合同双方的特殊要求和工程特点，因此，使用范围非常广泛。

2. 程序严谨，易于操作

合同条件中处理各种问题的程序非常严谨，特别强调要及时地处理和解决问题，以避免由于拖拉而产生的不良后果。另外，还特别强调各种书面文件及证据的重要性，这些规定使各方有章可循，易于操作和实施。

3. 强化了工程师的作用

FIDIC 合同条件明确规定了工程师的权利和职责，赋予工程师在工程管理方面的充分权利。工程师是独立的、公正的第三方，工程师是受业主聘用，负责合同管理和工程监督。要求承包商严格遵守和执行工程师的指令，简化了工程项目管理中一些不必要的环节，为工程项目的顺利实施创造了条件。

4. 公正合理

FIDIC 合同条件较为公正地考虑了合同双方的利益，包括合理地分配工程责任，合理地分配工程风险，为双方确定一个合理的价格奠定了良好的基础。合同在确定工程师权利的同时，又要求其必须公正地行事，从而进一步保证了合同条件的公正性。

（三）FIDIC《施工合同条件》的内容构成

FIDIC 合同条件使用于国内外公开招标的土木工程项目承包管理。FIDIC 合同条件的内容构成为：第一部分通用条件，第二部分专用条件，以及一套标准格式。下面分别予以简要介绍。

1. 通用条件

FIDIC《施工合同条件》中的通用条件是固定不变的，无论是工业民用建筑、水利水电工程、路桥工程等都适用。通用条件共包括 20 条 163 款，通用条件包括了土木工程项目施工合同中双方的权利、义务和责任，明确规定了执行合同时的法律、经济、技术等各方面的内容与管理方法，以保证工程项目顺利进行。在国际土木工程项目的招标文件中，FIDIC 合同通用条件一般可直接进入招标文件，不需再重新去编写合同通用条件。例如我国的鲁布革水电站工程、引水入秦水利工程、京津塘高速公路工程等项目，都是直接引用 FIDIC 合同通用条件，并得到世界银行的认可。

2. 专用条件

FIDIC《施工合同条件》的专用条件共有 20 条，其 20 条编号和通用条件的 20 条相对应，是对通用条件各相应条款的补充或进一步的明确化。一般土木工程项目的合同专用条件，大都由工程项目的招标委员会或咨询公司根据工程项目所在国的情况，或项目自身的特性，对照第一部分合同通用条件，参考工程项目再具体编写。特别是当通用条件中的某些条款不适合时，就可在专用条件中换上本项目合适的内容。另外，当通用条件中一些条款写得不具体不细致时，可以对专用条件相对应的条款进行补充和完善。因此，在阅读合同条件时，应仔细慎重地读懂合同专用条件的具体规定。从法律意义上讲，合同专用条件的法律地位高于合同通用条件。

由此可知，通用条件和专用条件是统一的整体，相互补充完善而不可分割。专用条件的各条款也给出了不同的措辞，供编写具有工程项目合同专用条件时参考选择，以适应工程项目所在国的具体情况。对有些条款，提出了应注意的事项；对于一些特殊情况，还提出补充性的条款，如保密的要求，对联营体的责任划分及对领头公司的要求等；对于疏浚工程和填筑工程，可以在专用条件中予以专门考虑。

3. 合同的标准格式

FIDIC《施工合同条件》通用条件和专用条件的后面，还给出了土木工程承包合同文件的一些标准格式，以便对国际公开招标的工程项目给予指导，也便于评标比较。例如承包商投标书的标准格式，业主和承包商双方的“协议书”标准格式，以及投标书的附表和附录，反映投标书中的一些重要数据资料等。合同文件包括的范围，构成合同的几个文件之间应能互相解释。当它们之间出现矛盾和不一致时，FIDIC 合同条件第 5.2 款对合同文件及其优先顺序规定如下：

“构成合同的若干文件应被认为是互相说明的，但在出现含糊或歧义时，则应由工程师（监理工程师）对之做出解释或订正，工程师并应就此向承包商发出有关指示。”在此情况下，除合同另有规定外，构成合同的各文件的优先解释顺序应如下：

者中较晚时间内支付；工程师在收到承包商的报表和证明文件后 28 d 内，应向业主签发工程进度款支付证书；在工程师收到工程进度款支付报表和证明文件 56 d 内，业主应向承包商支付工程款；收到最终支付证书后，要在 56 d 内支付工程款。如果业主拖欠支付工程款，在规定日期内未能支付，承包商有权就未付款额按月计复利收取延误期的利息作为融资费，此项融资费的年利率是以支付货币所在国中央银行的贴现率加上三个百分点计算而得。

9. 业主应负责移交工程的照管责任。业主根据工程师颁发的工程移交证书，接收按合同规定已基本竣工的任何部分工程或全部工程，并从此承担这些工程的照管责任。

10. 业主应承担有关工程风险。业主对因自己的风险因素造成承包商的损失应负有补偿义务。对其他不能合理预见到的风险导致承包商的实际投入成本增加给予相应补偿。

11. 业主应对自己授权在现场的工作人员的安全负全部责任。

（三）承包商的权利

1. 进入现场的权利。

2. 对已完工程有按时得到工程款的权利。承包商在施工过程中，有权得到经过工程师证明质量合格的已完工程的付款。

3. 有提出工期和费用索赔的权利。在施工过程中，对于非承包商原因造成的工程费用增加或工期延长，承包商有提出工期和费用索赔的权利，以保护自己的正当利益。

4. 有终止受雇或者暂停工作的权利。在业主有下列情况之一时，承包商有权终止受雇或者暂停工作：

（1）业主在合同规定的应付款时间期满 42 d 之内，未能按工程师批准的付款证书向承包商付款。

（2）业主干涉、阻挠或拒绝工程师颁发付款证书。

（3）业主宣布破产或由于经济混乱而导致业主不具备继续履行其合同义务的能力。

5. 对业主准备撤换的工程师有拒绝的权利。

6. 有提出仲裁的权利。

第三节 水利水电土建工程施工合同条件简介

2000 年，水利部、国家电力公司、国家工商行政管理局联合颁发了《水利水电工程施工合同和招标文件示范文本》，包括《水利水电土建工程施工合同条件》《水利水电工程施工合同招标文件》《水利水电工程施工合同技术条款》。《水利水电土建工程施工合同条件》作为我国水利水电工程施工合同范本使用，凡列入国家或地方建设计划的大中型水利水电工程使用，小型水利水电工程可参照使用。

《水利水电土建工程施工合同条件》由通用合同条款、专用合同条款和通用合同条款使用说明三部分组成。通用条款是根据《中华人民共和国合同法》《中华人民共和国建筑法》《建设工程施工合同管理办法》等法律、法规对承发包双方的权利、义务做出的规定，除双方协商一致对其中的某些条款做了修改、补充或取消，双方都必须履行。它是将建设工程施工合同中共性的一些内容抽象出来编写的一份完整的合同文件。通用条款具有很强的通用性，基本适用于各类水利水电土建工程。通用条款共 22 部分 60 条。这 22 部分内容是:

（1）词语含义。

（2）合同条件。

（3）双方一般义务和责任。

（4）履约担保。

（5）监理人和总监理工程师。

（6）联络。

（7）图纸。

（8）转让和分包。

（9）承包人的人员及管理。

（10）材料和设备。

（11）交通运输。

（12）工程进度。

（13）工程质量。

（14）文明施工。

（15）计量与支付。

（16）价格调整。

（17）变更。

（18）违约。

（19）争议的解决。

（20）风险和保险。

（21）完工与保修。

（22）其他。

考虑到水利水电土建工程的内容各不相同，工期、造价也随之变动，承包、发包人各自的能力、施工现场的环境和条件也各不相同，通用条款不能完全适用于各个具体工程，因此，配之以专用条款对其作必要的修改和补充，使通用条款和专用条款成为双方统一意愿的体现。专用条款的条款号与通用条款相一致，但主要是空格，由当事人根据工程的具体情况予以明确或对通用条款进行修改和补充。

第四节　合同管理

狭义的合同管理指的是合同的行政管理，它的管理工作包括：招标文件准备，招标，签订合同，协调会议，价款支付变更，违约处理，施工索赔和文件管理等项行政工作。

一、文件与文件管理

一个大型工程有许多各种各样文件，其中有工程设计文件，有各种合同文件，有许多部门如业主、承包商、工程师、设计单位、供应厂商等之间互相交流信息的信件。这些文件或信件都必须妥善管理。严格的文件管理可以避免误解、施工错误、工期延误和索赔等事件。文件一经形成，就是工程的历史文件，一旦发生索赔，文件就是有力的证据。保管文件是合同管理人员的基本职责，一般工程文件包括：

（1）合同：连同招标公告、招标文件、投标标函、保证书、签约通知、开工通知和完工通知。

（2）业主与承包人的来往信件。

（3）全套变更通知书。

（4）已完工移交项目清单。

（5）采购账目文件。

（6）分包合同与供应、提供服务的合同文件。

（7）采用标准、法规文件。

（8）机械运行与保养手册。

（9）施工日记。

（10）竣工图。

（11）承包人付款单据。

（12）进度档案。

（13）工程经理报告。

（14）申诉及争端文件。

（15）验收和试验文件。

（16）设备运行、保养、移交文件。

（17）其他。

现场合同管理人员还要把全部有关信件都收集起来，包括承包人来信以及事实调查报告，变更通知书文件，竣工图纸、规范的解释、交付记录、协商记录，会议记录以及现场人员给工程经理的信件与合同规定转交业主的其他文件。在工程一开始就要建立起一套文件管理的程序，对所有的文件如何编号、登记，在合同各方之间如何传递交换都必须有明确的规定。程序建立以后，就应遵照执行，要定期对文件进行检查，查明该发的文件是否已经按时发出，应该答复的文件是否已经收到答复或给予签复，对拖延的文件应及时处理，对失职的部门要及时敦促他们采取行动及时纠正。

二、会议管理

会议是合同管理中重要的组成部分。一个会议如果组织良好，就会成为合同各方彼此达成互相谅解的有效工具，合同各方集中在一起开会，提出有待解决的问题，通过讨论协商，互相达到一致意见，然后做出决定，记录在案，散会后各方分别执行会议做出的决定。为了组织好会议，应考虑：

（一）指定一个会议主席。

（二）预先安排会议的时间和地点。

（三）会前准备好一份会议议程，分发给与会代表。

（四）会上交流信息，交换意见并做出决定。

（五）准备会议纪要，将纪要分发给与会者。

（六）为下一次会议做准备。

一个大中型而复杂的工程，在招标过程中和在施工过程中均需进行一系列各种性质的会议。在国际招标投标过程中，举行的会议主要有标前会议，开标会议，投标文件澄清会，合同预谈判和投标会议等。在这些会议上，通过各方面的互相交流信息、交换信息，交换意见，讨论分析并做出决定，使招标工作如期完成，顺利地转入工程施工阶段。在施工阶段的会议主要有施工前会议、进度会议以及各种专门性质的会议三种。施工前会议非常重要，它是第一次让有关各方包括业主、各个承包人、监理工程师、设计单位和政府有关部门互相见面，对一些有疑问的合同事项进行澄清，讨论承包人的开工计划，研究设计工程师的图纸供应计划，编制今后施工管理中必须遵守的各种工作程序等工作。但是施工前会议所有讨论均不应修改合同要求，在会议上合同各方应表明其按照合同与其他单位同心协力建成工程项目的决心，这对工程顺利进行是极重要的，为了开好施工前会议，项目经理应该准备一份会议议程，会前分发给参加会议的各位代表，他还应负责与其他与会代表协调，就会议时间和地点达成一致意见。在会议期间，项目经理应负责会议记录，起草会议纪要，并请其他与会者提出意见，修改后成为正式会议纪要。进度会议是在工程施工过程中定期召开的，一般每周举行一次，合同各方均应有代表出席，在工程施工初期，各方应就召开进度会议的程序进行讨论，并就会议的时间、地点达成协议，项目经理应为每次进度会议准备议程，在会前将会议议程分发给与会代表。项目经理还应负责会议记录，起草会议纪要，征求代表意见进行修改并得到各方一致同意后，才能作为正式文件分发给与会者和存档。

第五节　施工合同的索赔管理

一、索赔的概念

一般说，索赔是指在合同实施过程中，当事人一方不履行或未正确履行其义务，而使另一方受到损失，受损失的一方向违约方提出的赔偿要求。从上述概念可以看出，索赔具有下列几个特性：

（一）索赔作为一种合同赋予双方的具有法律意义的权利主张，其主体是双向的。在工程施工合同中，业主与承包商存在相互间索赔的可能性，承包商可向业主提出索赔，业主也可向承包商提出索赔。施工实际中发生的索赔，多数是承包商向业主提出的索赔，而且由于业主向承包商的索赔，一般无须经过繁琐的索赔程序，其遭受的损失可以从业主向承包商的支付款中扣除或由履约保函中兑取，所以合同条款多数是只规定承包商向业主索赔的处理程序和方法。

（二）索赔必须以法律或合同索赔为根据。只有一方有违约或违法事实，受损害方才能向违约方提出索赔。

（三）索赔必须建立在损害后果已客观存在的基础上，不论是经济损失或时间损失，没有损失的事实而提出索赔也是不能成立的。

（四）索赔应采用明示的方式，即索赔应该有书面文件，索赔的内容和要求应该明确而又肯定。

（五）索赔的结果一般是索赔方应获得经济或其他赔偿。

二、索赔是合同管理的一项正常业务

索赔的发生是由于工程建设的复杂性所决定的。尤其是水利水电工程，因受自然条件的影响很大，而很多因素却又很难以在事先完全清楚，如水文气象条件，无法精确预测；又如地质条件，尽管有勘测资料，也难以完全正确反映地下情况，因而设计也很难完全符合实际情况，导致在施工过程中经常出现变更；水利工程一般规模较大，工作繁多，涉及面广，合同文件内容多，篇幅大，难免会有缺陷和不完备之处；在履行过程中，业主也难免会有某些违约或应负责任而未能做好的工作。如征地移民工作，就可能受到当地民众的阻挠，一时不能解决而影响了施工进度等；水利工程的工期较长，在此期间，国家、地方政府的法规政策变化，则更是业主无法估计的，凡此种种，都可能引起承包商的索赔。一般工程索赔额为合同价的 7%~8% 是很正常的。工程建设中出现索赔是很正常的，合同条款将索赔视为一种正常的业务，规定了索赔的程序，以及有关条款中涉及索赔事项的具体措施，使索赔成为合同双方维护自身权益、解决不可预见事项的途径，从而保证合同的顺利进行。合同中写入索赔条款体现了风险分摊的原则，保证了承包商在不是由于他本身的原因或责任而遭受损失时，可以得到补偿的权利，也可以使承包商在投标时提出一个中肯的报价。反之，如果合同规定不允许索赔，如卡尔伏学说的“禁止索赔法”，意味着承包商将承担全部风险，这明显是不合理的。另一方面，它也使承包商在投标时会普遍抬高报价，以应付可能发生的各种风险，在中标后会设法降低成本借以补偿所遭受的损失，而使质量受到影响，这对业主当然也是不利的。所以，合同中写入索赔条款不仅是公平合理的，而且也是对双方都有利的。

第八章　施工项目成本控制

Chapter 8

第一节　施工项目成本控制的概念

一、施工成本的概念

成本是一个价值范畴，它同价值有着密切联系。其实质是生产产品所消耗物化劳动的转移价值和相当于工资那一部分活劳动所创造价值的货币表现。所以施工项目成本是指建筑企业以施工项目成本核算对象的施工过程中所耗费的生产资料转移价值和劳动者的必要劳动所创造的价值的货币形式，也就是某施工项目在施工中所发生的全部生产费用的总和，包括所消耗的主、辅材料，构配件，周转材料的摊销或租赁费，施工机械的台班费或租赁费，支付给生产工人的工资、奖金，项目经理部以及为组织和管理工程施工所发生的全部费用支出。施工项目成本不包括劳动者为社会所创造的价值（如税金和企业利润），也不应包括不构成施工项目价值的一切非生产性支出。施工项目成本是施工企业的产品成本，亦称工程成本，一般以项目的单位工程作为成本核算对象，通过各单位工程成本核算的综合来反映施工项目成本。根据建筑产品的特点和成本管理的要求，施工项目成本可按不同标准的应用范围进行划分。

（一）按成本计价的定额标准划分，施工项目成本可分为预算成本、计划成本和实际成本。

预算成本，是按建筑安装工程实物量和国家或地区或企业制定的预算定额及取费标准计算的社会平均成本或企业平均成本，是以施工图预算为基础进行分析、预测、归集和计算确定的。预算包括直接成本和间接成本，是控制成本支出、衡量和考核项目实际成本节约或超支的重要尺度。

计划成本，是在预算成本的基础上，根据企业自身的要求，结合施工项目的技术特征、自然地理特征、劳动力素质、设备情况等确定的标准成本，亦称目标成本。计划成本是控制施工项目成本支出的标准，也是成本管理的目标。

实际成本，是工程项目在施工过程中实际发生的可以列入成本支出的各项费用的总和。是工程项目施工活动中劳动耗费的综合反映。

（二）按计算项目成本对象划分，施工项目成本可分为建设工程成本、单项工程成本、单位工程成本、分部工程成本和分项工程成本。

（三）按工程完成程度的不同划分，施工项目成本可分为本期施工成本、已完施工成本、未完工程成本和竣工施工工程成本。

（四）按生产费用与工程量关系来划分，施工项目成本可分为固定成本和变动成本。固定成本，是指在一定的期间和一定的工程量范围内，其发生的成本额不受工程量增减变动的影响而相对固定的成本。如折旧费、大修理费、管理人员工资、办公费等。所谓固定，指其总额而言，关于分配到每个项目单位工程量上的固定费用则是变动的。

变动成本，是指发生总额随着工程量的增减变动而成正比例变动的费用，如直接用于工程的材料费、实行计划工资制的人工费等。所谓变动，也是就其总额而言，对于单位分项工程上的变动费用往往是不变的。

将施工过程中发生的全部费用划分为固定成本和变动成本，对于成本管理和成本决策具有重要作用。它是成本控制的前提条件。由于固定成本是维持生产能力所必需的费用，要降低单位工程量的固定费用，只有通过提高劳动生产率，增加企业总工程量数额并降低固定成本的绝对值入手，降低成本只能是从降低单位分项工程的消耗定额入手。

（五）按成本的经济性质，施工项目成本由直接成本和间接成本组成。

1. 直接成本。直接成本是指施工过程中直接耗费的构成工程实体或有助于工程形成的各项支出，包括人工费、材料费、机械使用费和其他直接费，所谓其他直接费是指施工过程中发生的其他费用，包括冬雨季施工增加费、特殊地区施工增加费、夜间施工增加费、小型临时设施摊销费及其他。

2. 间接成本。间接成本是指企业的各项目经理部为施工准备、组织和管理施工生产所发生的全部施工间接费支出。施工项目间接成本应包括：施工现场管理人员的人工费、教育费、办公费、差旅费、固定资产使用费、管理工具用具使用费、保险费、工程保修费、劳动保护费、施工队伍调遣费、流动资金贷款利息以及其他费用等。

二、施工成本管理的内容

施工项目成本管理是指在保证满足工程质量、工程施工工期的前提下，对项目实施过程中所发生的费用，通过计划、组织、控制和协调等活动实现预定的成本目标，并尽可能地降低施工项目成本费用的一种科学管理活动。主要通过施工技术、施工工艺、施工组织管理、合同管理和经济手段等活动来最终达到施工项目成本控制的预定目标，获得最大限度的经济利益。要达到这一目标，必须认真做好以下几项工作：

（一）搞好成本预测，确定成本控制目标

要结合中标价，根据项目施工条件、机械设备、人员素质等情况对项目的成本目标进行科学预测，通过预测确定工、料、机及间接费的控制标准，制定出费用限额控制方案，依据投入和产出费用额，做到量效挂钩。

（二）围绕成本目标，确立成本控制原则

施工项目成本控制是在实施过程中对资源的投入，施工过程及成果进行监督、检查和衡量，并采取措施保证项目成本实现。搞好成本控制就必须把握好五项原则，即项目全面控制原则，成本最低化原则，项目责、权、利相结合原则，项目动态控制原则，项目目标控制原则。

（三）查找有效途径，实现成本控制目标

为了有效降低项目成本，必须采取以下办法和措施进行控制：采取组织措施控制工程成本；采取新技术、新材料、新工艺措施控制工程成本；采取经济措施控制工程成本；加大质量管理力度；控制返工率控制工程成本；加强合同管理力度，控制工程成本。

除此之外，在项目成本管理工作中，应及时制定落实相配套的各项行之有效的管理制度，将成本目标层层分解，签订项目成本目标管理责任书，并与经济利益挂钩，奖罚分明，强化全员项目成本控制意识，落实完善各项定额，定期召开经济活动分析会，及时总结、不断完善、最大限度确保项目经营管理工作的良性运作。

第二节　施工项目成本控制方法

一、以施工图预算控制成本支出

在施工项目的成本控制中，可按施工图预算，实行“以收定支”，或者叫“量入为出”，是最有效的方法。具体的实施办法如下。

（一）人工费的控制

假定预算定额规定的人工费单价为 13.80 元，合同规定人工费补贴为 20 元 / 工日，则人工费的预算收入为 33.80 元 / 工日。在这种情况下，项目经理部与施工队签订劳务合同时，应该将人工费单价定在 30 元以下（辅工还可再低一些），其余部分考虑用于定额外人工费和关键工序的奖励费。如此安排，人工费就不会超支，而且还留有余地，以备关键工序的不时之需。

（二）材料费的控制

在实行按“量价分离”方法计算工程造价的条件下，水泥、钢材、木材等“三材”的价格随行就市，实行高进高出。在对材料成本进行控制的过程中，首先要以上述预算价格来控制地方材料的采购成本；至于材料消耗数量的控制，则应通过“限额领料单”去落实。由于材料市场价格变动频繁，往往会发生预算价格与市场价格严重背离而使采购成本失去控制的情况。因此，项目材料管理人员有必要经常关注材料市场价格的变动，并积累系统翔实的市场信息。如遇材料价格大幅度上涨，可向工程造价管理部门反映，同时争取建设单位（甲方）的补贴。

（三）钢管脚手架和模板等周转设备使用费的控制

施工图预算中的周转设备使用费 = 耗用数 × 市场价格，而实际发生的周转设备使用费 = 使用数 × 企业内部的租赁单价或摊销率。由于两者的计量基础和计价方法各不相同，只能以周转设备预算收费的总量来控制实际发生的周转设备使用费的总量。

（四）施工机械使用费的控制

施工图预算中的机械使用费 = 工程量 × 定额量 × 定额台时费。由于项目施工的特殊性，实际的机械利用率不可能达到预算定额的取值水平，再加上预算定额所设定的施工机械原值和折旧率又有较大的滞后性，因而使施工图预算的机械使用费往往小于实际发生的机械使用费，形成机械使用费超支。在施工过程中要严格管理，尽量控制机械费支出。

（五）构件加工和分包工程费的控制

在签订构件加工费和分包工程经济合同的时候，特别要坚持“以施工图预算控制合同金额”的原则，绝不允许合同金额超过施工图预算。

二、以施工预算控制人力资源和物质资源的消耗

资源消耗数量的货币表现就是成本费用。因此，资源消耗的减少，就等于成本费用的节约；控制了资源消耗，也等于是控制了成本费用。施工预算控制资源消耗的实施步骤和方法如下。

（一）项目开工以前，应根据设计图纸计算工程量，并按照企业定额或上级统一规定的施工预算定额编制整个工程项目的施工预算，作为指导和管理施工的依据。

在施工过程中，如遇工程变更或改变施工方法，应由预算员对施工预算做统一调整和补充，其他人不得任意修改施工预算，或故意不执行施工预算。施工预算对分部分项工程的划分，原则上应与施工工序相吻合，或直接使用施工作业计划的“分项工程工序名称”，以便与生产班组的任务安排和施工任务单的签发取得一致。

（二）对生产班组的任务安排，必须签发施工任务单和限额领料单，并向生产班组进行技术交底。施工任务单和限额领料单的内容，应与施工预算完全相符，不允许篡改施工预算。

（三）在施工任务单和限额领料单的执行过程中，要求生产班组根据实际完成的工程量和实耗人工、实耗材料做好原始记录，作为施工任务单和限额领料单结算的依据。

（四）任务完成后，根据回收的施工任务单和限额领料单进行结算，并按照结算内容支付报酬（包括奖金）。一般情况下，绝大多数生产班组能按质按量提前完成生产任务。因此，施工任务单和限额领料单不仅能控制资源消耗，还能促进班组全面完成施工任务。为了保证施工任务单和限额领料单结算的正确性，要求对施工任务单和限额领料单的执行情况进行认真的验收和核查。

为了便于任务完成后进行施工任务单和限额领料单与施工预算的逐项对比，要求在编制施工预算时对每一个分项工程工序名称统一编号，在签发施工任务单和限额领料单时也要按照施工预算的统一编号对每一个分项工程工序名称进行编号，以便对号检索对比，分析节超。

第三节　施工项目成本降低的途径

降低施工项目成本应该从加强施工管理、技术管理、劳动工资管理、机械设备管理、材料管理、费用管理以及正确划分成本中心，使用先进的成本管理方法和考核手段入手，制定既开源又节流方针，从两个方面来降低施工项目成本，如果只开源不节流，或者只节流不开源，都不太可能达到降低成本的目的，至少是不会有理想的降低成本效果。

一、认真会审图纸，积极提出修改意见

在项目建设过程中，施工单位必须按图施工。但是，图纸是由设计单位按照用户要求和项目所在地的自然地理条件（如水文地质情况等）设计的，施工单位应该在满足用户要求和保证工程质量的前提下，联系项目施工的主客观条件，对设计图纸进行认真的会审，并提出积极的修改意见，在取得用户和设计单位的同意后，修改设计图纸，同时办理增减账。在会审图纸的时候，对于结构复杂、施工难度高的项目，更要加倍认真，并且要从方便施工，有利于加快工程进度和保证工程质量，又能降低资源消耗、增加工程收入等方面综合考虑，提出有科学根据的合理化建议，争取业主、监理单位、设计单位的认同。

二、加强合同预算管理，增创工程预算收入

（一）深入研究招标文件、合同内容，正确编制施工图预算

在编制施工图预算的时候，要充分考虑可能发生的成本费用，将其全部列入施工图预算，然后通过工程款结算向甲方取得补偿。

（二）把合同规定的“开口”项目，作为增加预算收入的重要方面

一般来说，按照设计图纸和预算定额编制的施工图预算，必须受预算定额的制约，很少有灵活伸缩的余地；而“开口”项目的取费则有比较大的潜力，是项目增收的关键。

例：合同规定，待图纸出齐后，由甲乙双方共同制定加快工程进度、保证工程质量的技术措施，费用按实结算。按照这一规定，项目经理和工程技术人员应该联系工程特点，充分利用自己的技术优势，采用先进的新技术、新工艺和新材料，经甲方签证后实施，这些措施，应符合以下要求：既能为施工提供方便，有利于加快施工进度，又能提高工程质量，还能增加预算收入。还有，如合同规定，预算定额缺项的项目，可由乙方参照相近定额，经监理工程师复核后报甲方认可。这种情况，在编制施工图预算时是常见的，需要项目预算员参照相近定额进行换算。在定额换算的过程中，预算员就可根据设计要求，充分发挥自己的业务技能，提出合理的换算依据，以此来摆脱原有定额偏低的约束。

（三）根据工程变更资料，及时办理增减账

由于设计、施工和业主使用要求等种种原因，工程变更是项目施工过程中经常发生的事情，是不以人们的意志为转移的。随着工程的变更，必然会带来工程内容的增减和施工工序的改变，从而也必然会影响成本费用的变更。因此，项目承包方应就工程变更对既定施工方法、机械设备使用、材料供应、劳动力调配和工期目标等的影响程度，以及为实施变更内容所需要的各种资源进行合理估价。及时办理增减账手续，并通过工程款结算从甲方取得补偿。

第九章　施工项目安全控制

Chapter 9

第一节 不安全因素分析

施工不安定因素包括人的不安全行为、物的不安全状态。

一、人的不安全行为

人的不安全行为是人表现出来的与人的个性心理特征相违背的非正常行为。主要表现在身体缺陷、错误行为和违纪违章三个方面。身体缺陷指疾病、职业病、精神失常、智商过低、紧张、烦躁、疲劳、易冲动、易兴奋、运动迟钝、对自然条件和其他环境过敏、不适应复杂和快速工作、应变能力差等。

错误行为指嗜酒、吸毒、吸烟、赌博、玩耍、嬉闹、追逐、误视、误听、误嗅、误触、误动作、误判断、意外碰撞和受阻、误入险区等。违纪违章指粗心大意、漫不经心、注意力不集中、不履行安全措施、安全检查不认真、不按工艺规程或标准操作、不按规定使用防护用品、玩忽职守、有意违章等。

二、物的不安全状态

在生产过程中发挥作用的机械、物料、生产对象以及其他生产要素统称为物。物都具有不同形式、性质的能量，有出现意外释放能量、引发事故的可能性。这就是物的不安全状态。物的不安全状态表现为三方面。即设备和装置的缺陷、作业场所的缺陷、物质和环境的危险源。设备和装置的缺陷指机械设备和装置的技术性能降低，强度不够、结构不良、磨损、老化、失灵、腐蚀、物理和化学性能达不到要求等。作业场所的缺陷指施工场地狭窄、立体交叉作业组织不当、多工种交叉作业不协调、道路狭窄、机械拥挤、多单位同时施工等。物质和化学的危险源有化学方面的、机械方面的、电气方面的、环境方面的等。

第二节　施工安全管理体系

一、建立安全管理体系的作用

（一）职业安全卫生状况是经济发展和社会文明程度的反映。使所有劳动者获得安全与健康，是社会公正、安全、文明、健康发展的基本标志，也是保持社会安定团结和经济可持续发展的重要条件。

（二）安全管理体系不同于安全卫生标准，它对企业环境的安全卫生状态规定了具体的要求和限定，通过科学管理应使工作环境符合安全卫生标准的要求。

（三）安全管理体系是项目管理体系中的一个子系统，其循环也是整个管理系统循环的一个子系统。

二、建立安全管理体系的目标

（一）尽力使员工面临的风险减少到最低限度，并最终实现预防和控制工伤事故、职业病及其他损失的目标。

（二）通过实施《职业安全卫生管理体系》直接或间接获得经济效益。

（三）实现以人为本的安全管理。

（四）提升企业的品牌和形象，项目职业安全卫生是反映企业品牌的重要指标。

（五）促进项目管理现代化。

（六）增强对国家经济发展的能力。

三、建立安全管理体系的要求

（一）安全管理体系原则

1. 安全生产管理体系应符合建筑企业和本工程项目施工生产管理现状及特点，使之符合安全生产法规的要求。

2. 建立安全管理体系并形成文件，文件应包括安全计划，企业制定的各类安全管理标准，相关的国家、行业、地方法律和法规文件、各类记录、报表和台账。

（二）安全生产策划

针对工程项目的规模、结构、环境、技术含量、施工风险和资源配置等因素进行安全生产策划，策划内容包括：

1. 配置必要的设施、装备和专业人员，确定控制和检查的手段、措施。

2. 确定整个施工过程中应执行的文件、规范。

3. 冬季、雨季、雪天和夜间施工安全技术措施及夏季的防暑降温工作。

4. 确定危险部位和过程，对风险大和专业性较强的工程项目进行安全论证。同时采取相适应的安全技术措施，并得到有关部门的批准。

第三节　施工项目安全技术措施

一、施工安全技术措施编制要求

（一）要在工程开工前编制，并经过审批。

（二）要有针对性

施工安全技术措施是针对每项工程特点而制定的，编制安全技术措施的技术人员必须掌握工程概况、施工方法、施工环境、条件等第一手资料，并熟悉安全法规、标准等才能编写有针对性的安全技术措施。

（三）要考虑全面、具体。

（四）要有操作性

对大型工程，除必须在施工项目管理规划中编制施工安全技术总体措施外，还应编制单位工程或分部分项工程安全技术措施，详细地制定出有关安全方面的防护要求和措施，确保该单位工程或分部分项工程的安全施工。

二、施工安全技术措施的主要内容

（一）安全保证措施

1. 明确安全责任。针对各工种的特点和施工条件，建立健全施工安全管理制度和安全操作规程，要求各级安全员忠于职守，本着对工程高度负责的责任心，对一切违反规定的劳动和违章行为，要坚持原则，及时纠正。

2. 做好安全技术交底工作。各项施工方案、施工工序在付诸实施前，工程师和专职安全员必须事先做好技术交底，强化职工安全保护意识，杜绝违章。特别对于易燃易爆材料，在施工前制定详尽的安全防护措施，确保施工安全。

3. 建立安全生产设施管理制度和劳保用具发放制度，确保工程设施、设备、人员的安全。定期或不定期地对安全生产设施进行检查，发现问题及时进行处理，配备劳保用具和必要的安全生产设施。

4. 密切与业主、当地政府之间的协调联系，及时贯彻执行下达的文件、批示。

（二）施工现场安全措施

1. 施工现场的布置应符合防火、防触电、防雷击等安全规定的要求，现场的生产、生活用房、仓库、材料堆放场、修配间、停车场等临时设施，按监理工程师批准的总平面布置图进行统一部署。

2. 施工场区内的地坪、道路、仓库、加工场、水泥堆放场四周采用砂或碎石进行场地硬化，危险地点悬挂警示灯或警告牌，工作坑设防护围栏和明显的红灯警示，并在醒目的地方设置固定的大幅安全标语及各种安全操作规程牌。

3. 现场实行安全责任人负责制，具体制定各项安全施工规则，检查施工执行情况，对职工进行安全教育，组织有关人员学习安全防护知识，并进行安全作业考试，考试合格的职工才具备进入施工作业面作业的资格。

4. 重视业主和设计提供的气象资料和水文资料，做好抗灾和防洪工作。按照业主和监理要求做好每年的汛前检查工作，配置必要的防汛物资和器材，按要求做好汛情预报和安全度汛工作。若发现有可能危及人身、工程、财产安全的灾害预兆时，应采取切实可行的防灾害措施，确保人身、工程、财产的安全。

5. 定期举行安全会议，适时分析安全工作形势，由项目经理部成员，工区责任人和安全员参加，并做好记录。各作业班组在班前班后对该班的安全作业情况进行检查和总结，并及时处理安全作业中存在的问题。建立和保留有关人员福利、健康和安全的记录档案。

6. 加强安全检查，建立专门安全监督岗，实行安全生产承包责任制。在各自业务范围内，对应实现的安全生产负全责。遇有特别紧急的事故征兆时，停止施工，采取措施确保人员、设备和工程结构安全。

7. 施工现场的生产、生活区按《中华人民共和国消防法》有关规定，配备一定数量常规的消防器材，明确消防责任人，并定期按要求进行防火安全检查，及时消除火灾隐患。

8. 住房、库棚、修理间等消防安全距离应符合《中华人民共和国消防法》有关规定，严禁在室内存放易燃、易爆、有毒等危险品。

9. 氧气瓶不得沾染油脂，乙炔瓶应安装防回火安全装置，氧气瓶与乙炔瓶必须隔离存放，隔离存放的距离应符合有关安全规定的要求。

10. 现场工作人员应佩戴统一的安全帽，高空作业人员应系好安全带。

11. 施工现场临时用电，严格按《施工现场临时用电安全技术规范》中有关的规定办理。

12. 施工现场和生活区应设置足够的照明，其照明度应不低于国家有关规定。对于夜间施工或特殊场所照明应充足、均匀，在潮湿和易触、带电场所的照明供电电压不应大于36 V。

第十章　施工项目进度控制

Chapter 10

第一节 施工项目进度管理概述

一、工程项目进度管理概念

（一）工程项目进度管理

工程项目进度管理，是指在项目实施过程中，对各阶段的进展程度和项目最终完成的期限所进行的管理。其目的是保证项目能在满足其时间约束条件前提下实现其总体目标，是保证项目如期完成和合理安排资源供应、节约工程成本的重要措施之一。工程项目进度管理是项目管理的一个重要方面，它与项目投资管理、项目质量管理等同为项目管理的重要组成部分。它们之间有着相互依赖和相互制约的关系，工程管理人员在实际工作中要对这三项工作全面、系统、综合地加以考虑，正确处理好进度、质量和投资的关系，提高工程建设的综合效益。特别是对一些投资较大的工程，如何确保进度目标的实现，往往对经济效益产生很大影响。在这三大管理目标中，不能只片面强调某一方面的管理，而是要相互兼顾、相辅相成，这样才能真正实现项目管理的总目标。工程项目进度管理包括工程项目进度计划的制订和工程项目进度计划的控制两大任务。

1. 工程项目进度计划

在项目实施之前，必须先对工程项目各建设阶段的工作内容、工作程序、持续时间和衔接关系等制订出一个切实可行的、科学的进度计划，然后再按计划逐步实施。工程项目进度计划的作用有：

（1）为项目实施过程中的进度控制提供依据；

（2）为项目实施过程中的劳动力和各种资源的配置提供依据；

（3）为项目实施过程中有关各方在时间上的协调配合提供依据；

（4）为在规定期限内保质、高效地完成项目提供保障。

2. 工程项目进度控制

施工项目进度控制是指在既定的工期内，编制出最优的施工进度计划，在执行该计划的施工中，按时检查施工实际进度情况，并将其与计划进度相比较，若出现偏差，就分析产生的原因及对工期的影响程度，提出必要的调整措施，修改原计划，如此不断地循环，直至工程竣工验收。施工项目进度控制是保证施工项目按期完成、合理安排资源供应、节约工程成本的重要措施。

工程项目进度控制最终目的是确保项目进度计划目标的实现，实现施工合同约定的竣工日期，其总目标是建设工期。

（二）工程项目进度计划控制原理

项目进度计划控制时，计划不变是相对的，变是绝对的；平衡是相对的，不平衡是绝对的。而且，制订项目进度计划时所依据的条件在不断变化，工程项目的进度受许多因素的影响，必须事先对影响进度的各种因素进行调查，预测它们对进度可能产生的影响，编制可行的进度计划，指导工程建设按进度计划进行。同时，在工程项目进度控制时，必须经常地、定期地针对变化的情况，采取对策，对原有的进度计划进行调整。在进度计划执行过程中，必然会出现一些新的或意想不到的情况，它既有人为因素的影响，也有自然因素的影响和突发事件的发生，往往难以按照原定的进度计划进行。因此，在确定进度计划制定的条件时，要具有一定的预见性和前瞻性，使制订出的进度计划尽量接近变化后的实施条件；在项目实施过程中，掌握动态控制原理，不断进行检查，将实际情况与计划安排进行对比，找出偏离进度计划的原因，特别是找出主要原因，然后采取相应的措施。措施的确定有两个前提：一是通过采取措施，维持原进度计划，使之正常实施；二是采取措施后不能维持原进度计划，要对进度计划进行调整或修正，再按新的进度计划实施。不能完全拘泥于原进度计划的完全实施，也就是要有动态管理思想，按照进度控制的原理进行管理，不断地计划、执行、检查、分析、调整进度计划，达到工程进度计划管理的最终目标。工程进度控制原理包括下面几个方面。

1. 动态控制原理

进度控制是一个不断进行的动态控制，也是一个循环进行的过程，从项目开始，计划就进入了执行的动态。实际进度与计划进度不一致时，采取相应措施调整偏差，使两者在新的起点重合，继续按其施工，然后在新的因素影响下又会产生新的偏差，施工进度计划控制就是采用这种动态循环的控制方法。

2. 系统原理

施工进度控制包括计划系统、进度实施组织系统、检查控制系统。为了对施工项目进行进度计划控制，必须编制施工项目的各种进度计划，其中有施工总进度计划、单位工程进度计划、分部分项工程进度计划、季度和月（周）作业计划，这些计划组成了施工项目进度计划系统。施工组织各级负责人，从项目经理、施工队长、班组长及所属成员都按照进度计划进行管理、落实各自的任务，组成了项目实施的完整的组织系统。为了保证进度实施，项目设有专门部门或人员负责检查汇报、统计整理进度实施资料，并与计划进度比较分析和进行调整，形成纵横相连的检查控制系统。

3. 信息反馈原理

信息反馈是进度控制的依据，施工的实际进度通过信息反馈给基层进度控制人员，在分工范围内，加工整理逐级向上反馈，直到主控制人员，主控制人员对反馈信息分析做出决策，调整进度计划，达到预定目标。施工项目控制的过程就是信息反馈的过程。

4. 弹性原理

施工项目进度计划工期长、影响因素多，编制计划时要留有余地，使计划具有弹性，在进度控制时，便可以利用这些弹性缩短剩余计划工期，达到预期目标。

5. 封闭循环原理

项目进度计划控制的全过程是计划、实施、检查、分析、确定调整措施、再计划，形成一个封闭的循环系统。

6. 网络计划技术原理

在项目进度的控制中利用网络计划技术原理编制进度计划，根据收集的信息，比较分析进度计划，再利用网络工期优化、工期与成本、资源优化调整计划。网络计划技术原理是施工项目进度控制的完整计划管理和分析计算理论基础。

二、影响工程项目进度的因素

（一）影响工程项目进度的因素

由于水利水电工程项目的施工特点，尤其是大型和复杂的施工项目，工期较长，影响进度的因素较多，编制和控制计划时必须充分认识和考虑这些因素，才能克服其影响，使施工进度尽可能按计划进行。工程项目进度的主要影响因素有：

1. 有关单位的影响

施工项目的主要施工单位对施工进度起决定性作用，但建设单位与业主、设计单位、材料供应部门、运输部门、水电供应部门及政府主管部门都可能给施工造成困难而影响施工进度，如业主使用要求改变或设计不当而进行设计变更，材料、构配件、机具、设备供应环节的差错等。

2. 施工条件的变化

勘察资料不准确，特别是地质资料错误或遗漏而引起的未能预料的技术障碍。在施工中工程地质条件和水文地质条件与勘察设计不符，发现断层、溶洞、地下障碍物以及恶劣的气候、暴雨和洪水等都对施工进度产生影响，造成临时停工或破坏。

3. 技术失误

施工单位采用技术措施不当，施工中发生技术事故；应用新技术、新材料，但不能保证质量等都能够影响施工进度。

4. 施工组织管理不利

劳动力和施工机械调配不当、施工平面布置不合理等将影响施工进度计划的执行。

5. 意外事件的出现

施工中出现意外事件如战争、严重自然灾害、火灾、重大工程事故等都会影响施工进度计划。影响工程项目进度的因素很多，除以上因素外，如业主资金方面存在问题，如未及时向施工单位或供应商拨款，业主越过监理职权无端干涉，造成指挥混乱等也会影响工程项目进度。

（二）影响工程项目进度的责任和处理

工程进度的推迟一般分为工程延误和工程延期，其责任及处理方法不同。

1. 工程延误

由于承包商自身的原因造成的工期延长，称之为工程延误。由于工程延误所造成的一切损失由承包商自己承担，包括承包商在监理工程师的同意下采取加快工程进度的措施所增加的费用。同时，由于工程延误所造成的工期延长，承包商还要向业主支付误期损失补偿费。由于工程延误所延长的时间不属于合同工期的一部分。

2. 工程延期

由于承包商以外的原因造成施工期的延长，称之为工程延期。经过监理工程师批准的延期，所延长的时间属于合同工期的一部分，即工程竣工的时间等于标书中规定的时间加上监理工程师批准的工程延期时间。可能导致工程延期的原因有工程量增加，未按时向承包商提供图样，恶劣的气候条件，业主的干扰和阻碍等。判断工程延期总的原则就是除承包商自身以外的任何原因造成的工程延长或中断，工程中出现的工程延长是否为工程延期对承包商和业主都很重要。因此应按照有关的合同条件，正确地区分工程延误与工程延期，合理地确定工程延期的时间。

第二节　进度控制的方法及措施

一、工程项目进度控制内容

进度控制是指管理人员为了保证实际工作进度与计划一致，有效地实现目标而采取的一切行动。建设项目管理系统及其外部环境是复杂多变的，管理系统在运行中会出现大量的管理主体不可控制的随机因素，即系统的实际运行轨迹是由预期量和干扰量共同作用而决定的。在项目实施过程中，得到的中间结果可能与预期进度目标不符甚至相差甚远，因此必须及时调整人力、时间及其他资源，改变施工方法，以期达到预期的进度目标，必要时应修正进度计划。这个过程称为施工进度动态控制。根据进度控制方式的不同，可以将进度控制过程分为预先进度控制、同步进度控制和反馈进度控制。

（一）预先进度控制的内容

预先进度控制是指项目正式施工前所进行的进度控制，其行为主体是监理单位和施工单位的进度控制人员，其具体内容如下。

1. 编制施工阶段进度控制工作细则

施工阶段进度控制工作细则，是进度管理人员在施工阶段对项目实施进度控制的一个指导性文件。其总的内容应包括：

（1）施工阶段进度目标系统分解图。

（2）施工阶段进度控制的主要任务和管理组织部门机构划分与人员职责分工。

（3）施工阶段与进度控制有关的各项相关工作的时间安排，项目总的工作流程。

（4）施工阶段进度控制所采用的具体措施（包括进度检查日期、信息采集方式、进度报表形式、信息分配计划、统计分析方法等）。

（5）进度目标实现的风险分析。

（6）尚待解决的有关问题。施工阶段进度控制工作细则，使项目在开工之前的一切准备工作（包括人员挑选与配置、材物料资准备、技术资金准备等）皆处于预先控制状态。

2. 编制或审核施工总进度计划

施工阶段进度管理人员的主要任务就是保证施工总进度计划的开、竣工日期与项目合同工期的时间要求一致。当采用多标发包形式施工时，施工总进度计划的编制要保证标与标之间的施工进度保持衔接关系。

3. 审核单位工程施工进度计划

承包商根据施工总进度计划编制单位工程施工进度计划，监理工程师对承包商提交的施工进度计划进行审核认定后方可执行。

4. 进行进度计划系统的综合

施工进度计划进行审核以后，往往要把若干个有相互关系的处于同一层次或不同层次的施工进度综合成一个多阶段施工总进度计划，以利于进行总体控制。

（二）同步进度控制的内容

同步进度控制是指项目施工过程中进行的进度控制，这是施工进度计划能否付诸实现的关键过程。进度控制人员一旦发现实际进度与目标偏离，必须及时采取措施以纠正这种偏差。项目施工过程中进度控制的执行主体是工程施工单位，进度控制主体是监理单位。施工单位按照进度要求及时组织人员、设备、材料进场，并及时上报分析进度资料确保进度的正常进行，监理单位同步进行进度控制。对收集的进度数据进行整理和统计，并将计划进度与实际进度进行比较，从中发现是否出现进度偏差。分析进度偏差将会带来的影响并进行工程进度预测，从而提出可行的修改措施。组织定期和不定期的现场会议，及时分析、通报工程施工进度状况，并协调各承包商之间的生产活动。

（三）反馈进度控制的内容

反馈进度控制是指完成整个施工任务后进行的进度控制工作，具体内容有：1. 及时组织验收工作。2. 处理施工索赔。3. 整理工程进度资料。4. 根据实际施工进度，及时修改和调整验收阶段进度计划及监理工作计划，以保证下一阶段工作的顺利开展。

二、进度控制的主要方法

工程项目进度控制的方法主要有行政方法、经济方法和管理技术方法等。

1. 进度控制的行政方法，是指通过发布进度指令，进行指导、协调、考核；利用激励手段（奖、罚、表扬、批评等）监督、督促等方式进行进度控制。

2. 进度控制的经济方法，是指有关部门和单位用经济手段对进度控制进行影响和制约，主要有以下几种：投资部门通过投资投放速度控制工程项目的实施进度；在承包合同中写进有关工期和进度的条款；建设单位通过招标的进度优惠条件鼓励施工单位加快进度；建设单位通过工期提前奖励和工程延误罚款实施进度控制等。

3. 进度控制的管理技术方法主要有规划、控制和协调。所谓规划，就是确定项目的总进度目标和分进度目标；所谓控制，就是在项目进行的全过程中，进行计划进度与实际进度的比较，发现偏离，及时采取措施进行纠正；所谓协调，就是协调参加工程建设各单位之间的进度关系。

第十一章　施工项目质量控制

Chapter 11

第一节 质量管理的基本概念

一、质量管理的研究对象与范围

20 世纪 90 年代，质量管理的主要研究对象是产品质量，包括工农业产品质量、工程建设质量、交通运输质量以及邮电、旅游、商店、饭店、宾馆的服务质量等。

近年来，质量管理的研究对象却是实体质量，范围扩大到一切可以单独描述和研究的事物，不仅包括产品质量，而且还研究某个组织的质量、体系的质量、人的质量以及它们的任何组合系统的质量。

质量管理，是确定质量方针、目标和责任，并通过质量体系中的质量策划、质量控制、质量保证和质量改进，来实现其所有管理职能的全部活动。因此，现代质量管理虽然仍重视产品质量和服务质量，但更强调体系或系统的质量、人的质量，并以人的质量、体系质量去确保产品、工程或服务质量。现在，这种管理活动，不仅仅只在工业生产领域，而已扩及农业生产、工程建设、交通运输、教育卫生、商业服务等领域。无论是行业质量管理，还是企业、事业单位的质量管理，客观上都存在着一个系统对象——质量体系。

无论哪个质量体系都具有一个系统所应具备的四个特征。

（一）集合性

质量体系是由若干个可以相互区别的要素（或子系统）组成的一个不可分割的整体系统。质量体系的要素主要是人、机械设备、原材料、方法和工艺、环境条件等，具体包括：市场调研、设计、采购、工艺准备、物资、设备、检验、标准（规程）、计量、不合格及纠正措施、搬运、储存、包装、售后服务、质量文件和记录、人员培训、质量成本、质量体系审核与复审、质量职责和责任以及统计方法的应用等。

（二）相关性

质量体系各要素之间也是相互联系和相互作用的，它们之间某一要素发生变化，势必要使其他要素也要进行相应的改变和调整，如更新了设备，操作人员就要更新知识，操作方法、工艺等也要相应调整等。

因此，不能静止地、孤立地看待质量体系中的任何一个要素，而要依据相关性，协调好它们之间的关系，从而发挥系统整体效能。

（三）目的性

质量体系的目的就是追求稳定的高质量，使产品或服务满足规定的要求或潜在的需要，使广大用户、消费者和顾客满意。同时，也使本企业获得良好的经济效益。为此，企业必须建立完整体系，对影响产品或服务质量的技术、管理和人等质量体系要素进行控制。

（四）环境适应性

任何一个质量体系都存在于一定的环境条件之中。我国质量体系必须适应我国经济体制和政治体制。目前，正在进行经济体制改革和政治体制改革，质量体系就必须不断改进，适应新的环境条件，使其保持最佳适应状态。这也是建立和完善中国式的质量体系的重要原因。

当然，质量体系是人工系统，不是自然系统；是开放系统，而不是闭环系统；是动态系统，而不是静态系统。从宏观上看，它又是社会技术监督系统的重要组成部分，是“质量兴国”“振兴中华”的根本和关键。

从微观上看，即就一个企业而言，质量管理仅仅是这个企业单位生产经营管理系统的一个组成部分，它与这个企业的计量管理系统、标准化管理系统等共组成了技术监督系统。对生产经营提供了基础保证，使之达到优质、低耗、高效生产经营。因此，在质量管理过程中应该自觉地运用系统工程科学方法，把质量的主要对象放在质量体系的设计、建立和完善上。

二、质量管理的主要内容

（一）质量管理的基础工作

质量管理的基础工作是标准化、计量、质量信息与质量教育工作，此外还有以质量否决权为核心的质量责任制。离开这些基础，质量管理是无法推行或行之无效的。

（二）质量体系的设计（策划）

质量管理的首要工作就是设计或策划科学有效的质量体系，无论是国家、地方、企业或某个组织、单位的质量体系设计，都要从其实际情况和客观需要出发，合理选择质量体系要素，编制质量体系文件，规划质量体系运行步骤和方法，并制定考核办法。

（三）质量管理的组织体制和法规

从我国具体国情出发，研究各国质量管理体制、法规，以博采众长、取长补短、融合提炼成具有中国社会主义特色的质量管理体制和法规体系，如质量管理组织体系、质量监督组织体系、质量认证体系等，以及质量管理方面的法律、法规和规章。

（四）质量管理的工具和方法

质量管理的基本思想方法是全面质量管理（PDCA），这里 P 指计划（Plan），D 指执行计划（Do），C 指检查计划（Check），A 指采取措施（Action）；基本数学方法是概率论和数理统计方法。由此而总结出各种常用工具，如排列图、因果分析图、直方图、控制图等。

（五）质量抽样检验方法和控制方法

质量指标是具体、定量的。如何抽样检查或检验，怎样实行有效的控制，都要在质量管理过程中正确地运用数理统计方法，研究和制定各种有效控制系统。质量的统计抽样工具——抽样方法标准就成为质量管理工程中一项十分必要的内容。

（六）质量成本和质量管理经济效益的评价、计算

质量成本是从经济性角度评定质量体系有效性的重要方面。科学、有效的质量管理，对企业单位和对国家都有显著的经济效益。如何核算质量成本，怎样定量考核质量管理水平和效果，已成为现代质量管理必须研究的一项重要课题。

第二节　质量体系认证的基本知识

一、什么是质量认证

质量认证也叫合格评定，是国际上通行的管理产品质量的有效方法。质量认证按认证的对象分为产品质量认证和质量体系认证两类；按认证的作用可分为安全认证和合格认证。

二、与质量有关的术语

产品指活动或过程的结果。过程是将输入转化为输出的一组彼此相关的资源和活动。质量体系是指为实施质量管理所需的组织结构、程序、过程和资源。质量控制指为达到质量要求所采取的作业技术和活动。质量保证是为了提供足够的信任表明实体能够满足质量要求，而在质量体系中实施并根据需要进行证实的全部有计划、有系统的活动。质量管理是指确定质量方针、目标和职责并在质量体系中通过诸如质量策划、质量控制、质量保证和质量改进使其实施的全部管理职能的所有活动。

全面质量管理，是指一个组织以质量为中心，以全员参与为基础，目的在于通过让顾客满意和本组织所有成员及社会受益而达到长期成功的管理途径。

三、质量管理、质量体系、质量控制、质量保证之间的关系

质量管理既包括质量控制和质量保证，也包括质量方针、质量策划和质量改进等概念。质量管理的运行原则是通过质量体系进行的。质量体系包括质量策划、质量控制、质量保证和质量改进。质量控制和质量保证的某些活动是相互关联的。

四、质量认证的基本形式

世界各国现行的质量认证制度主要有八种，其中各国标准机构通常采用的是型式试验加工厂质量体系评定加认证后监督——质量体系复查加工厂和市场抽样调查的质量认证制度，我国采用的是工厂质量体系评审（质量体系认证）的质量认证制度。

五、产品质量认证与质量体系认证

产品质量认证，是依据产品标准和相应技术要求，经认证机构确认并通过颁发认证证书和认证标志来证明某一种产品符合相应标准和相应技术要求的活动。质量体系认证，是经质量体系认证机构确认，并颁发质量体系认证证书证明企业的质量体系的质量保证能力符合质量保证标准要求的活动。一般只有具备质量体系认证的企业才能参与工程（特别是大型水利水电工程）的投标与建设。

第二节 全面质量管理的基本概念

全面质量管理（Total Quality Management，TQM）是企业管理的中心环节，是企业管理的纲，它和企业的经营目标是一致的。这就是要求将企业的生产经营管理和质量管理有机地结合起来。

一、全面质量管理的基本概念

全面质量管理是以组织全员参与为基础的质量管理模式，它代表了质量管理的最新阶段，最早起源于美国，菲根堡姆指出：“全面质量管理是为了能够在最经济的水平上，并充分考虑到满足用户要求的条件下进行市场研究、设计、生产和服务，把企业内各部门研制质量、维持质量和提高质量的活动构成为一体的一种有效体系。”他的理论经过世界各国的继承和发展，得到了进一步的扩展和深化。1994 版 ISO 9000 族标准中对全面质量管

理的定义为：一个组织以质量为中心，以全员参与为基础，目的在于通过让顾客满意和本组织所有成员及社会受益而达到长期成功的管理途径。

二、全面质量管理的基本要求

（一）全过程的管理

任何一个工程（产品）的质量，都有一个产生、形成和实现的过程，整个过程是由多个相互联系、相互影响的环节所组成，每一环节都或重或轻地影响着最终的质量状况。因此，要搞好工程质量管理，必须把形成质量的全过程和有关因素控制起来，形成一个综合的管理体系，做到以防为主，防检结合，重在提高。

（二）全员的质量管理

工程（产品）的质量是企业各方面、各部门、各环节工作质量的反映。每一环节，每一个人的工作质量都会不同程度地影响着工程（产品）最终质量。工程质量人人有责，只有人人都关心工程的质量，做好本职工作，才能生产出好质量的工程。

（三）全企业的质量管理

全企业的质量管理一方面要求企业各管理层次都要有明确的质量管理内容，各层次的侧重点要突出，每个部门应有自己的质量计划、质量目标和对策，层层控制；另一方面就是要把分散在各部门的质量职能发挥出来。如水利水电工程中的“三检制”，就充分反映了这一观点。

（四）多方法的管理

影响工程质量的因素越来越复杂，既有物质的因素，又有人为的因素；既有技术因素，又有管理因素；既有内部因素，又有企业外部因素。要搞好工程质量，就必须把这些影响因素控制起来，分析它们对工程质量的不同影响。灵活运用各种现代化管理方法来解决工程质量问题。

第四节　施工质量事故的处理方法

工程建设项目不同于一般工业生产活动，其项目实施的一次性，生产组织特有的流动性、综合性，劳动的密集性、协作关系的复杂性和环境的影响，均导致建筑工程质量事故具有复杂性、严重性、可变性及多发性的特点，事故是很难完全避免的。因此，必须加强组织措施、经济措施和管理措施，严防事故发生，对发生的事故应调查清楚，按有关规定进行处理。

需要指出的是，不少事故开始时经常只被认为是一般的质量缺陷，容易被忽视。随着时间的推移，待认识到这些质量缺陷问题的严重性时，则往往处理困难，或难以补救，或导致建筑物失事。因此，除了明显的不会有严重后果的缺陷外，对其他的质量问题，均应分析，进行必要处理，并做出处理意见。

一、工程事故与分类

凡水利水电工程在建设中或完工后，由于设计、施工、监理、材料、设备、工程管理和咨询等方面造成工程质量不符合规程、规范和合同要求的质量标准，影响工程的使用寿命或正常运行，一般需作补救措施或返工处理的，统称为工程质量事故。日常所说的事故大多指施工质量事故。在水利水电工程中，按对工程的耐久性和正常使用的影响程度，检查和处理质量事故对工期影响时间的长短以及直接经济损失的大小，将质量事故分为一般质量事故、较大质量事故、重大质量事故和特大质量事故。一般质量事故是指对工程造成一定经济损失，经处理后不影响正常使用，不影响工程使用寿命的事故。

较大质量事故是指对工程造成较大经济损失或延误较短工期，经处理后不影响正常使用，但对工程使用寿命有较大影响的事故。小于一般质量事故的统称为质量缺陷。

重大质量事故是指对工程造成重大经济损失或延误较长工期，经处理后不影响正常使用，但对工程使用寿命有较大影响的事故。

特大质量事故是指对工程造成特大经济损失或长时间延误工期，经处理后仍对工程正常使用和使用寿命有较大影响的事故。如《水利工程质量事故处理暂行规定》规定：一般质量事故，它的直接经济损失在 20 万 ~100 万元，事故处理的工期在一个月内，且不影响工程的正常使用与寿命。一般建筑工程对事故的分类略有不同，主要表现在经济损失大小之规定。

二、工程事故的处理方法

（一）事故发生的原因

工程质量事故发生的原因很多，最基本的还是人、机械、材料、工艺和环境几方面。一般可分直接原因和间接原因两类。直接原因主要有人的行为不规范和材料、机械的不符合规定状态。如设计人员不按规范设计、监理人员不按规范进行监理，施工人员违反规程操作等，属于人的行为不规范；又如水泥、钢材等某些指标不合格，属于材料不符合规定状态。间接原因是指质量事故发生地的环境条件，如施工管理混乱，质量检查监督失职，质量保证体系不健全等。间接原因往往导致直接原因的发生。事故原因也可从工程建设的参建各方来寻查，业主、监理、设计、施工和材料、机械、设备供应商的某些行为或各种方法也会造成质量事故。

（二）事故处理的目的

工程质量事故分析与处理的目的主要是：正确分析事故原因，防止事故恶化；创造正常的施工条件；排除隐患，预防事故发生；总结经验教训，区分事故责任；采取有效的处理措施，尽量减少经济损失，保证工程质量。

（三）事故处理的原则

质量事故发生后，应坚持“三不放过”的原则，即事故原因不查清不放过，事故主要责任人和职工未受到教育不放过，补救措施不落实不放过。

发生质量事故，应立即向有关部门（业主、监理单位、设计单位和质量监督机构等）汇报，并提交事故报告。由质量事故而造成的损失费用，坚持事故责任是谁由谁承担的原则。如责任在施工承包商，则事故分析与处理的一切费用由承包商自己负责；施工中事故责任不在承包商，则承包商可依据合同向业主提出索赔；若事故责任在设计或监理单位，应按照有关合同条款给予相关单位必要的经济处罚。构成犯罪的，移交司法机关处理。

（四）事故处理的程序方法

1. 事故处理的程序是：

（1）下达工程施工暂停令；（2）组织调查事故；（3）事故原因分析；（4）事故处理与检查验收；（5）下达复工令。

2. 事故处理的方法有两大类：

（1）修补。这种方法适合于通过修补可以不影响工程的外观和正常使用的质量事故。此类事故是施工中多发的。

（2）返工。这类事故是严重违反规范或标准，影响工程使用和安全，且无法修补，必须返工。有些工程质量问题，虽严重超过了规程、规范的要求，已具有质量事故的性质，但可针对工程的具体情况，通过分析论证，不需作专门处理，但要记录在案。如混凝土蜂窝、麻面等缺陷，可通过涂抹、打磨等方式处理；由于欠挖或模板问题使结构断面被削弱，经设计复核验算，仍能满足承载要求的，也可不作处理，但必须记录在案，并有设计和监理单位的鉴定意见。

第十二章　水利水电工程项目的资金控制

Chapter 12

第一节　工程概算及经济评价

工程概预算（工程造价）：是对工程项目所需全部建设费用计算成果的统称。在工程的不同阶段其内容和名称各有不同。估算（投资估算）发生在项目建议书和可行性研究阶段；概算（设计概算）发生在初步设计或扩大初步设计阶段；预算（施工图预算）发生在施工图设计阶段；结算（竣工结算）发生在工程竣工验收阶段；基本建设：形成固定资产的全部经济活动过程。有物质生产活动和非物质生产过程。

基本建设内容：建筑工程，设备安装工程，设备、工具、器具的购置和其他基本建设。基本建设程序：建设项目从酝酿提出到该项目建成投入生产或使用的全过程中各阶段建设活动必须遵守的先后次序。

基本建设两个时期：投资决策和建设实施。

建设项目：指在一个总体设计或初步设计范围内，由一个或几个单项工程组成，在经济上实行独立核算，行政上有独立的组织形式，实行统一管理的建设单位。

特点：单件性（限定的资源、时间、质量），约束性（确定的投资、工期、空间、质量要求）和项目各组成部分有着有机的联系。

工程造价：中国建设工程造价管理协会（CECA）定义为完成一项建设工程所需花费的费用总和。工程造价计价的特点：单件性计价，多次性计价，组合性计价。

三算：设计概算、施工图预算、竣工决算。

两算：施工预算、施工图预算。

概预算文件组成：单位工程概预算书，综合概预算书，建设项目总概预算书。

投资估算：工程项目建设前期从投资决策直至初步设计之前的重要工作环节。

编制方法：国内常用投资估算的方法：

（一）采用投资估算指标、概算指标、技术经济指标编制。

（二）采用生产规模指数估算法。

（三）采用近似工程量估算法。

（四）朗格系数估算法。

国际上：

（一）资金周转法。

（二）生产能力指数法。

设备安装工程概算方法：

（一）按每套设备、每吨设备、设备原价或设备价值乘以一定的安装百分率计算。

（二）给水排水工程管道概算。

施工图预算：当施工图设计完成后，以施工图样为依据，根据国家颁布的预算定额，费用定额、材料预算价格、计价文件及其他有关规定而编制的工程造价文件。

施工图预算书的编制方法：工料单价法，综合单价法。

三大基本定额：劳动定额、材料消耗定额、机械台班使用定额。

给水排水工程概预算费用组成：直接费（措施项目费）、间接费（规费、企业管理费）、利润、税金（营业税、城市维护建设费、教育附加税）。

建筑工程定额：在正常施工生产条件下，完成单位合格产品所必须消耗的人工、材料、施工机械设备及其价值的数量标准。

企业定额：施工企业根据本企业的施工技术和管理水平，以及有关工程造价资料制定的，并供本企业使用的人工、材料和机械台班消耗量标准。

概算定额的作用：编制投资规划，控制基本经济建设的依据；初步设计阶段编制设计概算和技术设计阶段编制修正概算的依据。

概算定额和预算定额的区别：项目的划分不同，两者的定额水平基本一致，但存在一个合理的幅度差。

概算定额和概算指标的区别：确定各种消耗量指标的对象不同，确定各种消耗量的依据不同。

单位估价表的作用：进行设计方案技术经济分析的重要工具；已完工工程结算的依据；单位估价表中的综合单价，是基本建设核算和分析工作常用的货币指标，是确定工程预算成本的主要依据。

预算定额：规定消耗在质量合格的单位工程基本构造要素上的人工、材料和机械台班的数量标准。

工程量清单计价规范的特征：强制性、统一性（“五统一”：项目编码、项目名称、项目特征、计量单位、工程量计算规则）、实用性、竞争性、通用性。

工程量清单：拟建工程的分部分项工程项目、措施项目、其他项目、规费项目和税金项目的名称和相应数量的明细清单。

计价表的套用：火灾自动报警系统、室内消防工程、气体灭火系统、自动控制泡沫灭火系统、关于计算有关费用的规定、消防系统调试。

财务评价指标：项目盈利能力分析、项目偿还能力分析、财务生存能力分析（销售利润率、总资产报酬率、资本收益率、资本保值增值率、资产负债率、流动比率、速动比率、应收账款周转率、存货周转率）。

资金时间价值：增值采取随时间推移而增值的外在形式，工程经济学基础概念。

影响因素：投资盈利率、通货膨胀、货币贬值、承担风险。

国民经济评价的目的：制定一个能够确切完成项目目标的机制和组织模式；实现经济和社会的稳定、持续、协调发展；充分利用地方资源、人力、技术和知识，增强地方的参与程度；减少或避免项目建设和运行可能引起的社会问题；预测潜在危险并分析减少不良社会后果和影响的对策措施。

影子价格：又称为最优计划价格，是指当社会经济处于良好状态下，能如实反映资源稀缺程度、社会劳动消耗及市场供求状况的货物价格，是一种能够确切反映社会效益和费用的合理价格。

影子工资：是指经济项目使用劳动力，社会为此付出的真实代价，包括劳动力的机会成本和劳动力转移而引起的新增资源消耗两部分。

技术经济评价原则：原始数据资料可比、产量可比、质量可比、消费费用可比、价格可比、时间可比。

指标：时间性指标、价值性指标、比率性指标。

水工程技术经济评价指标：投资回收期（静态、动态）、净现值、将来值、内部收益率（IRR）、投资收益率，效益费用比。

现金流量：是以项目作为一个独立的系统，反映项目在整个生命周期内实际收入和实际支出的现金活动。NCF（净现金流量）=CI（现金流入）－CO（现金流出）。

分类：经营活动产生的现金流量、投资活动产生的现金流量、筹资活动产生的现金流量。

利率：单位时间内产生的利息和原来的本金的比率。

单利：计算利息时仅在原有本金上计算利息，对本金产生的利息不再计算利息。

复利：第一期产生利息后，第二次的本金包括本金和第一次产生的利息，以此作为本金计算利息，又叫利滚利。

资金等值：不同时点上的绝对数值不等的若干资金有可能具有相等的价值。

决定因素：资金数额、计息期数、利率。

等值资金：特定利率下不同时点上绝对数额不等而经济价值相同的若干资金。

常用的经济评价指标：投资回收期、投资收益率、净现值、将来值、年度等值、内部收益率、动态投资回收期。

财务盈利性指标：投资回收期、财务净现值、财务内部收益率、动态投资回收期、投资利润率、投资利税率。

项目清偿能力指标：借款偿还期、资产负债率、流动比率、速动比率。

盈亏平衡分析：也称量本利分析，将成本划分为固定成本和变动成本并假定产销量一致，根据产量、成本、售价和利润四者的函数关系，确定盈亏平衡点，进而评价方案的一种不确定性分析方法。

敏感性分析：通过分析预测项目主要因素时对项目经济指标的影响，从中找出敏感因素，并确定影响程度的一种方法。

基本步骤：确定分析指标；选择分析的不确定性因素；不确定因素变动对指标的影响程度；确定敏感性因素，对方案的风险情况做出判断。

国民经济评价与项目财务评价的相同点：两者评价的总目标都是使项目以最小的费用取得最大的效益，即使项目净效益最大；两者评价的基本分析方法都是采用现金流量分析方法求出内部收益率、净现值等评价指标，以考察项目可行性；两者评价依据的基础经济数据有许多都是相同的。

两者的区别：评价的目的和角度不同；收益与费用的划分范围不同；评价采用的价格和主要参数不同；评价指标的内涵不同；评价的内容和方法不同。

运行费用：指建设项目竣工投产后，在正常运行期（生产期）间需要支出的各种经常性费用。

制水成本：指城市供水企业通过一定的工程设施，将地表水、地下水进行必要的汲取、净化、消毒处理，使水质符合国家规定标准的生产过程中所发生的合理费用。

包括：原水费或水资源费、原材料费、动力费、制水部门生产人员工资及福利、外购成品水费和制造费用。水价 = 水资源费 +（成本 + 利润）+ 污水处理费；水工程水价由资源水价、工程水价、环境水价、供水利润、供水税收组成。

水价细目：定额水价、单部制水价、两部制水价、三部制水价、阶梯计量水价。

一、技术经济设计简介

（一）技术经济设计的任务、内容

1. 技术经济研究如何使技术实践活动正确选择和合理利用有限资源，挑选最佳活动方案，从而取得最大经济效果。

2. 技术经济指标：指国民经济各部门、企业、生产经营组织对各种设备、各种物资、各种资源利用状况及其结果的度量标准。将两个相关的经济指标进行比较而得到的经济指标才是技术经济。

3. 技术经济设计的任务：对技术方案、技术措施进行评价、论证和预测，为确定最佳方案提供依据。

4. 技术经济设计的内容：市场和用户的调查、预测工作工程项目布局和厂址选择工作；工艺流程确定和设备选择工作；各专业之间的协作落实工作；工程项目的经济核算工作。

（二）产品成本的经济分析

产品成本的构成：原料、辅助材料、包装材料、燃料及公用工程、生产工人工资及附加费、基本折旧费和大修理基金、车间管理费、企业管理费、销售费、扣除副产品收入（副产品收入 = 副产品零售价 − 销售费用 − 增值税）。

（三）车间成本、工厂成本、销售成本

1. 车间成本：车间范围内发生的产品成本；

2. 工厂成本：车间成本加上代摊的工厂范围内发生的企业管理费及营业外损益；

3. 销售成本：工厂成本加上销售费用；

4.总成本：在一定期间为生产一定数量的某种产品而发生的全部费用，一般多指年成本；

5. 单位成本：一定期间的总成本除以该期间的产品产量。

（四）产品成本与基建投资费用的综合分析

工艺方案的产品成本较低，但投资费用很大；工艺方案的产品成本较高，但投资费用很低；设定某方案的投资费用为 K，生产成本为 C。

$K1>K2$；$C1>C2$，选方案 2

$K1>K2$；$C1=C2$，选方案 2

$K1=K2$；$C1>C2$，选方案 2

$K1<K2$；$C1>C2$，用补加投资回收期指标；补加投资回收期指标：指采用某一方案的补加投资额通过成本的节约，而得到补偿的期限。

二、设计概算

（一）设计概算的概念和作用

设计概算：在初步设计或扩大初步设计阶段，根据设计图样及说明书、设备清单、概算定额或概算指标、各项费用取费标准等资料、类似工程预（决）算文件等资料，用科学的方法计算和确定建筑安装工程全部建设费用的经济文件。设计概算是技术和经济的综合性文件，是设计文件的组成部分。

设计概算的作用：是国家制定和控制建设投资的依据；是编制建设计划的依据；是进行拨款和贷款的依据；是签订总承包合同的依据；是考核设计方案的经济合理性和控制施工图预算及施工图设计的依据；是考核和评价工程建设项目成本和投资效果的依据。

（二）设计概算编制的依据

相关法律、法规；设计说明书和图纸；设备价格资料概算指标。若无法查到上述指标，可按以下方法之一：用相同（或类似）结构、参数和相同材质的设备或材料的指标；与制造厂商定按类似工程的预算作为参考进行计算。

三、设计概算编制的内容

（一）设备购置费

工艺设备，电气设备，检测、分析设备及自控设备等，按照设备一览表，以现行的设备价格估算费用，并加上运杂费。

（二）设备安装工程费

工艺设备安装费，电气设备安装费，计量仪器、仪表及自控设备的安装费，设备内填、内衬、保温、防腐剂附属平台、栏杆等材料及安装费，与安装相关的大型临时设施费。

（三）建筑工程费

1. 一般土建工程费：生产厂房、辅助厂房、库房、生活福利房、设备基础、操作台、烟囱、地沟、防洪等。

2. 大型土石方、场地平整及建筑工程所用的大型临时设施费。

3. 特殊构筑物工程，如裂解炉、特殊工业炉、气柜、罐区的大型原料罐或油罐。

4. 室内供排水及采暖通风工程，包括管道煤气、供排水、暖风管道和保温等建筑费用。

5. 电气照明及避雷工程。

6. 管道、阀门及其保温防腐的材料和安装费。

7. 安装工程用的全部电缆、电线、管线、保温材料和安装费。

（四）其他费用

建设单位管理费、临时设施费、研究试验费、生产准备费、土地使用费、勘察设计费、生产用办公与生活家具购置费、化工装置联合试运转费、供电贴费、工程保险费、工程建设监理费、施工机构迁移费、总承包管理费、引进技术和进口设备所需要的其他费用、固定资产投资方向调节税、财务费用、预备费、经营项目铺底流动资金。

四、概算编制的办法

编制概算前，首先要做好准备工作，收集资料、数据，了解厂址情况等。做好准备工作后，做下述四方面的概算：

（一）单位工程概算

单位工程概算是按独立建筑物、构筑物（单项工程）或生产车间分别编制。

（二）综合概算

综合概算是以单项工程为单位进行编制的概算。单项工程概算审核好后，才能进行。

（三）其他费用概算

建设单位管理费；生产工人进厂费及培训费；基本建设试车费；生产工具、家具购置费；建设场地准备费；大型临时设施费；设施机构迁移费及办公和生活用品购置费等，都计入其他费用。

（四）总概算

总概算包括从筹建起，建筑安装工程完成，现场清理，到试车正式投产运行止的全部费用，是由综合概算和其他费用之和构成。

第二节　工程计量与计价

一、工程计量

所谓工程计量，即在施工合同履行过程中，按合同规定对承包人完成工程量的测量和计算。

水利工程施工承包合同大多采用单价合同，其支付款额的基本计算就是计量工程量乘以单价。一般来说，项目的单价在工程量清单中已经确定，但在工程量清单中开列的工程量是招标时的估算工程量，而不是承包人为履行合同应当完成的和用于结算的实际工程量，结算的工程量应是承包人实际完成的并按本合同有关规定计量的工程量。

根据合同规定，不是承包人完成的所有工作都属于直接计量支付的内容。实际上，有些工作的费用已经包含到相关项目之中，不再单独进行计量支付。因此，在计量工作中，应正确掌握并遵守计量原则。例如，在隧洞开挖施工中，由于承包人布眼不当而过多地爆落了石方，相应地也增加了混凝土回填量，这种实际上增加的工程量是不应予以支付的，因为这是由于承包人工作不当而造成的，理应由承包人承担。再如，辗压土坝，为了能压实到规定的密度，施工中必须在边坡线外加填部分土方，称为超填，以后再行削坡处理。如果合同规定土坝工程量按设计图纸计量，则这部分实际超填的工程量也不能计入支付工程量（虽然这种情况又是施工所必需的）。

因此，工程计量较为复杂，成为投资控制的重要环节。

（一）计量原则

计量原则主要有：

1. 计量项目必须是合同中规定的项目、工程量清单中所列的项目、经批准的变更新增项目；或经批准的计日工。

2. 计量项目必须确实已经完成或属于项目的已完成部分。

3. 计量项目必须通过检验，质量应达到合同规定的标准要求。

4. 计量方法必须符合合同的规定。

5. 计量项目的申报资料必须齐全，主要包括：

（1）开工申请报告；

（2）材料、设备和工程质量检验合格证明；

（3）批准的测量控制基线、桩位布置图；

（4）现场计量批准资料。

（二）计量方法

计量方法在合同的技术条款中有明确规定。对土建工程而言，计量方法主要有：

1. 现场测量；

2. 按照设计图纸计量；

3. 仪表计量；

4. 按单据计量；

5. 总价项目的计量；

6. 按监理工程师批准的工程量计量。

（三）计量程序

《水利水电工程标准施工招标文件》（2009 年版）规定的工程计量程序如下：

1. 承包人应按合同规定的计量办法，按月对已完成的质量合格的工程进行准确计量，并在每月末随同月付款申请单，按工程量清单的项目分项向监理人提交已完成的工程量月报表和有关计量资料。

2. 监理人对承包人提交的工程量月报表有疑问时，可以要求承包人派员与监理人共同复核，并可要求承包人在监理人员监督下进行抽样复测；此时，承包人应积极配合和指派代表协助监理人进行复核，并按监理人的要求提供补充的计量资料。

3. 若承包人未按监理人的要求派代表参加复核，则监理人复核修正的工程量应被视为该部分工程的准确工程量。

4. 监理人认为有必要时，可要求与承包人联合进行测量计量，承包人应遵照执行。

5. 承包人完成了工程量清单中每个项目的全部工程量后，监理人应要求承包人派员共同对每个项目的历次计量报表进行汇总和核实，并可要求承包人提供补充计量资料，以确定该项目最后一次进度付款的准确工程量。如承包人未按监理人的要求派员参加，则监理人最终核实的工程量应被视为该项目完成的准确工程量。

二、工程量计价

水利水电工程通常采用单价合同，项目计价一般有单价项目计价、总价项目计价、计日工计价等方式。

（一）单价项目计价

承包人完成了合同工程量清单中的项目后，应根据工程量清单中的单价计价，而不得采用任何其他价格。在未批准变更的情况下，工程量清单中的价格不得做任何调整。

根据合同规定，承包人在投标时，对工程量清单中的每一项都必须提出报价。因此，在合同实施过程中，对于工程量清单中没有单价或合价的项目，应认为该项目的费用及利润已包括在其他单价或合价中，该项目虽然必须完成，但不予任何支付。

（二）总价项目计价

承包人应将工程量清单中的总价承包项目进行分解，并在签署协议书后的 28 d 内将总价项目分解表提交监理人审批。分解表应标明其所属子项或分阶段的工程量和需支付的金额。

工程量清单中的总价承包项目应按分解表统计实际完成情况，将分项应付金额列入相应的月进度付款中支付。

（三）计日工计价

关于计日工的计价，一般采用下列两种方法：

1. 合同中有完成计日工的相应报价时（劳动力、材料、设备计日工报价表），应采用计日工报价表中的项目。

2. 合同中没有完成计日工的相应报价时，计日工费用可根据工程量清单中的相同或类似项目确定计日工价格；没有相同或类似项目时，应根据实际发生的费用加上合同中的有关费率确定计月工价格。

第三节 工程资金的支付

一、预付款

在承包人与发包人签订合同后，为做好施工准备工作（如组织人员、设备进场、进场施工准备工作等），承包人需要大量的资金投入。由于工程项目一般投资巨大，承包人难以承受。因此，为保证工程顺利开工，在施工开始之前，由发包人按合同规定支付承包人一定数额的资金，以供承包人进行施工人员的组织、材料设备的购置及进入现场、完成临时工程等准备工作之用，这笔资金称为预付款。预付款分为工程预付款和永久工程材料预付款。

（一）工程预付款支付与扣还

根据《水利水电工程标准施工招标文件》（2009 年版）规定，预付款用于承包人为合同工程施工购置材料、工程设备、施工设备、修建临时设施以及组织施工队伍进场等，分为工程预付款和工程材料预付款。预付款必须专用于合同工程。预付款的额度和预付办法在专用合同条款中约定。

承包人应在收到第一次工程预付款的同时，向发包人提交工程预付款担保，担保金额应与第一次工程预付款金额相同。工程预付款担保在第一次工程预付款被发包人扣回前一直有效。

工程材料预付款的担保在专用合同条款中约定。预付款担保的担保金额可根据预付款扣回的金额相应递减。

从性质上讲，工程预付款是发包人为施工准备向承包人提供的前期资金支持，不计利息，但需扣还。合同规定，工程预付款由发包人从月进度付款中扣回，起扣时间为合同累计完成金额达到专用合同条款规定的数额（20%~30%）时，且应在合同累计完成金额达到专用合同条款规定的数额（70%~90%）时全部扣清。

（二）永久工程材料预付款支付与扣还

材料预付款是发包人用于帮助承包人购进永久工程的主要材料和主要工程设备所需垫付资金的款项。应支付材料预付款的材料和设备项目及其额度应在合同专用合同条款中规定，额度为实际材料价的 90%。其支付程序为：

1. 永久工程的主要材料或工程设备到达工地并满足以下条件后，承包人可向监理人提交材料预付款支付申请单。申请单应说明：

（1）材料符合技术条款的要求（附材质检验合格证明）；

（2）材料已到达工地，并经承包人和监理人共同验点入库；

（3）附材料的订货单、收据或价格证明文件。

2. 经监理人审核后，在月进度付款中支付。

材料预付款的扣还方式很多。合同条件规定：材料预付款在付款月后的 6 个月内，在月进度付款中每月按该预付款金额的1/6平均扣还,或可在专用合同条款规定其他扣还方式。

二、工程月进度付款

在施工过程中，承包人根据一个月时间内实际完成的支付工程量与技标时的单价进行计算并提出支付申请，经监理工程师审核后签发支付证书，最后由发包人向承包人进行支付，称为工程月进度付款或月结算。工程月进度付款中一般包括：工程变更、计日工、预付款支付与扣还、索赔、保留金扣留、价格调整等。

（一）工程月进度付款程序

1. 承包人应在每月末按监理人规定的格式提交月进度付款申请单，并附有符合合同规定的完成工程量月报表。

2. 监理人在收到月进度付款申请单后的 14 d 内进行核查，并向发包人出具月进度付款证书，提出他认为应当到期支付给承包人的金额。

3. 发包人收到监理人签证的月进度付款证书并审批后，将款项支付给承包人，支付时间不应超过监理人收到月进度付款申请单后 28 d。

月进度付款复核中发现的月进度款支付中的错、漏或重复，可以通过后续付款进行修正或更改，因此，其实质上是临时性进度付款。但是，承包人得到月进度付款，其施工中所需的基本经费才有保证。合同规定，发包人若不按期支付，则应从逾期第一天起按专用合同条款中规定的逾期付款违约金加付给承包人。

（二）工程月进度付款申请单

工程月进度付款申请单应包括以下内容：

1. 已完成的工程量清单中永久工程及其他项目的应付金额。

2. 经监理人签认的当月计日工支付凭证标明的应付金额。

3. 按合同规定的永久工程材料预付款金额。

4. 根据合同规定的价格调整的金额。

5. 根据合同规定承包人有权得到的其他金额。

6. 扣除按合同规定应由发包人扣还工程预付款和永久工程材料预付款的金额。

7. 扣除按合同规定应由发包人扣留的保留金金额。

8. 扣除按合同规定由承包人付给发包人的其他金额。

三、保留金扣留与退还

保留金也称滞留金或滞付金，是为了促使承包人抓紧工程收尾工作，尽快完成合同任务和完成工程缺陷修补工作，按照合同规定，发包人从承包人有权得到的工程付款中按规定比例扣留的金额。

合同条件规定，监理人应从第一个月开始，在给承包人的月进度付款中扣留按专用合同条款规定百分比（一般为 5%~10%）的金额作为保留金（其计算额度不包括预付款和价格调整金额），直至扣留的保留金总额达到专用合同条款规定的数额（一般为合同价的 2.5%~5%）为止。

随着工程项目的完工和保修期满，发包人应退还相应的保留金，具体方式为：

1. 在签发工程移交证书后 14 d 内，由监理人出具保留金付款证书，发包人将保留金总额的一半支付给承包人。

在签发单位工程或部分工程的临时移交证书后，将其相应的保留金总额的一半在月进度付款中支付给承包人。

2. 监理人在合同全部工程的保修期满时，出具支付剩余保留金的付款证书，发包人应在收到上述付款证书后 14 d 内将剩余的保留金支付给承包人。

若保修期满时尚需承包人完成剩余工作，则监理人有权在付款证书中扣留与剩余工作所需金额相应的保留金余额。

四、完工结算

在整个工程完工，通过验收并颁发了工程移交证书后，应进行完工结算。

（一）完工结算程序

1. 在合同工程移交证书颁发后的 28 d 内，承包人应按监理人批准的格式提交一份完工付款申请单，并附有下述内容的详细证明文件：

（1）至移交证书注明的完工日期止，根据合同累计完成的全部工程价款金额。

（2）承包人认为根据合同应支付给他的追加金额和其他金额。

2. 监理人在收到承包人提交的完工付款申请单后的 14 d 内完成核查，提出发包人到期应支付给承包人的价款，送发包人审核并抄送承包人。发包人应在收到后 14 d 内审核完毕，由监理人向承包人出具经发包人签认的完工付款证书。监理人未在约定时间内核查，又未提出具体意见的，视为承包人提交的完工付款申请单已经监理人核查同意。发包人未在约定时间内审核又未提出具体意见的，监理人提出发包人到期应支付给承包人的价款视为已经发包人同意。

3. 发包人应在监理人出具完工付款证书后的 14 d 内，将应付款支付给承包人。若发包人不按期支付，则应从逾期第一天起按专用合同条款中规定，将逾期付款违约金付给承包人。

（二）完工结算时的价格调整

完工结算时，若出现由于合同规定进行的全部变更工作，引起合同价格增减的金额以及实际工程量与工程量清单中估算工程量的差值，导致合同价格增减的金额（不包括备用金和物价变化引起的或法规变更引起的价格调整）的总和超过合同价格（不包括备用金）的 15% 时，应进行价格调整。价格调整金额由监理人与发包人、承包人协商确定。若协商后未达成一致意见，则应由监理人在进一步调查工程实际情况后予以确定，并将确定结果通知承包人，同时抄送发包人。

上述调整金额仅考虑变更和实际工程与工程量清单中估算工程量的差值，引起的增减总金额超过合同价格（不包括备用金）15% 的部分。

五、最终结清

在保修期满，监理人对承包人在此期间的工作表示满意，并签发保修责任终止证书后，承包人可提出最终付款申请。

（一）最终付款程序

1. 承包人在收到保修责任终止证书后的 28 d 内，按监理人批准的格式向监理人提交一份最终付款申请单，该申请单应包括以下内容，并附有关的证明文件：

（1）按合同规定已经完成的全部工程价款金额；

（2）按合同规定应付给承包人的追加金额；

（3）承包人认为应付给他的其他金额。

若监理人对最终付款申请单中的某些内容有异议，有权要求承包人进行修改和提供补充资料，直至向监理人正式提交经监理人同意的最终付款申请单为止。

2. 监理人收到最终付款申请单后的 14 d 内，向发包人出具一份最终付款证书并提交发包人审批。最终付款证书应说明：

（1）按合同规定和其他情况应最终支付给承包人的合同总金额。

（2）发包人已支付的所有金额以及发包人有权得到的全部金额。

（3）发包人审查监理人提交的最终付款证书后，若确认应向承包人付款，则应在收到该证书后的 42 d 内支付给承包人。

若确认承包人应向发包人付款，则发包人应通知承包人，承包人应在收到通知后的 42 d 内付还发包人。

不论是发包人或承包人，或不按期支付，均应按合同规定的相同办法将逾期付款违约金加付给对方。

若承包人和监理人始终未能就最终付款的内容和额度取得一致意见，监理人应对双方已同意的部分内容和额度出具临时付款证书，报送发包人审批后支付。但承包人有权将尚未取得一致的付款内容，按合同规定提请争议解决。

（二）结清单

承包人向监理人提交最终付款申请单的同时，应向发包人提交一份结清单，并将结清单的副本提交监理人。该结清单应证实最终付款申请单的总金额是根据合同规定，应付给承包人的全部款项的最终结算金额。

结清单只在承包人收到退还履约担保证件和发包人已付清监理人出具的最终付款证书中应付的金额后才生效。

第四节 水利工程造价合同管理

一、合同的转让与分包

（一）合同的转让

转让是指中标的承包商把对工程的承包权转让给另一家施工企业的行为。某项合同一经转让，原承包方与发包方的合同关系改变成新承包方与发包方的关系，而原承包方也就解除了该合同的权利与义务。一般地说，业主是不希望转让的。因为原承包方是业主经过资格预审、招投标和评标后选中的。授予合同意味着业主对原承包方的信任。将合同转让给第三方，显然不符合招标的目的和业主的意愿。所以《标准施工招标文件》规定：承包人不得将其承包的全部工程转包给第三人，或将其承包的全部工程肢解后以分包的名义转包给第三人。

（二）合同的分包

分包是指中标的承包方委托第三方为其实施部分或全部合同工程。分包与转让不同，相对于业主，分包不涉及权利转让，其实质应当是承包方为了履约而借助第三方的支援。一个大的工程，往往涉及许多企业内容，仅依靠一个承包方的技术力量、施工设备和劳务来完成并自行组织各种材料、设备的供应，是很困难或者很不经济的。因此合理地进行工程分包，是有利于完成工程任务、提高经济效益的。分包分为一般分包和指定分包两种情况。一般分包是指承包方制订分包合同并挑选分包方。为了防止“层层分包”危及工程质量，《标准施工招标文件》规定：承包人不得将工程主体、关键性工作分包给第三人。除专用合同条款另有约定外，未经发包人同意，承包人不得将工程的其他部分或工作分包给第三人。分包人的资格能力应与其分包工程的标准和规模相适应。按投标函附录约定分包工程的，承包人应向发包人和监理人提交分包合同副本。承包人应与分包人就分包工程向发包人承担连带责任。指定分包是由发包方或监理工程师决定将一部分任务分包给由发包方或监理工程师选定的分包人。分包人经承包方同意后，应被视为承包方雇用的分包人，称为指定分包人。由承包方与其签订分包合同。在合同实施过程中，若发包方需要指定分包人时，应征得承包方同意，并负责协调承包方与分包人签订分包合同，指定分包人应接受承包方的统一安排和监督。由于指定分包人造成的与其分包工作有关的一切索赔、诉讼和损失赔偿均应由指定分包人直接对发包方负责，承包方不对此负责。

二、工程风险

（一）风险的概念

所谓风险一般是指出于从事某项特定活动过程中存在的不确定性而产生的经济或财务损失、自然破坏或损伤的可能性。包括三个方面的基本要素：一是风险因素存在的不确定性；二是风险因素发生的不确定性；三是风险因素发生后所产生后果的不确定性。工程实施过程中，由于自然、社会条件复杂多变，影响因素众多，因此人们将面临很多在招标、投标时难以预料或不可能完全确定的问题，这种不确定性就是风险。风险一旦发生，就会导致成本增加或工期延误，造成承担风险一方的经济损失。但是，风险又是与盈利并存的，如果某一种风险没有出现，或者控制恰当，减少甚至避免了损失，则承担此风险的一方就可能由此而取得效益，这就是“风险－效益原则”。例如，在施工承包合同中，如果采用的是不可调价的合同，即工程的单价或价格均不因物价或劳务价格的涨落而调整，也就是说物价涨落的风险由承包商承担。这种情况下，承包商在投标时必然要考虑到这一风险，而适当提高标价以覆盖万一出现物价上涨而引起的损失。实施过程中，如果物价上涨的幅度超过了所考虑的额度，则承包商会受到损失；如果物价涨幅小于这一额度或没有上涨，则承包商将会由于承担此风险而获得部分效益。反之，如果采用的是调价合同，则物价涨落的风险将由业主承担。这种情况下，合同价格将会因承包商不考虑包含这一风险而有所降低。同样，在合同实施过程中，如果物价不上涨或物价反而下跌，则业主将由于合同价格的减少而受益；反之，业主将必须在原合同价格上再增加支付一笔款项。因此，工程项目参与各方均应做好风险管理工作。

风险管理就是分析处理由不确定性产生的各种问题的一系列方法，包括风险因素辨识、风险评价和风险控制，其目的在于减少不确定性及其影响程度，以便目标尽可能地实现。对于工程项目，风险管理要求各个方面、各个层次的项目管理者建立风险意识，重视风险问题，防患于未然，取利于先机；并在各个阶段、各个环节上实施有效的风险控制，形成一个前后衔接的管理过程。风险管理的目的，并不是消灭风险，在工程项目中大多数风险是不可能由项目管理者消灭或排除的，而是在于有准备、理性地实施项目，减少风险的损失。

（二）风险的种类

从风险的严峻程度分类：从风险的严峻程度，分为非常风险与一般风险。非常风险是指由于出现不可抗拒的社会因素或自然因素而带来的风险，如战争，暴动或超标准洪水、飓风等。这类风险的特点是带来的损失巨大，而且人们一般很难预测与合理地防范。在施工合同中，这种风险通常由业主承担。一般风险是指非常风险以外的风险，这类风险只要认真对待，做好风险管理工作，一般讲是可以避免、转移或减少损失的。从风险原因的性质分类：可分为政治风险、经济风险、技术风险、商务风险和对方的资质与信誉风险。（1）政治风险是指工程所在处的政治背景与变化可能带来的风险。这个问题对于承包商承包国际工程尤为突出，因为业主国的一些政治变动，如战争和内乱、没收外资、拒付债务、政局变化等，都有可能给承包商带来不可弥补的损失。（2）经济风险是指国家或社会一些较宏观的经济因素的变化而带来的风险，如通货膨胀引起材料价格和工资的大幅度上涨，外汇比率变化带来的损失，国家或地区有关政策法规如税收、保险等的变化，而引起的额外费用等。（3）技术风险指一些技术条件的不确定性可能带来的风险，如恶劣的气候条件，勘测资料未能全面正确反映或解释失误的地质情况，采用新技术，设计文件、技术规范的失误等。（4）商务风险指合同条款中有关经济方面的条款及规定可能带来的风险，如支付、工程变更、索赔、风险分配、担保、违约责任，费用和法规变化、货币及汇率等方面的条款。这类风险包含条款中写明分配的、由于条款有缺陷而引起的或者撰写方有意设置的，如所谓“开脱责任”条款等。（5）对方的资质和信誉风险。对方的资质和信誉风险指合同一方的业务能力、管理能力、财务能力等有缺陷或者不圆满履行合同而给另一方带来的风险。在施工承包合同中业主和承包商不仅要相互考虑到对方，同时也必须考虑到监理工程师在这方面的情况。（6）其他风险，如工程所在地公众的习俗和对工程的态度，当地运输和生活供应条件等，都可能带来一定的风险。

（三）风险的分摊

风险的分摊就是在合同条款中写明，上述各种风险由合同哪一方来承担，承担哪些责任，这是合同条款的核心问题之一。合理的风险分配，应该能有助于调动合同当事人积极性，认真做好风险管理工作，从而降低成本、节约投资、对合同双方都是有利的。根据风险管理理论，风险分摊的原则是："合同双方中，谁能更有效地防止和控制某种风险，或者减少该风险引起的损失，则就由谁承担该风险。"按照这一原则，对施工承包合同而言，由于施工承包合同类型的多样性，不同类型的合同其风险分摊亦不同，此处以可调价（指物价调整）的单价合同为例，其工程风险分摊如下：

1. 业主的风险：（1）支付工程量不同于工程量清单上的估计工程量。（2）材料价格及人工工资的涨落。（3）不可抗力事件。（4）国家、地方的法规和政策变化。（5）有经验的承包商也无法预见的不利障碍或条件。（6）异常恶劣的气候条件。（7）设计文件的缺陷。（8）业主占有或使用尚未移交的工程。

2. 承包商的风险：（1）实际单价不同于工程量清单上的单价。（2）承包商负责提供的设备、材料、劳务等的延误。（3）工程施工中的一切问题。（4）承包商自身职工的怠工或罢工。（5）一般天气问题。（6）工地事故。（7）分包商的过失和违约。

（四）风险对策

风险回避，对于自身难以承受的风险，尽可能不承担，如不投资（业主方）或不投标（承包方）；甚至在工程实施发现有很大风险，为减少更多损失而不得已中止合同。风险的转移。将工程实施中的部分风险转嫁到合同当事人以外的第三方来承担，称为风险转移。最常见的转移方式就是保险。业主和承包商通过投保把部分风险转移给保险公司。一旦风险出现造成损失，由保险公司负责赔偿。担保指合同一方为减少对方违约带来的风险，要求对方提供担保。风险准备金是从财务方面为风险做准备。业主方面一般以"暂定金额"（与我国水利工程概估算的"不可预见费"或项目管理预算中"预留风险费用"相类似）形式出现，承包方则将风险费计入投标报价中。采取合作（联合投资或联合投标）方式共同承担风险。采取技术措施、组织措施落实风险责任，目标跟踪及时处理、化解风险。

（五）工程保险

工程保险是指业主或承包商向专门的保险机构（保险公司）缴纳一定的保险费，由保险公司建立保险基金，一旦发生意外事故造成财产损失或人员伤亡，即由保险公司在承保范围内予以补偿的一种制度。它实质上是一种风险转移，即业主和承包商通过投保，将原应承担的风险责任转移给保险公司承担。业主和承包商参加工程保险，只需付出少量的保险费，可换得遭受大量损失得到补偿的保障，从而增强抵御风险的能力。《标准施工招标文件》规定：（1）工程保险。除专用合同条款另有约定外，承包人应以发包人和承包人的共同名义向双方同意的保险人投保建筑工程一切险、安装工程一切险。其具体的投保内容、保险金额、保险费率、保险期限等有关内容在专用合同条款中约定。（2）人员工伤事故的保险。承包人员工伤事故的保险。承包人应依照有关法律规定参加工伤保险，为其履行合同所雇用的全部人员，缴纳工伤保险费，并要求其分包人也进行此项保险。发包人员工伤事故的保险。发包人应依照有关法律规定参加工伤保险，为其现场机构雇用的全部人员，缴纳工伤保险费，并要求其监理人也进行此项保险。（3）人身意外伤害险。发包人应在整个施工期间为其现场机构雇用的全部人员，投保人身意外伤害险，缴纳保险费，并要求其监理人也进行此项保险。承包人应在整个施工期间为其现场机构雇用的全部人员，投保人身意外伤害险，缴纳保险费，并要求其分包人也进行此项保险。（4）第三者责任险。第三者责任险系指在保险期内，对因工程意外事故造成的、依法应由被保险人负责的工地上及毗邻地区的第三者人身伤亡、疾病或财产损失（本工程除外），以及被保险人因此而支付的诉讼费用和事先经保险人书面同意支付的其他费用等赔偿责任。在缺陷责任期终止证书颁发前，承包人应以承包人和发包人的共同名义，投保第三者责任险，其保险费率、保险金额等有关内容在专用合同条款中约定。（5）其他保险。除专用合同条款另有约定外，承包人应为其施工设备、进场的材料和工程设备等办理保险。国际工程承包中常见的保险有工程一切险、承包商设备险、人身事故险、第三方责任险、货物运输险、机动车辆险等。在这些险种中，合同规定必须投保的险种，称为合同规定的保险或强制性保险。FIDIC 合同条件中将前四种险种列为强制性保险，并把前两种合称为工程及承包商设备险。

（六）工程担保的概念和种类

担保是指合同的任何一方为避免对方违约而遭受损失，要求对方提供的可靠保证，所以担保是双向的。而在施工合同中，工程担保一般常指的是业主为避免承包商违约而受损失，要求承包商提供的经济担保。在担保可采用的多种形式中，保证书或保函是最常用的，保函是担保人以书面形式承诺的保证金，是一种可支付的承诺文件，实质相当于承包商在特定条件下交给业主一笔可向担保人索取的保证金。工程招标文件中，通常都会有业主所要求的保函格式。施工承包合同中，常见的担保有以下几种：（1）投标担保。投标担保是保证投标人在担保有效期内不撤销其投标书,并在规定的时间内与业主签署合同(中标后）。在下列情况下，业主有权没收投标担保。投标人在投标有效中标后在规定的时间内未签署合同协议书，未提交履约担保。《标准施工招标文件》规定：招标人与中标人签订合同后 5 个工作日内，向未中标的投标人和中标人退还投标保证金。投标担保的保证金额随工程规模大小而异，一般大型工程为投标价的 0. 5%~3%，中小型工程为投标价的 3%~5%；也可不采用百分比计算，而是规定一个具体金额。投标担保的有效期应略长于投标有效期。以保证有足够的时间为中标人提交履约担保和签署合同所用。（2）履约担保。

履约担保是保证承包商按合同规定，正确完整地履行合同。如果承包商违约，未能履行合同规定的义务，导致业主受到损失，业主有权根据履约担保索取赔偿。履约担保有两种方式：一种是担保业主的经济损失，其担保金额通常为合同价的 10%；另一种是担保按合同要求完成工程，担保金额一般为合同价的 30%。采用何种方式和金额，应在招标文件中明确规定。《标准施工招标文件》规定：承包人应保证其履约担保在发包人颁发工程接收证书前一直有效。发包人应在工程接收证书颁发后 28 d 内把履约担保退还给承包人。（3）预付款担保。预付款担保用于保证承包商将业主提供的预付款用于工程施工并可在进度付款中按约定的方法逐步扣回。预付款担保金额一般与业主所付预付金额相同。但由于预付款是以月进度付款中逐步扣还，因此预付款担保金额也应相应减少，承包商可按月或季凭扣款证明办理担保减值。业主扣还全部预付款后，应将预付款担保退还给承包商。（4）缺陷责任担保。缺陷责任担保是保证承包商按合同规定在缺陷责任期中完成对工程缺陷的修复。如果承包方未能或无力修复应由其负责的缺陷，则业主可另行组织修复，并根据缺陷责任保函索取为修复所支付的费用。缺陷责任担保的有效期与缺陷责任期相同。缺陷责任期满，颁发缺陷责任证书后，业主应将缺陷责任担保退还给承包商。

第十三章　水利水电工程项目的质量控制

Chapter 13

第一节 质量控制的有关概念

一、质量与质量管理基本概念

（一）质量

ISO 9000—2000 族标准中对质量的定义是：一组固有特性满足要求的程度。

1. 上述质量不仅指产品质量，也可以是某项活动或过程的质量，还可以是质量管理体系的质量。

2.“特性”是指可区分的特征。特性可以是固有的或赋予的，也可以是定量的或定性的。“固有的”就是指在某事或某物中本来就有的，尤其是那种永久的特性。这里的质量特性就是指固有的特性，而不是赋予的特性，如某一产品的价格。质量特性，作为评价、检验和考核的依据，包括性能、适用性、可信性（可用性、可靠性、维修性）、安全性、环境、经济性和美学性。

3.“要求”是指明示的、通常隐含的或必须履行的需求或期望。

（1）明示的是指规定的要求，如在合同、规范、标准等文件中阐明的或顾客明确提出的要求。

（2）通常隐含的是指组织、顾客和其他相关方的惯例和一般做法，所考虑的需求或期望是不言而喻的。

（3）必须履行的是指法律、法规要求的或有强制性标准要求的，组织在产品实现过程中必须执行这类标准。

要求可由不同的相关方提出，不同的相关方对同一产品的要求可能是不同的。也就是说，对质量的要求除考虑要满足顾客的需要外，还要考虑其他相关方，即组织自身利益、提供原材料和零部件的供方的利益和社会的利益等。

4. 质量具有时效性和相对性。

（1）质量的时效性：由于组织的顾客和其他相关方对组织的产品、过程和体系的需求和期望是不断变化的，因此，组织应定期评定质量要求、修订规范标准，不断开发新产品、改进老产品，以满足已变化的质量需求。

（2）质量的相对性：组织的顾客和其他相关方可能对同一产品的功能提出不同的要

求，需求不同，质量要求也不同，只有满足要求的产品，才会被认为是好的产品。

（二）质量控制

ISO 9000—2000 族标准中对质量控制的定义是：质量管理的一部分，致力于满足质量要求。

质量控制的目标就是确保产品的质量能满足顾客、法律法规等方面所提出的质量要求。质量控制的范围涉及产品质量形成全过程的各个环节。任何一个环节的工作没做好，都会使产品质量受到损害，从而不能满足质量的要求。因此，质量控制是通过采取一系列的作业技术和活动对各个过程实施控制的。

质量控制的工作内容包括了作业技术和活动。这些活动包括：

1. 确定控制对象，如一道工序、设计过程、制造过程等。

2. 规定控制标准，即详细说明控制对象应达到的质量要求。

3. 制定具体的控制方法，如工艺规程。

4. 明确所采用的检验方法，包括检验手段。

5. 实际进行检验。

6. 说明实际与标准之间有差异的原因。

7. 为解决差异而采取的行动。

质量控制具有动态性，因为质量要求随着时间的进展而在不断变化，为了满足不断更新的质量要求，应对质量控制进行持续改进。

（三）质量保证

ISO 9000—2000 族标准中对质量保证的定义是：质量管理的一部分，致力于提供质量要求会得到满足的信任。

质量保证的内涵不是单纯地为了保证质量，保证质量是质量控制的任务。质量保证是以保证质量为基础，进一步引申到提供信任这一基本目的，而信任是通过提供证据来达到的。质量控制和质量保证的某些活动是互相关联的，只有质量要求全面反映用户的要求，质量保证才能提供足够的信任。

根据目的的不同，可将质量保证分为外部质量保证和内部质量保证。外部质量保证是指在合同或其他情况下，向顾客或其他方提供足够的证据，表明产品、过程或体系满足质量要求，取得顾客和其他方的信任，让他们对质量放心。内部质量保证指的是在一个组织内部向管理者提供证据，以表明产品、过程或体系满足质量要求，取得管理者的信任，让管理者对质量放心。内部质量保证是组织领导的一种管理手段，外部质量保证才是其目的。

（四）质量管理

ISO 9000—2000 族标准中对质量管理的定义是：在质量方面指挥和控制组织的协调的

活动。

1. 组织：职责、权限和相互关系得到安排的一组人员及设施，如公司、集团、企事业单位、研究机构等。

2. 在质量方面的指挥和控制活动，通常包括制定质量方针和质量目标，以及质量策划、质量保证和质量改进。

由定义可知，质量管理是一个组织全部管理职能的组成部分，其职能是质量方针、质量目标和质量职责的制定与实施。质量管理是有计划、有系统的活动，为实施质量管理需要建立质量体系，而质量体系又要通过质量策划、质量控制、质量保证和质量改进等活动发挥其职能。可以说，这四项活动是质量管理工作的四大支柱。

质量体系是指实施质量管理所需的组织机构、程序过程和资源。

质量方针是上层管理者对项目的整个质量目标和方向作出的一个指导性文件。

质量目标由一些特殊的目标组成，且对完成已描述目标有时间限制。

质量管理的目标是组织总目标的重要内容，质量目标和责任应按级分解落实，各级管理者对目标的实现负有责任。

质量管理是各级管理者的职责，但必须由最高管理者领导；质量管理需要全员参与并承担相应的义务和责任；质量管理还必须考虑经济因素。一个组织要搞好质量管理，应加强最高管理者的领导作用，落实各级管理者职责，并加强教育、激励全体职工积极参与。

（五）全面质量管理

全面质量管理（Total Quality Management，TQM）是指一个组织以质量为中心，以全员参与为基础，目的在于通过顾客满意和本组织所有成员及社会受益而达到长期成功的管理途径。

全面质量管理最早起源于美国，在 20 世纪 60 年代日本推行全面质量管理时又有新的发展，并引起了世界各国的瞩目。全面质量管理的基本核心是提高人的素质，增强质量意识，调动人员积极性，人人做好本职工作，通过抓好工作质量来保证和提高产品质量或服务质量。

全面质量管理的特点，集中表现在“全面质量管理、全过程质量管理、全员质量管理”三方面。美国质量管理专家戴明把全面质量管理的基本方法概括为 4 个阶段、8 个步骤，简称 PDCA 循环，又称“戴明环”。

1. 计划阶段：又称 P（Plan）阶段，主要是在调查问题的基础上制订计划。计划的内容包括确立目标、活动等，以及制定完成任务的具体方法。这个阶段包括 8 个步骤中的前 4 个步骤：查找问题；进行排列；分析问题产生的原因；制定对策和措施。

2. 实施阶段：又称 D（Do）阶段，就是按照制订的计划和措施去实施，即执行计划。

这个阶段是 8 个步骤中的第 5 个步骤，即执行措施。

3. 检查阶段：又称 C（Check）阶段，就是检查生产（设计或施工）是否按计划执行，其效果如何。这个阶段是 8 个步骤中的第 6 个步骤，即检查采取措施后的效果。

4.处理阶段：又称A（Action）阶段，就是总结经验和清理遗留问题。这个阶段包括8个步骤中的最后两个步骤：建立巩固措施，即把检查结果中成功的做法和经验加以标准化、制度化，并使之巩固下来；提出尚未解决的问题，转入下一个循环。

在 PDCA 循环中，处理阶段是一个循环的关键。PDCA 的循环过程是一个不断解决问题、不断提高质量的过程。同时，在各级质量管理中都有一个 PDCA 循环，形成一个大环套小环、一环扣一环、互相制约、互为补充的有机整体。在 PDCA 循环中，一般来说，上一级的循环是下一级循环的依据，下一级的循环是上一级循环的落实和具体化。

二、建设项目质量

从狭义上讲，建设项目质量通常是指工程产品质量；而从广义上讲，则应包括工程产品质量和工作质量两方面。

（一）工程产品质量

建设工程产品的质量特性主要表现在以下几方面：

1. 性能

性能即功能，是指工程满足使用目的的各种能力，包括：机械性能（强度、弹性、硬度等），理化性能（尺寸、规格、耐酸碱、耐腐蚀），结构性能（大坝强度、稳定性），使用性能（大坝要能防洪、发电等）。

2. 时间性

工程产品的时间性是指工程产品在规定的使用条件下，能正常发挥规定功能的工作总时间，即服役年限，如水库大坝能正常发挥挡水、防洪等功能的工作年限。一般来说，水库大坝由于筑坝材料（如混凝土）的老化，水库的淤积和其他自然力的作用，它能正常发挥规定功能的工作时间是有一定限制的。机械设备（如水轮机等），也可能由于达到疲劳状态或机械磨损、腐蚀等原因而被限制其寿命。

3. 可靠性

可靠性是指工程在规定的时间内和规定的条件下，完成规定的功能能力的大小和程度。符合设计质量要求的工程，不仅要求在竣工验收时要达到规定的标准，而且在一定的时间内要保持应有的正常功能。

4. 经济性

工程产品的经济性表现为工程产品的造价或投资、生产能力或效益及其生产使用过程中的能超、材料消耗和维修费用的高低等。对水利工程而言，应首先从精心的规划工作开始，在详细研究各种资料的基础上，作出合理的、切合实际的可行性研究报告，并据此提出设计任务书，然后采用新技术、新材料、新工艺，做到优化设计，并精心组织施工、节省投资，以创造优质工程。在工程投入运行后，应加强工程管理，提高生产能力，降低运行、维修费用，提高经济效益。所谓工程产品的经济性，应体现在工程建设的全过程。

5. 安全性

工程产品的安全性是指工程产品在使用和维修过程中的安全程度。例如，水库大坝在规范规定的荷载条件下，应能满足强度和稳定的要求，并有足够的安全系数；在工程施工和运行过程中，应能保证人身和财产免遭危害，大坝应有足够的抗地震能力、防火等级，以及机械设备安装运转后的操作安全保障能力等。

6. 适应性与环境的协调性

工程环境的适应性表现为工程产品适应外界环境变化的能力。例如在我国南方建造大坝时应考虑到水头变化较大，而北方要考虑温差较大。除此之外，工程还要与其周围生态环境协调，以适应可持续发展的要求。

（二）工作质量

工作质量是指参与工程项目建设的各方，为了保证工程项目质量所做的组织管理工作和生产全过程各项工作的水平和完善程度。工作质量包括：社会工作质量，如社会调查、市场预测、质量回访和保修服务等；生产过程工作质量，如政治工作质量、管理工作质量、技术工作质量、后勤工作质量等。工程项目质量是多单位、各环节工作质量的综合反映；而工程产品质量又取决于施工操作和管理活动各方面的工作质量。因此，保证工作质量是确保工程项目质量的基础。

三、影响工程质量的主要因素

工程质量具有两方面的含义：一是指工程产品的特征性能，即工程产品的质量；二是指参与工程建设各方面的工作水平、组织管理等，即工作质量。所谓质量控制，即通过控制工作质量，保证工程的产品质量满足设计要求、合同的标准。在施工阶段对工程质量控制的关键在于控制产品形成全过程中的工作质量，而工作质量又反映到工序施工过程中每一个环节、每一个因素上。所以，工程质量取决于施工过程的工序质量。也就是说，工程质量控制是利用各种手段，对每道工序的人、机械、材料、方法、环境等要素进行控制。

（一）人的因素

人的因素对工序质量的影响主要体现在操作人员的质量意识，遵守操作规程与否，技术水平，操作熟练程度等方面。对人的因素的控制措施包括：严格质量制度，明确质量责任，进行质量教育，提高其责任心；建立质量责任制；严格遵守规程，加强检查，改进操作方法等。

（二）机械因素

对工序质量起影响的机械因素主要包括机械的数量和性能，所以采用的控制措施是确定符合质量、进度要求的机械数量和合理地选择施工机械的型号和性能参数，加强对施工机械的维修、保养和使用管理。

（三）材料因素

影响工序质量的材料因素主要包括材料的成分、物理性能、化学性能等。对材料因素控制的措施是材料的现场检验工作，以及加强订货、采购和进场后的检查、验收工作，使用前的试验管理和合理使用等。

（四）方法因素

影响工序质量的方法因素主要是工艺方法，即工艺流程、工序间的衔接、工序施工手段的选择等。对方法因素控制的主要方法是制定正确的施工方案，加强技术业务培训和工艺管理，严格工艺纪律，合理配合和使用机具等。

（五）环境因素

影响工序质量的环境因素包括自然环境、技术环境和管理环境。自然环境如工程地质、水文地质、水文气象、噪声、通风、振动、照明、污染等，对其控制的措施主要是创造良好的工序环境，排除环境的干扰等。

四、工程质量管理体系

根据《水利工程质量管理规定》，水利工程质量实行项目法人（建设单位）负责、监理单位控制、施工承包单位保证和政府监督相结合的质量管理体系。

（一）政府质量监督体系

政府的质量监督部门从国家利益和社会公共利益、公众安全角度出发，对项目建设行使监督职能，监督项目建设有关各方的建设行为，对工程质量进行宏观监督。

根据国务院国发〔1984〕123号文件《关于改革建筑业和地区基本建设管理体制若干问题的暂行规定》中改革工程质量监督机构办法的条款，国务院有关部门相继制定了质量监督条例，建立了质量监督机构。原水利电力部于1986年7月1日，以水电基字第47号文件颁布了《水利电力部基本建设质量监督条例》；1988年水利部组建后，以水建〔1989〕1号文件颁发了《水利基本建设工程质量监督暂行规定》；1997年12月21日，水利部又颁布了《水利工程质量管理规定》。上述文件中明确规定：政府对水利工程的质量实行监督的制度。水利工程质量监督机构为专职机构，分三级设置：水利部设置水利工程质量监督总站；各省、自治区、直辖市设置水利工程质量监督中心站；地区（市）设置水利工程质量监督站。

（二）项目法人（监理单位）的质量控制体系

项目法人作为项目建设的投资方和受益者，是质量控制的核心。在建设监理制条件下，监理单位受项目法人的委托，进行施工合同管理。在合同管理中，监理单位既要接受政府质量监督部门的监督，又必须尽职尽责地根据国家法律、法规，行业的标准、规范，项目法人与承包人签订的施工承包合同，以及项目法人与监理单位签订的监理委托合同等，对施工承包人行使质量监督管理的权力：审检质量保证体系，审批开工条件，审批施工组织设计及施工技术措施设计，监督施工工艺过程，行使质量认证权与质量否决权，主持重大质量、安全问题的处理等。《水利水电工程标准施工招标文件》（2009 年版）规定："监理人有权对工程的所有部位及其施工工艺、材料和工程设备进行检查和检验。承包人应为监理人的检查和检验提供方便，包括监理人到施工场地，或制造、加工地点，或合同约定的其他地方进行察看和查阅施工原始记录。承包人还应按监理人指示，进行施工场地取样试验、工程复核测量和设备性能检测，提供试验样品、提交试验报告和测量成果以及监理人要求进行的其他工作。监理人的检查和检验，不免除承包人按合同约定应负的责任。"

（三）施工单位的质量保证体系

施工单位是施工质量的基本保证者。施工单位为了保质、保量、按时完成承包合同规定的工程任务，在合同实施过程中，必须在组织机构、职责、程序、活动、能力和资源等方面，合理、完善地形成有机整体，建立健全质量保证体系。《水利水电工程标准施工招标文件》（2009 年版）规定：

1. 承包人应在施工场地设置专门的质量检查机构，配备专职质量检查人员，建立完善的质量检查制度。承包人应按技术标准和要求（合同技术条款）约定的内容和期限，编制工程质量保证措施文件，包括质量检查机构的组织和岗位责任、质量检查人员的组成、质量检查程序和实施细则等，提交监理人审批。监理人应在技术标准和要求（合同技术条款）约定的期限内批复承包人。

2. 承包人应按合同约定，对材料、工程设备以及工程的所有部位及其施工工艺进行全过程的质量检查和检验，并作详细记录，编制工程质量报表，报送监理人审查。

第二节　工程质量监督的程序

工程项目的质量监督工作程序依次为：办理质量监督手续、施工准备监督、施工过程质量监督、工程验收监督等。

一、办理质量监督手续

（一）项目工程质量监督申请

在申办施工许可证或申请开工之前，建设单位应当到工程质量监督部门申请办理质量监督手续，同时提交全套地质勘察报告、施工图及其他有关设计文件，施工图设计文件审查报告，施工总承包、承包及分包合同副本，工程监理合同副本、资质证书和初步设计批准文件等有关资料，并填报《水利工程质量监督申请表》。

（二）项目工程质量监督通知书

在收到建设单位的质量监督申请后，监督站应及时安排有关人员进行审查、核对、验证。如审查合格，应尽快办理工程项目质量监督注册手续；如不合格，补充资料重新申请。

按照《建设工程质量管理条例》的规定，办理质量监督手续是法定程序，不办理质量监督手续的，建设行政主管部门和其他有关专业部门不签发施工许可证或批准工程开工报告，工程不准开工。

质量监督手续办好后，就应安排拟承担该工程质量监督工作任务的工程质量监督员，熟悉设计图纸，查阅地质勘察资料和设计文件。这样不仅可以了解设计意图，初步掌握工程质量控制的关键环节和质量监督到位点，为编制质量监督计划提供依据；还可及时发现设计中的错误和问题，避免造成严重的质量问题或事故。

二、施工准备监督

（一）编制质量监督计划

工程质量监督通知书下达后，受指派的质量监督员要根据工程概况、设计意图、工程特点和关键部位，编制质量监督计划。

质量监督计划应以质量监督站文件的形式下发给建设单位，并抄送给设计、施工、监理单位。

（二）建设单位质量检查体系核查

项目法人、建设单位的组成必须具有一定的条件，在机构设置、技术力量、主要负责人的管理能力、技术负责人的工程经验等方面符合有关规定与项目建设要求，必须具有质量管理机构和相应的规章制度，以便其能够履行质量检查的职责，担负起对工程质量全面负责的重任。

（三）监理单位质量控制体系核查

对监理单位质量控制体系的核查主要包括下列内容：

1. 对监理单位资质等级的核查。

2. 监理单位的技术力量。包括拟任该项目的总监理工程师的技术水平、业务能力、组织协调能力，以及从事监理工作的经历；担任该项目其他监理人员的业务水平、工作能力，以及专业配套情况、持证上岗状况等。

3. 质量控制手段。包括健全的质量管理制度，完善的质量责任制，并有专人负责质量工作；检测设备、仪器和工具的数量和先进程度能否满足检测工作的需要；检测试验人员的能力、数量及持证状况。

4. 监理业务技能。监理人员不仅应具有较高的技术水平、较好的业务能力和较强的组织协调能力，还要具有一定的运用现代管理手段提高工作质量和工作效率的能力，如计算机应用能力等。

除上述内容外，对监理单位编制的监理大纲和监理细则也要进行审查，看其内容是否齐全、完整，措施是否切实、可行，工程监理工作中需要的监理工作用表是否已备齐、备足，必要的办公和管理手段是否已具备等。

（四）施工单位质量保证体系核查

对施工单位质量保证体系的核查主要有下列内容：

1. 施工单位资质等级核查。

2. 施工单位技术力量核查。包括该施工承包单位拟投入本工程的机械设备，拟投入本工程的质量检测与试验设备；拟担任本工程的项目经理和技术负责人的组织管理能力、技术水平和工作业绩，尤其是担任过规模相同或相近工程类似职务，并有良好业绩的工作经历。

3. 承包单位经营管理水平和近期财务状况核查。

（五）勘察设计单位资格核查

对勘察设计单位资质审查的重点应放在其质量体系建立及运行情况和现场服务体系上。如果勘察设计单位建立了比较完善的质量体系，并使之有效运行，每一项作业过程的质量就有了保证，从而就可以保证最终勘察设计成果的质量。同时，还应核查勘察设计单位的现场服务体系是否落实，是否已按勘察设计合同规定派驻勘察设计代表，其人数、业务水平能否满足工程建设需要。

（六）施工组织设计及重要施工技术方案核查

质量监督部门对施工组织设计的检查，主要是检查施工单位编制的施工组织设计。检查和了解监理单位对施工单位提出的施工组织设计有无明确的审查意见，同时对以下几方面予以关注，以便了解和掌握施工质量控制的难点和关键环节。

1. 工程项目经理班子是否健全、真实、可靠。

2. 施工总平面布置是否合理，是否有利于质量控制和质量检测，特别是场地道路、场区防洪排水、场区器材库、场区给水供电、混凝土搅拌站、主要垂直运输机械等的设置位置。

3. 对工程地质特征和场区环境状况要认真审查，主要包括工程地质报告的数据指标是否齐全可靠，基础施工中排水降水措施是否可靠，如何防止塌方事故，如何保证回填土均匀密实，如何防止不均匀沉降，场地环境因素是否考虑周全，跨汛期施工的工程是否有可靠的度讯方案，等等，与此类似的特定因素均要有针对性的质量保证措施。

4. 主要组织措施是否得力，针对性是否很强。

5. 新技术、新材料、新结构或对工程质量、安全、寿命等起关键作用的重要工程部位的施工方案审查。

（七）特殊岗位人员资格核查

质量监督员核查特殊岗位人员的任务，主要是核验那些与建设工程的质量和安全有重要影响的管理、检查和试验人员的岗位证书。主要核验的对象有：总监理工程师、监理工程师、监理员；项目经理、质量检查人员；监理单位和施工单位从事各种试验、理化的人员。对于其他特殊岗位，如施工员、工长、安全员、材料员、焊工、电工等，可根据各工程的具体情况进行必要的审查。

（八）工艺评定试验结果核查

对工艺评定试验结果的核查是质量监督员工作的重要内容。其工作主要是检查与工程施工有关的试验项目、数量是否符合有关规定，试验形成结论的时间是否在该施工作业过程开始之前并经有关人员（建设单位、监理工程师，必要时包括勘察设计单位）评定签字认可（查审签记录）。

（九）计量器具审查

质量监督员应着重对监理单位抽检和施工承包单位自检控制手段进行审查。

（十）主要原材料材质核查

质量监督员核查材料的质量时，主要是审查监理工程师签发的材料采购单、进场材料质量检验报告单，抽查材质证明书和试验报告单，并赴施工现场和材料存储地进行现场检查，主要检查外形、颜色、尺寸、形状、气味，并从其包装、标识等方面检查其型号、品种、数量、性能等指标。

（十一）工程项目划分审查

在工程项目正式开工之前，建设单位应将工程项目划分方案报质量监督部门审定。质量监督部门对工程项目划分方案的审查主要是看其划分方案的合理性如何，是否遵循了有关规定中所要求的大原则，重要分部或关键部位单元工程的确定是否合理等，既要考虑设计施工的安排，又要便于质量检验评定资料的收集与整理。

三、施工过程质量监督

施工过程的质量监督是质量监督工作的重点，也是难点。在施工过程中，不仅要监督建设单位质量检查体系、监理单位质量控制体系、设计单位现场服务体系和施工单位质量保证体系的运行情况，还要通过施工过程实物质量的检查来检验其质量体系的运行效果。

（一）重要隐蔽工程和关键部位单元工程的验收签证

在质量监督计划中，要明确重要隐蔽工程和关键部位的单元工程应有质量监督员到场参与验收，有关方面也应及时通知其参加。质量监督员对重要隐蔽工程和关键部位的单元工程的监督，要审查有无施工技术方案，是否经过有关部门批准认可；是否履行了开工签证手续；施工过程的质量检验、施工记录是否齐全、完整；是否填写了隐蔽工程检查记录表，是否已按规定做了必要的试验，试验项目、数量是否符合有关规定；施工单位的自检记录是否完整、真实、客观。对重要的隐蔽工程和关键部位的单元工程，完工后应组织建设、监理、施工单位进行验收，必要时还应邀请勘察设计和质量检测单位参与验收，质量监督部门应对其验收过程进行监督。

（二）质量检验资料审查

质量检验是保证工程施工质量的重要手段，质量检验资料是评定工程质量等级的依据。质量监督员应经常对建设、监理和施工单位的质量检验、测试记录进行审查，及时发现漏检、错检和错评的现象，以便保证质量检验资料能真实反映工程质量现状。审查的内容大体是：检验项目、数量是否有漏、缺、少的现象，是否符合有关规定；检验人员是否有必要的资格证书，质量检验员是否专职，尤其是终检的质检员应是专职的；检验用的仪器、仪表是否在规定的检定周期范围内；施工单位是否执行了“三检制”，检验是否及时，内容是否完整、真实，填写是否规范，签字是否完整、及时；监理单位是否有完整的质量抽检记录等。

（三）质量问题处理检查

在施工过程中，发现影响结构安全和使用功能的较大质量缺陷，以及发生质量事故，建设单位、监理单位或施工单位应在规定的时间内通知质量监督部门，并按规定的处理程序进行处理。对于施工过程中发现的质量缺陷，施工单位除采取必要的临时安全维护措施外，不能随意采取措施进行处理，未经有关部门同意而擅自处理或掩盖的，必须清除已处理部分，恢复其原状。不论什么样的质量缺陷，都应按规定的处理权限，将处理方案报有关部门，经批准后才能进行处理和掩盖。对于局部不影响结构安全和使用功能的质量缺陷，施工单位也要将质量缺陷处理方案报建设单位、监理单位批准认可；必要时还应经设计单位同意，并做好质量缺陷描述记录和质量缺陷处理过程记录。质量监督员有权了解质量缺陷、质量问题和质量事故真相，有权监督其处理过程，有权参与质量事故的调查。对于隐瞒事故真相，逃避责任的单位或个人，质量监督部门有权建议水行政主管部门给予通报批评。

四、工程验收监督

（一）工程外观质量评定

按照水利行业现行的规定，水利水电建筑物工程的外观质量评定工作应由质量监督部门主持进行，但由于开展这项工作需要一定的场所、测试手段和生活条件，所以由建设、监理单位来组织开展这项工作就比较方便。单位工程完工之后，就应着手进行外观质量评定；水利水电工程的外观质量评定一般由质量监督、建设、监理、设计和施工单位的人员参加，参加人员的数量和技术水平都应满足有关规定。外观质量评定结果，将按规定形成外观质量评定表。

（二）审查竣工验收资料

水利水电工程中单位工程的质量评定结果是由分部工程的质量评定情况，原材料、中间产品、金属结构及启闭机、机电设备安装质量情况，质量检测资料和外观质量评定的结果来综合反映的。所以，质量监督员审查单位工程竣工验收资料，主要是对其完整性、真实性和客观性进行认真审查，必要时可进行审查和复核。

（三）工程质量等级核验

工程质量等级核验，是质量监督员为了搞好质量监督工作，向国家、向人民负责所做的一项重要工作，也是质量监督权威性的具体体现。其工作的好坏，直接影响质量监督部门的形象和威信。为此，质量监督员必须掌握大量的可靠资料和客观证据，最终才能对单位工程的质量做出一个比较客观和实事求是的评价，为竣工验收委员会最终确定工程质量等级提供可靠的依据。

（四）编写质量评定报告

水利水电工程质量评定报告，建筑部门称为《工程质量监督报告》，是质量监督部门全面综合反映其质量监督工作的过程、质量监督工作的主要内容、表明质量监督工作方式、阐述质量等级核定理由的重要文件，是验收委员会确定工程质量等级的主要依据。因此，质量监督部门必须慎重地编写好质量评定报告，并经质量监督站站长签发、单位签章后才能正式对外发布。

（五）工程验收

按照《水利水电建设工程验收规程》（SL223-2008）规定，质量监督部门应参与项目的分部工程验收、单位工程验收、阶段验收和竣工验收。在竣工验收中，应向验收委员会提出正式的《工程质量监督报告》。

（六）质量保修期监督

水利水电工程在保修期间，质量监督员的主要任务是监督设计单位和施工单位进行质量回访；检查、了解工程运行中的质量状况；参与和监督质量问题的调查、分析和处理工作；监督施工单位进行质量保修；监督和参与质量责任的鉴定和处理工作等。

第三节 监理人质量控制的内容与方法

一、监理人质量控制的依据

监理人质量控制的主要依据如下：

1. 国家的法律、法规、规章。
2. 主管部门的有关技术规范、规程和标准。
3. 有关部委（如环保、交通、消防、防汛等）质量标准的有关规定。
4. 发包人和承包人签订的合同文件。
5. 已批准的设计文件和相应的设计变更文件。
6. 发包人和监理人签订的监理协议书。
7. 承包人呈报并经监理人批准的施工组织设计和施工技术措施。
8. 设备制造厂家的设备安装说明书和有关技术标准。

二、监理人质量控制的内容

监理人在施工阶段的质量控制中，应认真做好事前控制、事中控制和事后控制。一般来说，监理人质量控制的主要任务可以归纳为下列几方面。

1. 审查开工条件。在发包人与施工承包人签订合同后，监理人一方面应协助发包人做好承包人进场前的准备工作，另一方面对承包人进场后是否已达到开工条件进行严格审查。

在每一项单位（或分部）工程开工前，监理人还应对开工条件进行严格审查。

2. 建立健全监理质量控制体系，协助承包人建立健全质量保证体系，形成完善的质量管理系统。包括：组织机构，人员安排与职责、权限，会议制度，质量规章制度，原材料和成品、半成品质量检验检测制度，质量检查试验制度，现场质量检验制度，工程质量检验制度，质量统计报表制度，质量事故报告制度，质量文档管理制度，职工培训与上岗制度，职工业绩考核制度以及质量检验手段与技术等。

3. 审查承包人选择的分包人。对于在合同实施过程中承包人选择的分包人，监理人应进行全面、严格的审查。其内容类似于在招标投标过程中对分包人的审查。

4. 审查承包人提出的施工组织设计、施工措施计划。

5. 签发施工图纸。招标文件的图纸资料是承包人投标报价的依据之一，而施工过程中，由设计单位或承包人提供的施工详图经过监理人签发，才能作为合同的施工图纸。

6. 控制材料质量。对工程施工中所采用的原材料、成品、半成品、构件的质量进行检查及审查，凡是所订购的材料，都应经监理人对样品进行检查合格后方可采购，所采购的材料均应有产品合格的证明材料和技术资料，监理人应按规定进行抽检，检验合格后方可使用。工程施工中所采用的新材料、新结构，试验合格并经监理人的批准后方可采用。

7. 控制工程设备质量。对工程中所使用的永久性设备，应按照经过审批的图纸采购订货，设备到货后，监理人应立刻进行检查和验收。

8. 审核设计变更并报发包人同意后签发。

9. 审核和处理重大质量问题、技术问题、安全问题。

10. 审核并检查安全防护设施。

11. 对施工现场作业进行监督和检查。

12. 组织或参与工程检验与验收。

13. 参与工程设备和系统的试压、试验、试运行。

14. 协同政府质量监督部门进行工程质量等级评定。

15. 协助发包人进行技术资料、图纸等文档管理。

三、监理人质量控制的方法

要控制好工程质量，首先，监理人必须具备良好的质量控制素质，主要表现在熟悉合同文件，具有丰富的合同管理和工程实践经验，精通专业技术、规范、标准、工艺方法。其次，应掌握质量控制的具体操作性方法，使人、机械、材料、工艺方法、环境等方面得到控制。根据合同条件对监理人赋予的权力，结合工程实践，监理人可采用以下质量控制方法。

（一）建立质量检验工作制度

建立质量检验工作制度，使质量控制有章可循，有“法”可依，任务明确、责任清楚，是控制工程质量的重要手段之一。

（二）制定质量检验工作程序

为使质量检验工作过程流畅，环节严密，信息上通下达，避免工作失误，应建立严格的工作程序。

（三）严格技术报告审批工作

1. 审查承包人提出的正式开工报告。

2. 审核分包人的技术资质证明文件。

3. 审核承包人提交的施工组织设计和施工措施计划。

4. 审核承包人提交的材料、成品、半成品、构配件的质量检验报告，包括出厂合格证。

5. 审核永久设备的技术性能和质量检验报告是否符合质量保证文件的要求。

6. 审查承包人的《质量保证手册》《安全防护手册》。

7. 审核设计变更、图纸修改等文件。

8. 审核有关工程质量事故的处理报告。

9. 审核有关应用新材料、新技术的技术鉴定报告等。

（四）旁站监理和巡视检查

旁站监理是在关键部位或关键工序施工过程中，由监理人员在现场进行的监督活动。旁站监理是一种主要的现场检查方法，对重要部位的重点环节实行旁站监理，控制施工过程中的人、机械设备、材料、施工工艺、施工环境等，对控制工程质量和施工进度具有重要作用。

巡视检查是监理人员对正在施工的部位或工序在现场进行的定期或不定期的监督活动。这是对工程施工中的一般作业进行的经济有效的监督检查手段。

（五）跟踪检测与平行检测

跟踪检测是在承包人进行试样检测前，监理机构对其检测人员、仪器设备以及拟订的检测程序和方法进行审核；在承包人对试样进行检测时，监理机构实施全过程的监督，确认其程序、方法的有效性以及检测结果的可信性，并对该结果确认。

平行检测是监理机构在承包人对试样自行检测的同时，独立抽样进行的检测，核验承包人的检测结果。

承包人完成每个单元工程，都必须经过初检、复检、终检三检合格后，才能报监理单位检验，监理单位应通过随机抽样检验复核。上一单元工程不合格，不允许进行下道工序或下一单元工程施工。承包方在完工验收申请前，必须自己组织预验，合格后报监理单位。

监理单位在组织初验合格后，才能由项目法人组织正式验收；严把工程计量支付关，未完成的工程不予计量，质量不合格的工程不予计量，假报、虚报款项不予支付。

《水利工程建设项目施工监理规范》规定：监理机构可采用跟踪检测、平行检测方法对承包人的检验结果进行复核。平行检测的检测数量，混凝土试样不应少于承包人检测数量的 3%，重要部位每种标号的混凝土最少取样 1 组，土方试样不应少于承包人检测数量的 5%；重要部位至少取样 3 组；跟踪检测的检测数量，混凝土试样不应少于承包人检测数量的 7%，土方试样不应少于承包人检测数量的 10%。平行检测和跟踪检测工作都应由具有国家规定的资质条件的检测机构承担。平行检测的费用由发包人承担。

第四节　开工前的质量控制工作

发包人与承包人签订施工承包合同之后，监理人应在承包人进场开工前做好一系列准备工作，主要包括：监理单位自身的工作准备，协助发包人做好承包人进场开工前的准备工作，审查承包人的开工条件。这些工作对将来建设工程的顺利进行起着重要作用。

一、监理人的准备工作

1. 依据监理合同约定，适时设立现场监理机构，配置监理人员，并进行必要的岗前培训。

2. 建立监理工作规章制度。

3. 接收、收集并熟悉有关工程建设资料，包括：工程建设法律、法规、规章和技术标准，工程建设项目设计文件及其他相关文件，合同文件及相关资料等。

4. 接收由发包人提供的交通、通信、试验及办公设施和食宿等生活条件，完善工作和生活环境。

5. 组织编制监理规划和监理实施细则，在约定的期限内报送发包人。

二、承包人进场前发包人的准备工作

《水利水电工程标准施工招标文件》（2009 年版）规定：监理人应在开工日期 7 d 前向承包人发出开工通知。监理人在发出开工通知前应获得发包人同意。工期自监理人发出的开工通知中载明的开工日期起计算。承包人应在开工日期后尽快施工。若发包人未能按合同约定向承包人提供开工的必要条件，承包人有权要求延长工期。监理人应在收到承包

人的书面要求后，按约定与合同双方商定或确定增加的费用和延长的工期。承包人在接到开工通知后 14 d 内未按进度计划要求及时进场组织施工，监理人可通知承包人在接到通知后 7 d 内提交一份书面报告，书面报告应说明不能及时进场的原因和补救措施，由此增加的费用和工期延误责任由承包人承担。

根据《水利工程建设项目施工监理规范》规定，发包人的开工准备工作包括：

1. 首批开工项目施工图纸和文件的供应。

2. 测量基准点的移交。

3. 施工用地。

4. 首次工程预付款的付款。

5. 施工合同中约定应由发包人提供的道路、供电、供水、通信等条件。

三、审查承包人的开工条件

根据《水利工程建设项目施工监理规范》规定，承包人的开工准备工作包括：

1. 承包人派驻现场的主要管理、技术人员的数量及资格是否与施工合同文件一致。如有变化，应重新审查并报发包人认定。

2. 承包人进场施工设备的数量和规格、性能是否符合施工合同约定要求。

3. 检查进场原材料、构配件的质量、规格、性能是否符合有关技术标准和技术条款的要求，原材料的储存量是否满足工程开工及随后施工的需要。

4. 承包人试验室应具备的条件是否符合有关规定要求。

5. 督促承包人对发包人提供的测量基准点进行复核，并督促承包人在此基础上完成施工测量控制网的布设及施工区原始地形图的测绘。

6. 砂石料系统、混凝土拌和系统以及场内道路、供水、供电、供风等施工辅助设施的准备。

7. 承包人的质量保证体系。

8. 承包人的施工安全、环境保护措施、规章制度的制定及关键岗位施工人员的资格。

9. 审批承包人提交的中标后的施工组织设计、施工进度计划和资金流计划等技术资料。

10. 审批应由承包人负责提供的设计文件和施工图纸。

11. 审核按照施工规范要求进行的各种施工工艺参数的试验情况。

12. 审核承包人在施工准备完成后递交的项目工程开工申请报告。

四、项目划分

监理机构应按照有关工程施工质量评定规程的要求，组织设计、施工单位进行工程项目划分，报发包人同意后，由发包人报工程质量监督机构认定。

第五节 施工组织设计与施工措施计划的审查批准

在施工招标技标阶段，施工承包人根据招标文件中表明的施工任务、技术要求、施工工期及施工现场的自然条件，结合本单位的人员、机械设备、技术水平和经验，对承包工程做出总的部署，如工程准备采用的施工方法、施工工序、机械设计和技术力量的配置，内部的质量保证系统和技术保证措施。如果该承包人中标，这一施工组织设计与施工措施计划就成了施工承包合同文件的组成部分。然而，在承包人进行现场施工时，仍然必须对每一个分部工程或单位（或部分）工程，甚至特殊的工程难点，制订更为具体的施工组织设计与施工措施计划，详细说明如何实施该分部或单位（或部分）工程的施工并保证其质量。这一重要的施工文件称为《施工组织设计和施工措施计划》，得到监理人的审查批准后才能生效，其主要包括以下内容。

1. 范围

说明本《施工组织设计和施工措施计划》所适用或包括的范围。

2. 施工资源计划

（1）现场所使用的机械设备名称、型号、性能及数量。

（2）人员配置，包括负责该项施工的管理人员、技术人员和技术工人、普通工人、各种机械设备操作人员等。

（3）辅助设施，包括照明、供电、供水系统的配置以及各种临时性设施。

3. 材料供应

（1）材料的技术要求。

（2）材料来源与检验方法、检验标准和施工工艺。

4. 施工操作

（1）施工准备工作，如测量与标准，基础处理，混凝土水平与垂直运输线的布置，搅拌站的准备等。

（2）每一个施工工序的操作方法和技术要求。例如，混凝土工程的模板的架立和支撑，预埋件的理设和固定，混凝土的运输与浇筑，混凝土的养护等，均需说明具体的施工工艺要求、技术要求和注意事项。

5. 质量控制

（1）质量控制的组织机构和人员，质量自检的组织及负责人员。

（2）质量控制点。说明在本项工程的施工工序中有哪些是质量控制点，其中有哪些是质量见证点，哪些是质量待检点，将质量控制点列出清单。

（3）质量控制点的检验方法、检验频率、检验标准。

6. 技术保证措施

承包人应在《施工组织设计和施工措施计划》中说明，为了保证达到技术规范规定的技术要求和检验标准，将采取哪些技术保证措施。例如，在施工放样时，如何保证建筑物坐标位置的准确性、垂直度、坡度和几何尺寸的准确性；用什么技术措施保证混凝土浇筑的质量，或土方填筑的密实度。

7. 安全措施

承包人应说明为了保证施工的安全所采取的技术措施，特别要说明在本项工程施工中有哪些不安全因素，以及所采取的预防措施。对于采用爆破方法进行岩基的开挖或隧洞的开挖，还应制定专门的工作程序和安全措施。

8. 文件及其递交

承包人应说明在本项工程施工中所应填报的有关技术文件和资料，如测量图纸、施工质量跟踪档案、质量自检和监理人的检验记录、试验报告等。其中有些文件，如施工完成后的测量图纸、试验报告等，应上报监理人审核，作为计量的依据。

第六节　承包人人员、材料与设备的质量控制

一、承包人人员管理

根据《水利水电工程标准施工招标文件》（2009 年版）的规定，承包人人员管理的内容主要包括：

1. 承包人应在接到开工通知后 28 d 内，向监理人提交承包人在施工场地的管理机构以及人员安排的报告，其内容应包括管理机构的设置、各主要岗位的技术和管理人员名单及其资格，以及各工种技术工人的安排状况。 承包人应向监理人提交关于施工场地人员变动情况的报告。

2. 为完成合同约定的各项工作，承包人应向施工场地派遣或雇用足够数量的下列人员：

（1）具有相应资格的专业技工和合格的普工；

（2）具有相应施工经验的技术人员；

（3）具有相应岗位资格的各级管理人员。

3. 承包人安排在施工场地的主要管理人员和技术骨干应相对稳定。承包人更换主要管理人员和技术骨干时，应取得监理人的同意。

4. 特殊岗位的工作人员均应持有相应的资格证明，监理人有权随时检查。监理人认为有必要时，可进行现场考核。

5. 承包人应对其项目经理和其他人员进行有效管理。监理人要求撤换不能胜任本职工作、行为不端或玩忽职守的承包方项目经理和其他人员的，承包人应予以撤换。

二、材料与工程设备的质量控制

影响工程质量的原因很多，其中原材料的质量控制尤为重要。其品种多、数量大，且涉及的部门多而复杂，因此，对进场交货的原材料必须严格把关。原材料和成品、半成品进场后，应检查是否有材质证明和按国家规范、标准及有关规定进行试验、检验的记录。

《水利水电工程标准施工招标文件》（2009 年版）规定：

1. 对承包人提供的材料和工程设备，承包人应会同监理人进行检验和交货验收，查验材料合格证明和产品合格证书，并按合同约定和监理人指示进行材料的抽样检验和工程设备的检验测试，检验和测试结果应提交监理人，所需费用由承包人承担。

2. 发包人提供的材料和工程设备，应在专用合同条款中写明材料和工程设备的名称、规格、数量、价格、交货方式、交货地点和计划交货日期等。

承包人应根据合同进度计划的安排，向监理人报送要求发包人交货的日期计划。发包人应按照监理人与合同双方当事人商定的交货日期，向承包人提交材料和工程设备。

发包人应在材料和工程设备到货 7 d 前通知承包人，承包人应会同监理人在约定的时间内，赴交货地点共同进行验收。除专用合同条款另有约定外，发包人提供的材料和工程设备验收后，由承包人负责接收、运输和保管。

3. 对合同规定的各种材料和工程设备，应由监理人与承包人商定进行检查和检验的时间及地点。若监理人因特殊情况无法按时派出监理人员到场时，承包人可自行检查或检验，并立即将检查或检验结果提交监理人。除合同另有规定外，监理人应在事后确认承包人提交的检查或检验结果，若监理人对承包人自行检查和检验的结果有疑问，可按规定进行抽样检验。检验结果证明该材料或工程设备质量不符合合同要求，则应由承包人承担抽样检验的费用；检验结果证明该材料或工程设备质量符合合同要求，则应由发包人承担抽样检验的费用。

4. 承包人未按合同规定对材料和工程设备进行检查和检验，监理人可以指示承包人按合同规定补作检查和检验，承包人应遵照执行，并应承担所需的检查、检验费用和工期延误责任。

承包人不按规定完成监理人指示的检查和检验工作，监理人可以指派自己的人员或委托其他有资质的检验机构、人员进行检查和检验，承包人不得拒绝，并应提供一切方便，由此增加的费用和工期延误责任由承包人承担。

5. 监理人有权要求承包人进行额外检验和重新检验。

（1）若监理人要求承包人对某项材料和工程设备进行检查和检验且在合同中未作规定，监理人可以指示承包人增加额外检验，承包人应遵照执行，但应由发包人承担额外检验的费用和工期延误责任。

（2）不论何种原因，若监理人对以往的检验结果有疑问时，可以指示承包人重新检验，承包人不得拒绝。若重新检验结果证明这些材料和工程设备不符合合同要求，则应由承包人承担重新检验的费用和工期延误责任；若重新检验结果证明这些材料和工程设备符合合同要求，则应由发包人承担其重新检验的费用和工期延误责任。

6. 承包人未经监理人同意就接受并使用了不合格的材料或工程设备，监理人有权按规定指示承包人予以处理，由此造成的损失由承包人负责。

监理人的检查或检验结果表明该材料或工程设备不符合合同要求时，监理人可以拒绝验收，并立即通知承包人，承包人除应立即停止使用外，还应与监理人共同研究补救措施，由此增加的费用和工期延误责任由承包人承担。

7. 工程使用的一切材料和工程设备，均应满足技术条款和施工图纸规定的品级、质量标准和技术特征。监理人在工程质量的检查和检验中发现承包人使用了不合格的材料和工程设备时，可以随时发出指示，要求承包人立即改用合格的材料和工程设备，并禁止在工程中继续使用这些不合格的材料和工程设备。若承包人无故拖延或拒绝执行监理人的上述指示，则发包人有权委托其他承包人执行该项指示，由此增加的费用、利润及工期延误责任由原承包人承担。

对材料和半成品的质量控制，一般来讲，监理人应进行以下各项工作：

（1）检查承包人是否严格按质量标准要求，做好了材料、半成品的订货和采购工作。承包人确定订货前，先把生产厂家的资信简介、有关技术资料、试验数据和样品呈报监理人检查。监理人认为能满足要求时，方可同意订货。当缺乏可靠数据资料或有疑问时，需共同对工厂的生产工艺、管理方式、质量控制检测手段等进行实地调查，确认其可靠性后才能订货。

（2）按验收标准，做好材料、半成品的检查验收工作，若发现有不符合标准的材料，应立即要求承包人予以更换，并将不合格材料在使用前全部运出施工现场。此类事件在实际工作中时有发生。

（3）按规定检查材料的仓储、保管是否得当，特别应该注意的是水泥、外加剂的保管质量。

（4）检查施工材料是否按施工进度计划要求供应到了现场，特别应该注意的是混凝土工程，施工材料若未备足（包括适当富裕量），绝不允许进行开盘浇筑。

（5）承包人不得擅自变更产品供货单位，如需改变，需提前报监理人批准。

（6）工地试验室。进行质量控制的另一个有效手段即现场试验。除了要求承包人按合同所要求的规模建立工地试验室，并按试验规定取样试验外，监理试验专业工程师也采取抽样试验方式对承包人的成果加以核实，以事实为依据，以数据来公正评价施工质量。除通常对钢筋、水泥、混凝土配合比等进行试验外，还对承包人自购材料，如止水带、沥青等进行试验。

三、承包人施工设备的管理

在施工承包人与发包人签订施工承包合同时，已经较明确地规定了按合同规定保证工程的施工，以及保修期维护工程所需的设备性能、型号、质量、数量。因此，按照合同规定提供相应的工程施工设备是承包人的合同义务。

在工程开工前，凡开工时所需要的施工设备应首先进入施工现场。然后按施工进度计划，制订施工设备进场计划，供监理人审查。

在施工设备进场时，施工承包人应填报“进场设备报验单”，并报监理人审查。监理人应核查进场设备的数量、型号、新旧程度、出厂合格证及使用说明书。对重要设备，还应做现场性能试验。不合格的设备应予以更换。承包人的旧施工设备进入工地，必须按有关规定进行年检和定期检修，并应由具有设备鉴定资格的机构出具检修合格证或经监理人检查后才准进入工地。承包人还应在旧施工设备进入工地前提交主要设备的使用和检修记录，并应配置足够的备件以保证旧施工设备的正常运行。

除了对设备本身检验外，监理人还应核查设备操作人员的素质、驾驶执照、操作证、上岗证，并考虑其技术熟练程度。

根据《水利水电工程标准施工招标文件》（2009 年版）的规定：

1. 除合同另有约定外，运入施工场地的所有施工设备以及在施工场地建设的临时设施应专用于合同工程。未经监理人同意，不得将上述施工设备和临时设施中的任何部分运出施工场地或挪作他用。经监理人同意，承包人可根据合同进度计划撤走闲置的施工设备。

2. 承包人使用的施工设备不能满足合同进度计划和（或）质量要求时，监理人有权要求承包人增加或更换施工设备，承包人应及时增加或更换，由此增加的费用和（或）工期延误责任由承包人承担。

第七节　施工的质量控制

施工过程的质量控制，就是对影响工程质量的主要因素——人、设备、材料、工艺、环境，严格地做好事前审批、事中监督、事后把关工作，严格工作程序和工作制度的管理。

一、施工过程中监理人质量控制的程序

在施工过程中，监理人对单位（或分部）工程的质量控制按下述程序进行。

（一）审核承包人的《单位（或分部）工程开工申请单》

在每个单位（或分部）工程施工开始前，施工承包人均需填写《单位（或分部）工程开工申请单》，并附上施工组织设计及施工措施计划、机具设备与技术工人数量、材料及施工机具设备到场情况等材料，各项施工用的建筑材料试验报告，以及分包人的资格证明等，报送监理人进行审核。

监理人在收到《单位（或分部）工程开工申请单》后，在规定的时间内，会同有关部门检查核实承包人的施工准备工作情况。如果认为满足合同要求和具备施工条件时，可签发《单位（或分部）工程开工申请单》，承包人在接到已签发的《单位（或分部）工程开工申请单》后即可开工。如果审核不合格，监理人应指出承包人施工准备工作中存在的问题，并要求限期解决。此时，承包人应按照监理人指出的问题，继续做好施工准备，届时再次填报《单位（或分部）工程开工申请单》供监理人审核。

（二）现场检查和监理试验室试验（或联合检查）

在单位（或分部）工程过程中，监理人除了应检查、帮助、督促承包人的全面质量管理保证体系正常运作之外，还应要求承包人严格执行工程质量的“三检制”。当承包人在按规范、合同规定的工艺和技术要求完成每一道工序后，首先应由班组兼职质检员填写初检记录，班组长复核签字。一道工序可由几个班组填写初检记录，再由质检科的专职质检员或施工队的兼职质检员，与施工技术人员一起搞好复检工作，并填写复检意见。搞好施工质量复检是考核、评定施工班组工作质量的依据，要努力提高一次检查合格率。然后，

必须由质检（管）处或施工单位的专职质检员进行终检，并签署终检意见。在终检合格后签发《合格证》。由承包人填写“工程质量报验单”并附上自检资料，报请监理人进行检查认证。监理人应在商定的时间到现场对每一道工序进行检测，包括目测、手测、机械检测等方法，逐项进行检查，必要时利用承包人的试验室进行现场抽检。所有检查结果均应做详细的记录。对于关键部位或重要的工序，还要进行旁站检查、中间检查和技术复核，以防止质量隐患。对重要部位的施工状况或发现的质量问题，除了做详细记录外，还应采用拍照、录像等手段记录并存档。

隐蔽工程和工程的隐蔽部位，经承包人的自检确认具备覆盖条件后的 24 h 内，承包人应通知监理人进行验收。通知应按规定的格式说明验收地点、内容和验收时间，并附有承包人自检记录和必要的验收资料。监理人应按通知约定时间指派监理人员到场进行验收，在监理人员确认质量符合技术条款要求，并在验收记录上签字后，承包人才能进行覆盖。监理人应在约定的时限内到场进行隐蔽工程和工程隐蔽部位的验收，不得无故缺席或拖延。若监理人因特殊情况无法按时派出监理人员到场验收时，应延期验收，工期延误责任和费用增加由发包人承担。承包人未及时通知监理人到场验收而私自将隐蔽部位覆盖，监理人有权指示承包人采用钻孔探测直至揭开进行检验，由此增加的费用和工期延误责任由承包人承担。

（三）签发《工程质量合格证》

经现场检查和试验室检验（或联合检查）的所有项目均合格之后，监理人可就该道工序签发《工程质量合格证》，承包人可进行下一道工序施工。上一道工序未经监理人检查或检查不合格，不得进行下一道工序的施工。如果监理人检查不合格，则应令承包商返工。返工后再经监理人检查，合格后签发《工程质量合格证》，才能进行下一道工序施工。如果监理人认为必要，也可对承包人已覆盖的工程质量进行抽检，承包商不得阻碍，必须提供抽查条件。如抽检不合格，应按工程质量事故处理，返工合格后方可继续施工。对于违反合同规定，未经监理人检查而强行覆盖的，将作为违规违约论处。

（四）填写《中间交工证书》

在单位（或分部）工程每一道工序都经过工程师检查认证后，直到全部单位（或分部）工程完成，承包人可填写《中间交工证书》，上报监理人。监理人应汇总检查该单位（或分部）工程中每一道工序的《工程质量合格证》，并将其编号填入《中间交工证书》。

（五）组织现场检查

监理人在收到承包人的《中间交工证书》并汇总检查该单位（或分部）工程中每道工序的《工程质量合格证》后，应组织发包人、承包人以及质量监督站和各有关专业监理人，再次对该单位（或分部）工程进行全面的检查，以确定是否具备中间交工的条件。必要时，可进行试验室检查。

（六）签发《中间交工证书》

经过上述检查，如果发现工程质量不合格，监理人可签发“不合格工程通知”，要求承包人对不合格的工程予以拆除、更换、修补或返工。如果检查合格，则对该单位（或分部）工程予以中间验收，并签发《中间交工证书》。这是单位（或分部）工程最后计量支付的基本条件。

二、施工过程中的工序质量控制

工序是指人、机械、材料、方法、环境等因素对工程综合起作用的过程，它是组成工程施工过程的单元。工序质量控制就是对生产活动效果的质量控制，根据工序质量检验及对反馈来的工程产品性能特征各方面的质量数据的分析，针对存在的差异问题采取措施，尽可能消除这些差异，使质量达到要求，并保持稳定的调节管理过程。工序质量控制就是对施工过程的每一道工序质量进行控制，使每一道工序质量符合要求，它是一种质量预防。工序质量控制是以工序分析为基础的，工序分析为工序的质量控制提供了信息和方法。

（一）工序施工前的质量控制

每一道工序施工前，都要检查上一道工序有无《工程质量合格证》。只有在上一道工序经监理人检查认证，并签发了《工程质量合格证》，而且本工序所使用的材料、施工机械设备、环境等因素以及操作人员符合了规定的条件，并得到工程师的批准时，才能进行本工序的施工。

（二）工序施工过程中的质量控制

在工序施工过程中，要求施工承包人加强工序质量管理，通过对工序能力及工序条件的分析研究，充分管理施工工序，使之处于严格的控制之中，以保证工序的质量。同时，在工序施工过程中，监理人也应加强工序质量控制，在工序施工过程中及时检查和抽查，对重要的工序实行旁站检查。对承包人设置的控制点（或见证点、待检点），应重点检查和控制。

工序施工过程中的质量控制以工序分析为基础，工序分析一般有下述三个步骤。

1. 应用因果分析图进行分析，通过分析，在书面上找出支配性要素。该步骤包括 5 项活动：

（1）选定工序分析的对象。对关键的、重要的工序或根据过去资料认定经常发生问题的工序，可选定为工序分析的对象。

（2）确定参加分析的人员，明确任务，落实责任。

（3）对经常发生质量问题的工序，应掌握现状和问题点，确定改善工序质量的目标。

（4）组织会议，应用因果分析图进行工序分析，找出工序支配性要素。

（5）针对支配性要素拟订对策计划，决定试验方案。

2. 实施对策计划：按试验方案进行试验，找出质量特性和工序支配性要素之间的关系，经过审查，确定试验结果。

3. 制定标准，控制支配性要素：

（1）将试验核实的支配性要素编入工序质量表，纳入标准或规范，落实责任部门或人员，并经批准。

（2）各部门或有关人员对自己负责的支配性要素，按标准、规定实行重点管理。

（三）工序完成后的质量控制

工序完成后，首先要求承包人自检。自检要求实行“三检制”，即每道工序完成后必须进行施工班组的施工质量初检，质检科专职质检员或施工队兼职质检员与施工技术人员一起进行的复检，以及承包人质检处或专职质检员的终检。自检合格后，由承包人填写“工程质量报验单”。

监理人接到“工程质量报验单”后，要组织对工序进行检查认证，对于分工序施工的单元工程，未经工程师的检查认证或检查不合格的，不得进行下一道工序的施工。

监理人在对每道施工工序进行检查时，应根据施工承包人填写的“单元工程质量等级评定表”逐项进行全检或抽检，并做详细记录。在检查、检测之后，可进行工程质量评定。

三、质量控制点的设置

质量控制点是指为了保证作业过程质量而确定的重点控制对象、关键部位或薄弱环节。设置质量控制点是保证达到施工质量要求的必要前提，监理人在拟订质量控制工作计划时，应予以详细的考虑，并以制度来保证落实；对于质量控制点，要事先分析可能造成质量问题的原因，再针对原因制定对策和措施以进行预控。

（一）质量控制点的控制措施设计步骤

承包人应在提交的施工措施计划中，根据自身的特点确定质量控制点，在通过监理人审核后，就要针对每个控制点进行控制措施的设计，主要步骤和内容如下：

1. 列出质量控制点明细表。

2. 设计质量控制点施工流程图。

3. 进行工序分析，找出影响质量的主要因素。

4. 制定工序质量表，对上述主要因素规定明确的控制范围和控制要求。

5. 编制保证质量的作业指导书。

（二）质量控制点的控制措施实施

1. 进行质量控制点的设置及控制措施交底，树立以预防为主的思想。

2. 监理人员要在施工现场进行重点指导、检查、验收；对关键的质量控制点要进行旁站监理。

3. 严格要求操作人员按作业指导书进行认真操作，保证各环节的施工质量。

4. 按规定做好检查，认真记录检查结果，取得准确、客观的第一手数据。

5. 运用数理统计方法对检查结果进行分析，不断地进行改进，直至质量控制点验收合格。

（三）质量控制点的设置对象

设置质量控制点的对象，主要有以下几方面：

1. 关键的分项工程，如大体积混凝土工程，土石坝工程的坝体填筑，隧洞开挖工程等。

2. 关键的工程部位，如混凝土面板堆石坝、面板趾板及周边缝的接缝，土基上水闸的地基基础，预制框架结构的梁板节点，关键设备的设备基础等。

3. 薄弱环节，是指经常发生或容易发生质量问题的环节，施工承包人施工无把握的环节或采用新工艺（材料）施工的环节等。

4. 关键工序，如钢筋混凝土工程的混凝土振捣，灌注桩的钻孔，隧洞开挖的钻孔布置、方向、深度、用药量和填塞等。

5. 关键工序的关键质量特性，如混凝土的强度，土石坝的干容重等。

6. 关键质量特性的关键因素，如冬季混凝土强度的关键因素是环境（养护温度），支模稳定性的关键因素是支撑方法，泵送混凝土输送质量的关键因素是机械等。

第八节　工程质量事故处理

一、工程质量事故

工程建设中或竣工后，由于设计、勘察、施工、监理、咨询、材料、设备等原因，造成工程质量不符合规程、规范和合同规定的质量标准，影响工程的使用寿命或正常运用，一般需要返工或采取补救措施的，统称为工程质量事故。由于施工原因造成的工程质量事故，称为施工质量事故。

工程质量事故按直接经济损失的大小，检查、处理事故对工期影响的时间长短和对工程正常使用的影响，分为一般质量事故、较大质量事故、重大质量事故、特大质量事故。

1. 一般质量事故是指对工程造成一定经济损失，经处理后不影响正常使用并不影响使用寿命的事故。

2. 较大质量事故是指对工程造成较大经济损失或延误较短工期，经处理后不影响正常使用但对工程寿命有一定影响的事故。

3. 重大质量事故是指对工程造成重大经济损失或较长时间延误工期，经处理后不影响正常使用但对工程寿命有较大影响的事故。

4. 特大质量事故是指对工程造成特大经济损失或较长时间延误工期，经处理后仍对正常使用和工程寿命造成较大影响的事故。

二、产生工程质量事故的原因

产生工程质量事故的原因有多种多样，但可归纳为以下几方面：

1. 设计错误。结构方案不正确，计算简图与实际受力不符，荷载取值过小，内力分析有误等，都是诱发质量事故的隐患。

2. 自然灾害。工程建设受自然条件影响大，雷电、洪水、大风暴等都能造成重大的质量事故。

3. 施工原因。施工过程中的某些因素或环节是引起施工质量事故最经常的、最直接的原因。

4. 工程地质的原因。例如，地质勘察报告不详细、不准确等，均会导致采用错误的基础方案，造成地基不均匀沉降、失稳，使上部结构及墙体开裂、破坏、倒塌。

5. 设备、材料及制品不合格或有缺陷；使用荷载超过原设计的容许荷载；任意开槽、打洞、削弱承重结构的截面等。

6. 管理原因。由于管理原因引起工程质量问题是十分普遍的，如由于管理不善导致人员责任心差、工作秩序混乱、控制检验不严、偷工减料、复杂的现场条件或技术问题没有引起足够的重视等。

三、工程质量事故分析处理程序

依据 1999 年水利部颁发的《水利工程质量事故处理暂行规定》（水利部令第 9 号），水利工程质量事故分析处理程序如下：

（一）下达停工指示

事故发生（发现）后，总监理人首先向施工单位下达《停工通知》。

事故发生后，施工单位要严格保护现场，采取有效措施抢救人员和财产，防止事故扩大。因抢救人员、疏导交通等原因需移动现场物件时，应当作出标志、绘制现场简图并作出书面记录，妥善保管现场重要痕迹、物证，并进行拍照或录像。

发生（发现）较大、重大和特大质量事故，事故单位要在 48 h 内向有关单位写出书面报告；突发性事故，事故单位要在 4 h 内电话向有关单位报告。

1. 质量事故的报告制度

发生质量事故后，项目法人必须将事故的简要情况向项目主管部门报告。项目主管部门接到事故报告后，按照管理权限向上级水行政主管部门报告。

（1）一般质量事故向项目主管部门报告。

（2）较大质量事故逐级向省级水行政主管部门或流域机构报告。

（3）重大质量事故逐级向省级水行政主管部门或流域机构报告并抄报水利部。

（4）特大质量事故逐级向水利部和有关部门报告。

2. 质量事故报告内容

事故报告应当包括以下内容：

（1）工程名称、建设规模、建设地点、工期，项目法人、主管部门及负责人电话；

（2）事故发生的时间、地点、工程部位以及相应的参建单位名称；

（3）事故发生的简要经过，伤亡人数和直接经济损失的初步估计；

（4）事故发生原因初步分析；

（5）事故发生后采取的措施及事故控制情况；

（6）事故报告单位、负责人及联系方式。

有关单位接到事故报告后，必须采取有效措施，防止事故扩大，并立即按照管理权限向上级部门报告或组织事故调查。

（二）事故调查

发生质量事故，要按照规定的管理权限组织调查组进行调查，查明事故原因，提出处理意见，提交事故调查报告。

一般质量事故由项目法人组织设计、施工、监理等单位进行调查，调查结果报项目主管部门核备。

较大质量事故由项目主管部门组织调查组进行调查，调查结果报上级主管部门批准并报省级水行政主管部门核备。

重大质量事故由省级以上水行政主管部门组织调查组进行调查，调查结果报水利部核备。

特大质量事故由水利部组织调查。

事故调查组的主要任务：

1. 查明事故发生的原因、过程、财产损失情况和对后续工程的影响；

2. 组织专家进行技术鉴定；

3. 查明事故的责任单位和主要责任者应负的责任；

4. 提出工程处理和采取措施的建议；

5. 提出对责任单位和责任者的处理建议；

6. 提交事故调查报告。

事故调查组提交的调查报告经主持单位同意后，调查工作即告结束。

（三）事故处理

发生质量事故，必须针对事故原因提出工程处理方案，经有关单位审定后实施。

一般质量事故，由项目法人负责组织有关单位制定处理方案并实施，报上级主管部门备案。

较大质量事故，由项目法人负责组织有关单位制定处理方案，经上级主管部门审定后实施，报省级水行政主管部门或流域机构备案。

重大质量事故，由项目法人负责组织有关单位提出处理方案，征得事故调查组意见后，报省级水行政主管部门或流域机构审定后实施。

特大质量事故，由项目法人负责组织有关单位提出处理方案，征得事故调查组意见后，报省级水行政主管部门或流域机构审定后实施，并报水利部备案。

事故处理需要进行设计变更的，需原设计单位或有资质的单位提出设计变更方案。需要进行重大设计变更的，必须经原设计审批部门审定后实施。

（四）检查验收

事故部位处理完成后，必须按照管理权限经过质量评定与验收后，方可投入使用或进入下一阶段施工。

（五）下达《复工通知》

事故处理经过评定和验收后，监理人下达《复工通知》。

四、质量事故的处理原则

质量事故发生后，事故处理应坚持“三不放过”的原则，即事故原因不查清不放过，事故主要责任者和职工未受到教育不放过，补救和防范措施不落实不放过。按事故严重程度，分别由承包人召集有关施工队长、班组长和施工人员，共同分析发生事故的原因，查明事故责任，研究防范措施，对责任者进行批评、教育或处罚，并以具体事例向有关人员进行宣传教育，防止事故重复发生。

由质量事故造成的损失费用，坚持谁该承担事故责任由谁负责的原则。施工质量事故若是承包人的责任，则事故分析和处理中发生的费用完全由承包人自己负责。施工质量事故责任者若非承包人，则质量事故分析和处理中发生的费用不能由承包人承担，施工承包人可向发包人提出索赔。质量事故若是设计单位或监理人的责任，应按照设计合同或监理委托合同的有关条款，对责任者按情况给予必要的处理。

对质量事故的处理，一般做出三种决定。

（一）不需进行处理

在下列情况下，监理人常做出不需要进行处理的决定。

1. 不影响结构安全、生产工艺和使用要求。

2. 某些轻微的质量缺陷，通过后续工序可以弥补的可不作处理。

3. 检验中的质量问题，经论证后可不作处理。

4. 对出现的事故，经复核验算，仍能满足设计要求者可不作处理。

（二）修补处理

监理人对某些虽然未达到规范规定的标准，存在一定的缺陷，但经过修补后还可以达到规范要求的标准，同时又不影响使用功能和外观的质量问题，可以作出进行修补处理的决定。

（三）返工处理

凡是工程质量未达到合同规定的标准，有明显而又严重的质量问题，又无法通过修补来纠正所产生的缺陷，监理人应对其做出返工处理的决定。

第九节 保修期质量控制

一、保修期

保修期自工程移交证书中写明的全部工程完工日开始算起，并在专用合同条款中规定。水利水电土建工程的保修期一般为一年。

在全部工程完工验收前，已经发包人提前验收的单位工程或部分工程，若未投入正常使用，其保修期亦按全部工程的完工日开始算起。若发包人提前验收的单位工程或部分工程在验收后即可投入正常使用，其保修期应从该单位工程或部分工程移交证书上写明的完工日算起。

二、保修期承包人的质量责任

在保修期间，承包人的一般责任是：按照经监理人批准的尾工措施计划组织施工，及时按计划完成尾工任务并报监理人认可；负责及时修复新的缺陷和损坏。

在保修期内，无论何种原因造成的工程质量责任，承包人均有义务负责修理。

三、保修期监理人质量控制任务

1. 监理机构应督促承包人按计划完成尾工项目，协助发包人验收尾工项目，并为此办理付款签证。

2. 督促承包人对已完工程项目中所存在的施工质量缺陷进行修复。在承包人未能执行监理机构的指示或未能在合理时间内完成修复工作时，监理机构可建议发包人雇用他人完成质量缺陷修复工作，并协助发包人处理由此所发生的费用。

若质量缺陷是由发包人或运行管理单位的使用或管理不周造成的，监理机构应受理承包人因修复该质量缺陷而提出的追加费用付款的申请。

3. 签发工程项目“保修责任终止证书”。

4. 保修期间，现场监理机构应适时予以调整，除保留必要的人员和设施外，其他人员和设施可撤离，或将设施移交发包人。

四、保修责任终止证书

保修期或保修延长期满，承包人提出保修期终止申请后，监理机构在检查承包人已经按照施工合同约定完成全部其应完成的工作，且经检验合格后，应及时办理工程项目保修期终止事宜。

在整个工程保修期满后的 28 d 内，由发包人或授权监理人签署和颁发“保修责任终止证书”给承包人。若保修期满后工程质量缺陷还未修补，则需待承包人按监理人的要求完成缺陷修复工作后，再颁发保修责任终止证书。尽管颁发了保修责任终止证书，发包人和承包人均仍应对保修责任终止证书颁发前尚未履行的义务和责任负责。

第十四章　水利水电工程项目的安全施工管理

Chapter　14

第一节　水利水电工程项目安全生产的法律法规

一、法律法规的获取与识别

（一）法律法规体系结构

安全生产管理是建立在安全生产法规体系基础上的一个系统工程。自 2000 年以来，我国按照“安全第一，预防为主，综合治理”的安全生产方针，加大了安全生产立法工作力度，现已初步建立起了规范完善的安全生产、劳动保护法律法规体系。与此同时，我国还制定和颁布了数百余项安全卫生方面的国家标准，加入了有关安全卫生的国际公约或条约。

1. 法律

（1）基本法：《宪法》。

（2）一般法：《安全生产法》。

（3）特别法：《矿山安全法》《消防法》和《道路交通安全法》等。

（4）相关法：《劳动法》《建筑法》《工会法》《煤炭法》《民法》《刑法》和《职业病防治法》等。

2. 配套行政法规

《安全生产许可证条例》

《建设工程安全生产管理条例》

《危险化学品安全管理条例》

《民用爆炸物品安全管理条例》

《特种设备安全监察条例》

《使用有毒物品作业场所劳动保护条例》

《国务院关于特大安全事故行政责任追究的规定》

《生产安全事故报告和调查处理条例》

《工伤保险条例》

3. 配套部门规章

《生产经营单位安全培训规定》

《特种作业人员安全技术培训考核管理规定》

《劳动防护用品监督管理规定》

《作业场所职业危害申报管理办法》

《建设工程消防监督管理规定》

《安全生产事故隐患排查治理暂行规定》

《生产安全事故应急预案管理办法》

《生产安全事故信息报告和处置办法》

《建设项目安全设施“三同时”监督管理暂行办法》

《水利工程建设安全生产管理规定》

《水利工程建设项目验收管理规定》

4. 地方性法规、地方政府规章

《山东省水利工程建设管理办法》

5. 安全生产标准（国家 / 行业）

《爆破安全规程》（GB 2722—2011）

《防洪标准》（GB 50201—1994）

《水利水电工程施工组织设计规范》（SL 303—2004）

《水利水电工程锚喷支护技术规范》（SL 377—2007）

《水工建筑物地下开挖工程施工规范》（SL 378—2007）

《水利水电工程施工通用安全技术规程》（SL 398—2007）

《水利水电工程土建施工安全技术规程》（SL 399—2007）

《水利水电工程金属结构与机电设备安装安全技术规程》（SL 400—2007）

《水利水电工程施工作业人员安全操作规程》（SL 401—2007）

（二）法律法规的识别和获取

依法依规治理企业，使一切生产经营活动不违反国家法律法规制度，是对企业的一项基本要求，也是企业安全生产管理的重要理念。因此，识别、获取和贯彻法律法规的工作就成为企业的一项基础性、长期性工作。《水利水电施工企业安全生产标准化评审标准》要求水利水电施工企业建立识别和获取适用的安全生产法律法规、规程规范的管理制度，从制度上保证企业能及时掌握有效的安全生产法律法规、标准规范及其要求。

该制度的主要内容应包括：

1. 明确识别、获取、评审、更新安全生产法律法规、规程规范及其他要求的部门和人员及其职责、周期、方式等。

2. 明确范围，包括有关安全生产的法律法规、部门规章、地方法规、国家和行业标准、规范性文件及其他要求等。

3. 明确有效的获取渠道，如：立法机关、行政执法机关、行业主管机关、安全监管监察部门、行业协会、出版社及发行机构、公共图书馆、服务机构、报纸、杂志、互联网等。

职能部门和基层单位应定期识别、获取适用的安全生产法律法规与其他要求。主管部门每年应发布一次适用的安全生产法律法规、标准规范及其要求清单。

企业应及时向员工传达适用的安全生产法律法规、标准规范及其要求，结合工作需要配发适用的安全生产法律法规、规程规范文件文本（或电子版），不使用失效、过期的法律法规、规程规范。

二、安全规章制度

企业规章制度，又称“企业管理规范”，是企业管理中各种管理条例、章程、制度、标准、办法、守则等的总称。它是用文字形式规定管理活动的内容、程序和方法，既是管理人员履行职责的准则，也是员工的行为规范。企业的安全生产规章制度是国家安全生产法律法规的延伸，是企业规章制度的有机组成部分，是企业安全生产的制度、规范和标准的统称。安全生产规章制度具有：

1. 明确安全生产职责的作用。使各岗位的人员都知道“谁应干什么”或“什么事情应该由谁来干”，有利于各司其职，各尽其责，避免遇到工作相互推诿。

2. 规范安全生产行为的作用。明确各岗位人员履行其安全生产职责时“怎么干”，有利于规范管理人员的管理行为，提高管理的有效性，有利于约束施工人员的作业行为，避免因不安全行为导致安全事故。

3. 建立和维护安全生产秩序的作用。企业明确规定贯彻执行国家安全生产法律法规的具体方法、生产的工艺规程和安全操作规程等安全生产规章制度，使企业能建立起安全生产的秩序。企业制定违章处理制度、事故处理制度、追究不履行安全生产职责责任的制度和安全生产奖惩制度，建立安全生产的制约机制，能有效地制止违章和违纪行为，激励从业人员自觉、严格地遵守国家安全生产法律法规和本企业的安全生产规章制度，有利于企业完善安全生产条件，维护安全生产秩序。

《水利水电施工企业安全生产标准化评审标准》要求水利水电施工企业根据国家安全生产的法律法规、行业规程规范、上级主管部门及地方政府有关安全监督方面的文件，结合本单位的实际，建立、健全安全生产规章制度，使安全生产的各项工作都有章可循。及时将识别、获取的安全生产法律法规与其他要求融入本单位的规章制度中，以便在日常安全生产管理工作中贯彻落实。安全生产管理部门应跟踪安全生产法律法规与其他要求的变化，及时修订完善本企业安全生产规章制度。

水利水电施工企业根据相关法律法规的要求和自身实际需要制定的安全规章制度，至少应包括：安全生产目标管理，安全生产责任制管理，法律法规、标准规范管理，安全投入管理，工伤保险、文件和记录管理，风险评估和控制管理，安全教育培训及持证上岗管理，施工机械和工器具（含特种设备）管理，安全设施和安全标志管理，交通安全管理，消防安全管理，防洪度汛安全管理，脚手架搭设、拆除、使用管理，施工用电安全管理，危险化学品管理，工程分包安全管理，相关方及外用工（单位）安全管理，安全技术（含危险性较大工程和安全技术交底）管理，职业健康管理，劳动防护用品（具）管理，安全检查及隐患排查治理，文明施工管理，安全生产预警预报和应急管理，信息报送及事故调查处理，安全绩效评定管理，安全生产考核奖罚等内容。以上个别内容可以用专项施工方案代替。

制度应做到目的明确、责任落实、流程清晰、标准明确，能够有效规范管理。因此，编制安全生产规章制度需注意以下几点：

（1）与国家的安全法律法规和技术标准保持协调一致，有利于国家安全生产法律法规的贯彻落实。

（2）广泛吸收国内外安全生产管理的经验．并密切结合自身的实际情况，力求使之具有先进性、科学性和可行性。

（3）覆盖安全生产的各个方面，形成体系，不出现死角和漏洞。

（4）遵循“5W2H”的编写原则。“5W2H”能帮助从管理事项的目的、对象、地点、时间、人员和方法进行思考，并寻求解决问题的答案，被广泛应用于企业管理和技术活动，对于制定规章制度非常有帮助，有助于减少编写时的疏漏。“5W2H”即：

① Why——为什么？为什么这么做？原因是什么？理由是什么？

② What——是什么？目的是什么？做什么工作？

③ Where——何处？在哪里做？从哪里人手？

④ When——何时？什么时间完成？什么时机最适宜？

⑤ Who——谁？由谁来承担？谁来完成？谁负责？

⑥ How——怎样做？怎么做？使用什么工具设备做？用什么方法做？

⑦ How much——多少？做到什么程度？数量如何？质量水平如何？费用产出如何？

编写人员的素质和能力是影响规章制度编制质量的重要因素之一。水利水电施工企业可采取“老中青”和“工技管”相结合的方式组建一支精干、高效的编写队伍，形成优势互补，取长补短。老同志经验丰富，年轻人思维活跃，中年人兼而有之。“工”是作业人员，他们对一线生产最了解，有丰富的现场经验；“技”是技术人员，他们对技术要求最清楚，有专业方面的知识；“管”是管理人员，他们擅长组织、协调和沟通，在管理方面有研究。制定严格的编制计划，明确任务、时间、责任人和质量要求，计划必须落实到人，明确谁来负责起草工作，谁来负责组织协调、检查、修改工作，谁来负责文件之间的接口及协调性，按规定的时间节点检查编制进度，落实专人负责将相关文件向有关部门、人员征求意见，以最大程度解决规章制度的可操作性难题，最后进行统稿，以保证内容的协调及体例的统一。

安全规章制度一经颁布，应保持其严肃性和相对的稳定性，不要随意改动，但应根据新情况、新变化及总结的实践经验及时地修改、补充或制定新的安全生产规章制度，以保持其健全和有效。

把规章制度落实在行动上，落实到具体工作中，是制定规章制度的出发点和落脚点。规章制度不能只满足于写在纸上、贴在墙上、挂在嘴上，当成“装饰品”，搞形式主义，做表面文章，应付检查，推卸责任。制度不仅是给人看的，而且是要人去记、去理解、去落实的。企业应采取印发员工安全生产手册、制作宣传栏、印发文件和学习材料、组织集中学习培训等多种形式，加强对有关安全生产规章制度的宣传教育，让每位员工都知道做什么工作，为什么要这么做，违规的成本是什么。

三、安全操作规程

规程是在生产活动中，为消除能导致人身伤亡或造成设备、财产破坏以及危害环境的因素而制定的，是对工艺、操作、安装、检测、安全、管理等具体技术要求和实施程序所作的统一规定。如电气安全技术、建筑施工规程、危险场所作业的安全操作规程等。

根据各个岗位生产特点，在充分识别、评价岗位存在的安全风险、危险有害因素，有针对性地提出控制措施的基础上，编制岗位安全操作规程，规范从业人员的操作行为。岗位安全操作规程可以组织熟悉岗位作业的操作人员和专业技术人员，按照作业前、作业中、作业后的作业顺序中存在的安全风险进行编制。操作规程的制定可以参照规章制度的流程和要求。涉及安全技术标准、安全操作规程等的起草工作，还应查阅设备制造厂的说明书等。

《水利水电工程施工通用安全技术规程》（SL 398—2007）、《水利水电工程土建施工安全技术规程》（SL 399—2007）、《水利水电工程金属结构与机电设备安装安全技术规程》（SL 400—2007）、《水利水电工程施工作业人员安全操作规程》（SL 401—2007）等四个规程规定了水利水电工程施工的基本安全技术要求，是水利水电施工企业管理和操作人员必须学习掌握的基本内容。

安全操作规程应发放到相关班组、岗位人员，方便员工掌握和执行，要对员工进行培训和考核。确保参加水利水电工程施工的作业人员熟练掌握本专业工种的安全技术要求，严格遵守本工种的安全操作规程，熟悉、掌握和遵守配合作业的相关工种安全操作规程。

四、检查评估与修订

为确保水利水电施工企业采用的安全生产法律法规，引用的规程规范，制定的规章制度和操作规程合规、适用，符合《评审标准》规定，企业每年至少组织一次安全生产法律法规、规程规范、规章制度、操作规程的全面、系统检查评价。通过检查评价，了解执行过程的各种信息，及时采用新颁布的和新修订的法律法规、规程规范，及时发现违法违规问题和管理缺陷，及时整改，实现持续改进的目的。

检查评价可以单独进行，也可以与其他检查评价工作共同进行。企业可以自行组织检查评价，也可以聘请有关专业技术咨询中介机构或专家进行。检查评价工作要规范化、制度化，形成检查评价报告，明确相关整改项目、措施、责任主体和时间要求。

企业应根据评估情况、安全检查反馈的问题、生产安全事故案例、绩效评定结果等，对安全生产管理规章制度和操作规程进行修订，确保其有效和适用，保证每个岗位所使用的为最新有效版本。

水利水电施工企业规章制度和操作规程要做到与时俱进，必须进行经常性的修订、完善工作。一般发生以下情况时要及时修订相应的规章制度、操作规程：

1. 评估结果确认需要修订时。

2. 施工机械设备更新换代时。

3. 安全检查反馈的问题系因规章制度、操作规程产生时。

4. 借鉴相关事故教训认为需要修订时。

5. 在安全生产绩效评定后，根据规章制度、操作规程的适宜性、充分性、有效性的绩效评定情况，以及安全生产目标、指标完成情况等绩效评定结果，判断需要修订时。

6. 国家以及所在地的法律法规、标准有新要求时。

7. 掌握到国际、国内先进的安全管理理论和方法时。

因此，水利水电施工企业不但要重视保持安全生产管理规章制度和操作规程的严肃性和相对稳定性，避免朝令夕改，更要注重与时俱进，确保它的有效性、先进性和合法合规性。

实践是检验真理的唯一标准。评估结果、安全绩效、检查反馈和事故教训等是评判规章制度和操作规程有效适用的重要途径，发现问题，必须进行及时修订。

随着国家对安全生产要求的不断提高，有关安全生产的法律法规、标准等不断完善更新，企业应及时调整应对，避免“违法不知”，带来不必要的影响和后果。

新的安全管理理论和管理工具的出现，如安全生产风险防范和控制理论、方法的不断完善和创新，尤其是安全系统工程理论研究的不断深化，为水利水电施工企业健全、完善安全生产规章制度和操作规程提供了职业健康安全管理体系、风险评估、安全性评价体系等多种手段和途径。

最后要注意的是，把修订的安全生产管理规章制度和操作规程作为最新的有效文件及时发放到有关岗位，收回废止的版本，以免造成混乱。

第二节　水利水电工程项目的安全生产目标

一、目标制定

安全科学理论体系的发展经历了三个具有代表性的阶段：20 世纪 50 年代前的事故学理论；20 世纪 50 年代到 80 年代的危险分析与风险控制理论；20 世纪 90 年代后的现代安全科学原理。

目标管理理论是安全科学理论体系的有机组成部分，已经在安全生产管理中被长期应用。“目标管理”的概念是管理专家彼得·德鲁克（Peter F.Drucker）1904 年在其名著《管理实践》中最先提出的，其后他又提出“目标管理和自我控制”的主张。德鲁克认为，并不是有了工作才有目标，而是相反，有了目标才能确定每个人的工作。“企业的使命和任务，必须转化为目标”。如果一个领域没有目标，这个领域的工作必然被忽视。因此管理者应该通过目标对下级进行管理，当组织的最高层管理者确定了组织目标后，必须对其进行有效分解，转变成各个部门以及个人的分目标，管理者根据分目标的完成情况对下级进行考核、评价和奖惩。

目标管理的具体形式各种各样，但其基本内容是一样的。所谓目标管理乃是一种程序或过程，它使组织中的上级和下级一起协商，目标的实现者同时也是目标制定的参与者。根据组织的使命确定一定时期内组织的总目标，然后对总目标进行分解，由此决定上、下级的责任和分目标，并把这些目标作为组织检查、评估和奖励每个单位和个人贡献的标准。

在目标实施阶段，要充分信任基层人员，实行权力下放和民主协商，使下级人员进行自我控制，独立自主地完成各自的任务，实现各自的目标。成果评价和奖励也必须严格按照每个岗位的目标任务完成情况和实际成果大小来进行，以激励其工作热情，发挥其主动性和创造性。

安全生产目标能够使水利水电施工企业各级领导及从业人员明确要重点防范的生产安全事故或安全生产工作的努力方向，有利于统一思想、统一调动企业的管理和技术资源。安全生产目标也是水利水电施工企业向社会及从业人员做出的承诺，是履行社会责任的一种重要行为。它可以使企业的各职能部门和各级人员，更加自觉地履行安全生产责任，落实各项安全生产工作。

为了对安全生产目标进行有效管理，《评审标准》要求水利水电施工企业应根据自身的实际情况，制定文件化的、正式颁发的安全生产目标的管理制度，使安全生产目标的管理工作有章可循。该管理制度中，应明确目标与指标的制定、分解、实施、考核等环节的内容和相应的责任部门。安全生产目标与指标的制定、分解、实施和考核一般由安全生产委员会负责，具体工作由安全生产委员会办公室来完成。

安全生产目标包括总目标和年度安全生产目标。水利水电施工企业首先应结合自身实际情况，对安全生产工作进行总体策，提出中长期安全工作规划和安全生产总目标，进而依据该规划和总目标，进一步制定出具体、明确、可衡量、可实现、有时间表的年度目标和年度安全工作计划。

安全生产工作目标的表述一般有三种形式，在具体使用时应根据具体情况，采用一种或几种形式并用。一是绝对数，如杜绝人身伤亡事故；二是相对数，如较大事故起数下降30% 以上；三是远景描述，如达到或接近发达国家同类企业水平等。安全生产短期目标则必须根据安全管理的实际、隐患排查治理的需要，有针对性地制定。

通常，水利水电施工企业安全生产目标应包括各类事故控制目标（含人员伤亡、机械设备安全、交通安全、火灾事故及职业病等控制目标）、安全生产隐患治理目标，以及安全生产管理目标，以防止事故灾害和财产损失，保障人身安全与健康。

例如，某单位年度安全生产管理指标如下：

1. 隐患治理计划完成率达到 95% 以上。

2. 在用装备和器具注册率、登记率、定检率均达到 100%。

3. 重大事故结案率达到 100%。

4. 特殊工种持证上岗率达到 100%，定期复培率达到 100%。

5. 新、改、扩建设项目“三同时”审查验收率达到 100%。

6. 消防工作达标率达到 70% 以上。

水利水电施工企业制定安全生产目标应体现以下要点：

1. 贯彻国家安全生产法律法规、方针政策以及上级有关安全生产的要求，坚持“以人为本、安全发展”的原则。

2. 紧密结合企业性质、生产经营规模、战略目标和安全生产风险情况。

3. 根据企业经济、技术状况，既要保证经济、技术可行，又不能过高或过低。

4. 紧密结合企业的安全生产管理状况，以及本单位和其他施工单位的事故教训。

具体制定水利水电施工企业安全目标和安全工作计划时可按“SMART”原则进行，即：

（1）S（Specific）：目标计划必须具体、明确，尽可能量化为具体数据。

（2）M（Measurable）：目标计划必须是可衡量的，要把目标转化为指标，以便于评价。

（3）A（Attainable）：目标计划必须是可实现的，根据企业的资源条件来设计目标，使目标是可以实现的。

（4）R（Realistic）：目标计划必须是现实可行的，各项目标之间有关联，相互支持，符合实际。

（5）T（Timebound）：目标计划必须有完成时间期限，各项目标要订出明确的完成时间或日期，便于监控评价。

无论是安全生产总目标，还是年度安全生产目标与指标，均应以企业最高行政文件的形式下发给各基层单位和职能部门。

二、目标落实

《评审标准》要求水利水电施工企业按所属基层单位和部门在安全生产中的职能，以及可能面临的风险大小，分解落实年度安全生产目标任务，逐级落实到班组和岗位，形成安全生产指标，作为上级安全生产工作目标实现的必要保证。各基层单位和部门的目标要围绕企业的总体目标，按照本单位管辖范围和部门职能分工来制定。基层单位和部门制定目标时间样可以适用SMART原则，使目标有可操作性，做到上下贯通，相互协调。分解的目标应能确保年度安全生产目标的实现。分解到各个基层单位和部门的年度安全生产目标与指标，均应以企业最高行政文件的形式下发给各基层单位和职能部门。

逐级签订安全生产目标责任书是落实目标管理的一个重要途径。所属基层单位和部门应根据签订的目标责任书，对照各自的安全生产职责，制定实现目标的组织、技术等保证措施，并将这些措施落实到年度、月度计划中执行。

三、目标监控与考核

《评审标准》明确水利水电施工企业主管部门和分解部门均应按照制度规定，组织所属基层单位和部门根据企业工程特点，结合专项安全检查和例行检查，对安全生产工作年度和月度目标计划执行情况进行检查，对保证措施的效果进行评估，从而实现对安全生产目标落实情况的跟踪检查和监督。这样的监督、检查须覆盖每个基层单位和部门，并做好记录。如在检查中发现偏离，应及时采取措施纠偏，需要时可以调整安全生产目标实施计划。

水利水电施工企业安全生产管理部门对年度安全生产目标的实现情况进行监督控制，定期评估、考核，一般为半年。评估、考核应全面、明确和严格。其中，对工期不满一年的项目的安全目标可根据项目进展进行适时考核，对阶段性工作目标亦可进行阶段性考核

（如季度、月度考核）。评估、考核发现目标与当前企业实际情况不符合时，应对目标进行及时的调整，制定出新的目标。年终须对安全生产目标的完成效果进行考核和奖惩，该考核和奖惩应覆盖所有涉及的单位，并建立考核、奖惩记录。考核的结果可通过发布会、公告或简报等形式公布。

第三节 水利水电工程项目的安全生产投入

一、安全生产费用管理

现代安全管理的核心任务是运用安全技术解决物的不安全状态，运用安全教育解决人的不安全行为，运用安全管理手段协调人和物的关系。而这三者都是以财务资源的投入来作基础并提供保障的，离开了财务保障，现代安全管理就成了无源之水，无本之木。

水利水电施工企业在工程项目施工中，进行必要的安全投入与提高经济效益是对立统一的，三者有着不可分割的联系。企业为了获得较好的经济效益，就必须注重安全，给予必要的资金投入，以避免或减少事故的发生。安全效益是企业经济效益的重要组成部分，有其自身的特点，即间接性、滞后性、长效性、复杂性，是隐性效益，但它往往是通过减少事故的损失表现出来的。一个企业安全工作搞得好，没有事故发生，也就没有发生损失性费用，这项没有发生的损失费用，实质上就是安全部门创造的效益和前期安全投入的回报。因此，适当的安全投入实现安全生产是企业获取经济效益的基本条件或基本保证。

《安全生产法》《建设工程安全生产管理条例》（国务院令第 393 号）等法规都明确了企业保障安全生产费用的责任。

《评审标准》要求水利水电施工企业制定安全生产费用保障制度，在该制度中明确安全生产费用提取、使用、管理的程序、职责及权限。

水利水电施工企业应根据安全生产需要，按《企业安全生产费用提取和使用管理办法》（财企〔2012〕16 号）规定，在编制投标文件时应将安全生产费用列入工程造价，按标准提取安全生产费用，按规定的使用范围，编制安全生产费用计划，严格履行审批程序，安排安全生产资金。同时建立安全生产费用使用台账，记录安全生产费用使用情况。

二、安全费用使用

安全生产费用按照“企业提取、政府监管、确保需要、规范使用”的原则进行管理。

《评审标准》强调水利水电施工企业应按照《企业安全生产费用提取和使用管理办法》（财企〔2012〕16 号）第十九条规定的建设工程施工企业安全费用使用范围使用安全生产费用，具体落实安全生产费用使用计划，保证专户核算，专款专用，不得挪作他用。

年度结余的部分，下年度可以继续安排使用。当年计提的安全费用不足时，超出的部分可以按正常成本费用渠道列支。

企业财务部门、安全生产监督管理部门和有关行业主管部门对安全费用提取、使用和管理负有监督检查的责任。每年对安全生产费用计划的落实情况进行检查、总结和考核（包括工期不足一年的工程项目安全费用使用情况）。在年度财务会计报告或其他工作文件中，企业应当披露安全费用提取和使用的具体情况。企业年度安全费用使用计划和上一年安全费用的提取、使用情况按照管理权限报有关部门备案，同时须接受安全生产监督管理部门和财政部门的监督检查。

第四节　教育培训管理

一、教育培训管理

海因里希的工业安全理论认为，人的不安全行为、物的不安全状态是事故发生的直接原因，企业事故预防工作的中心就是消除人的不安全行为和物的不安全状态。海因里希的研究说明，大多数的工业伤害事故都是由人的不安全行为引起的。即使一些工业伤害事故是由物的不安全状态引起的，但物的不安全状态的产生也是由人的缺点、错误造成的。从这种认识出发，海因里希进一步推究事故发生的根本原因，认为人的缺点来源于遗传因素和成长的社会环境。

开展安全教育培训工作的根本目的是帮助人们树立科学的安全理念，培养正确的安全意识，匡正人的不安全行为。安全教育培训是现代安全管理的有机组成部分和重要手段，对安全生产起着关键性的作用。安全教育培训是企业一项经常性的基础工作，其要求是企业对内部各类人员，进行有计划、有步骤、有针对性的安全生产政策法规、安全信息、安全文化、安全技术、操作技能等方面的教育培训。通过施加和强化安全教育培训，把安全政策法规与安全行为准则的要求转化为员工的自觉行为。

《评审标准》要求水利水电施工企业认真履行企业安全培训主体责任，建立安全教育培训管理制度，明确安全教育培训的主管部门、对象与内容、组织与管理、检查与评估等要求。

水利水电施工企业安全教育培训的主管部门应根据安全生产法律法规、标准规范等要求，以及企业安全生产目标、岗位要求，结合从业人员文化水平、安全意识、安全知识、安全技能等现状，定期分析提出企业主要负责人、项目负责人、专职安全生产管理人员及其他管理人员，特种作业人员，新进单位人员，离岗后重新上岗人员，变换工种人员的安全教育培训需求，这是增强教育培训工作针对性、实效性的基础。

根据培训需求，制订教育培训方案、培训大纲和培训计划，确立全员培训的目标，将企业年度安全教育培训计划纳入本企业的年度工作计划，并保证必要的教育培训场地、教材、教师、设备设施和经费等资源。教育培训所需资金纳入企业教育培训经费预算予以保证。

按照培训计划有效地进行安全培训，未经安全培训或培训考试不合格的员工，不得上岗作业。水利水电施工企业安全教育培训分为内部自行组织的适应性教育培训和外部强制要求的教育培训，两类教育培训都强调企业要做好教育培训的效果评估工作。安全教育培训实施的情况是安全生产检查的重要内容之一，应定期检查。企业制定培训效果评估方案时，可结合检查结果，对培训效果进行评估。根据评估结果对培训内容、培训方式等不断进行改进，确保培训的质量和效果。

企业安全教育培训部门应建立安全教育培训记录、档案，建立从业人员安全培训档案，详细、准确地记录教育培训的内容、时间、考试成绩和从业人员培训考核情况，并做好申报、培训、考核、复审的组织工作、日常的检查工作以及档案管理工作。

二、安全管理人员教育培训

水利水电施工行业以项目为单元来组织生产力，属于资质等级许可行业，其安全生产管理人员主要由企业主要负责人、项目负责人、专职安全生产管理人员三部分人员组成。

按照法规规定，水利水电施工企业主要负责人必须全面负责本单位的安全生产工作。

项目负责人应当由取得相应执业资格的人员担任，对建设工程项目的安全施工负责，落实安全生产责任制度、安全生产规章制度和操作规程，确保安全生产费用的有效使用，并根据工程的特点组织制定安全施工措施，消除安全事故隐患，及时、如实报告生产安全事故。

专职安全生产管理人员负责对安全生产进行现场监督检查。发现安全事故隐患，应当及时向项目负责人和安全生产管理机构报告；对违章指挥、违章操作的，应当立即制止。

这些人员在企业安全生产管理工作中承担着重要责任，他们的安全素质高低直接影响到企业安全绩效的好坏。因此，必须十分重视对他们的安全生产知识技能培训，使其具备与本职岗位相适应的安全生产知识；提升他们的安全生产管理能力，使其具有领导安全生产管理工作和处理生产安全事故的能力。水行政主管部门对这"三类人员"实行考核上岗制度，考核合格后才能持证上岗，在证书有效期内，企业必须每年对"三类人员"进行一次内部教育培训，并参加一次水行政主管部门组织的外部培训。

在培训内容要求方面，强调企业主要负责人要熟悉国家有关安全生产的法律、法规、规章以及方针政策，要对本单位所从事的生产经营活动所必需的安全知识有一定的了解，并能够较好地组织和领导本单位的安全生产工作；而对安全生产管理人员则强调要具体、深入地掌握本单位生产经营活动所必需的安全生产知识，并能够熟练地在安全生产管理工作中运用，同时了解必要的安全生产的法律、法规、规章以及方针政策。

按照《国务院安委会关于进一步加强安全培训工作的决定》（安委〔2012〕10号）最新精神，水利水电施工企业主要负责人和专职安全生产管理人员初次安全培训时间不得少于32学时，每年再培训时间不得少于20学时。

三、岗位操作人员教育培训

按照法规要求，企业应当对操作岗位人员进行安全教育和技能培训，保证其具备本岗位安全操作、自救互救以及应急处置所需的知识和技能后，方能安排上岗作业。

（一）新进员工上岗培训

大量的事故资料表明，新进的员工由于普遍存在着安全知识少、素质低、意识差、技能缺、防止和处理事故隐患及紧急情况的能力不足等问题，最容易发生生产安全事故。为此，必须在新员工上岗前对其进行公司（局）、基层单位（部门）、班组三级安全教育培训，培训时间不少于24学时。保证从业人员具备必需的安全生产知识，熟悉有关的安全生产规章制度和安全操作规程，掌握本岗位的安全操作技能。未经安全生产教育和培训合格的从业人员，不得上岗作业。

1. 公司（局）安全培训内容主要包括：国家有关安全生产的方针、法律、法规、标准、规程，现代安全管理知识，生产安全基本知识，本企业安全生产规章制度和历史经验教训，从业人员安全生产权利和义务等。

2. 基层单位（部门）岗前安全培训内容应当包括：本单位（部门）安全规章制度和劳动纪律，工作环境、主要危险因素及安全事项，所从事工种可能遭受的职业伤害和伤亡事故，所从事工种的安全职责、操作技能及强制性标准，自救互救、急救方法、疏散和现场紧急情况的处理，安全设备设施、个人防护用品的使用和维护，预防工作事故和职业病的主要措施，预防事故和职业危害的措施及应注意的安全事项，应急预案，有关事故案例等。

3. 班组安全教育内容主要包括：本岗位的安全生产职责，安全知识和技能，岗位安全操作规程，工作标准，岗位之间工作衔接配合的安全与职业卫生事项，劳动防护用具的性能及使用方法，现场紧急救护措施，典型事故案例等。

（二）新工艺、新技术、新材料和新装备应用前培训

随着科技进步、先进技术和先进设备的增加，越来越多的新工艺、新技术、新材料和新设备被广泛应用，但如果对所采用的新工艺、新技术、新材料和使用的新设备的了解与认识不足，对其安全技术性能掌握得不充分，或者没有采取有效的安全防护措施，不对从业人员进行专门的安全生产教育和培训，这些新工艺、新技术、新材料和新设备就可能成为导致事故的重大安全隐患。因此，生产经营单位水利水电施工企业在新工艺、新技术、新材料、新装备投入使用前，应在组织编制新的安全操作规程的基础上，对从业人员进行专门的安全生产教育和培训，经考核合格后方可上岗操作，保证从业人员了解、掌握其安全技术特性、防护措施等，并能够在工作中加以运用。

（三）重新上岗人员培训

对转岗以及离岗一年以上重新上岗的操作岗位人员，要重新进行基层单位（部门）、班组两级安全教育培训，并经考核合格后方可上岗工作。

（四）特种作业人员培训

由于特种作业人员（特种设备作业人员）所从事的工作，在安全程度上与单位内其他岗位操作人员的工作有较大差别，他们在工作中接触的危险因素较多，危险性较大，很容易发生生产安全事故。一旦发生事故，不仅对作业人员自身的生命安全造成危害，而且会对其他作业人员乃至人民群众的生命和财产安全造成威胁。因此，特种作业人员（特种设备作业人员）必须经过专门安全培训，并经有关主管部门考核合格，取得相应的证书后，方可上岗作业。

取得特种作业操作证和特种设备作业人员证的人员，应按照规定参加复审培训，未按期复审或复审不合格的人员，不得从事特种作业。

1. 根据《安全生产法》等有关规定，特种作业人员和特种设备作业人员的考核发证是分行业管理的：

（1）工矿商贸行业的特种作业人员培训、考核及发证工作由安全生产监督管理部门负责。

（2）特种设备作业人员培训、考核及发证工作由质量技术监督部门负责。

（3）建筑行业特种作业人员培训、考核及发证工作由建设行政主管部门负责。

（4）行驶于城市街道和公路的各类机动车辆驾驶人员和爆破作业人员培训、考核及

发证工作由公安部门负责。

（5）水上作业人员培训、考核及发证工作由海事部门负责。

2. 水利水电工程施工涉及的特种作业（特种设备作业人员）主要包括：

（1）电工作业：电气安装、维修、维护等。

（2）金属焊接切割作业：电焊、气割、气焊。

（3）起重机械作业：门式、塔式、桥式、缆索起重机，其他移动起重机作业与安装、拆除、维修；施工升降机、电梯作业、安装、拆除与维修；起重指挥、司索等。

（4）厂内机动车辆驾驶：场内运输汽车、轨道机车、铲车、叉车、推土机、装载机、挖掘机、压路机、电瓶车、翻斗车等作业。

（5）登高架设及高空悬挂作业：各种排架、平台、技桥的架设、拆除；外墙、坝面清理、装修；悬挂设备安装、维修。

（6）制冷作业：制冷设备操作、安装、拆除与维修。

（7）锅炉作业：司炉、维修、水质化验。

（8）压力容器操作：空压设备，氧气、乙炔站设备操作、维修等。

（9）爆破作业：爆破器材运输、储存、加工、使用。

（10）金属探伤先检测作业：射线、超声波探伤。

（11）水上作业：轮机驾驶、水手。

（12）其他国家或省级政府有关部门明确的特种作业。

（五）培训方式

安全生产教育培训不能一劳永逸，必须经常不断地进行。经过安全生产教育培训已经掌握了的知识、技能，如果不经常使用，可能会逐渐淡忘；对事故预防绷起的弦，随着时间推移会逐渐松弛，安全生产意识会渐渐淡薄；在生产任务紧张的情势下，安全行为也会发生变化；另外，随着安全生产技术进步，生产条件变化，不断会有新的安全生产知识、技能需要掌握。因此，企业必须实施全员复训和开展经常性的安全教育。每年对在岗的作业人员进行这种安全教育不少于 12 学时。

企业可经常以岗位技术竞赛、练兵等方式，组织作业人员进行基本功训练，提高其安全意识和安全技能。企业也可将内、外部的典型事故案例编成教材，及时对员工进行安全教育培训。

点滴教育（One Point Lesson，OPL）也是一种不错的教育方式，可以运用到施工一线的安全教育中。OPL 的特点是“四随”（随对、随处、随人、随事），即在任何时间、对任何问题、由任何人、采用任何方式、在任何地点进行培训，便于在工作过程中实施，可以结合班前班后会进行，时间也以不超过 10 min 为宜。

企业也可运用录像、幻灯、电视、计算机网络、广播、板报、实物、图片展览，以及安全知识考试、演讲、竞赛等多种形式宣传普及安全生产知识，进行有针对性和形象化的培训教育，提高员工的安全意识和自我防护能力。培训结束后，需要时可组织培训人员进行考试，对培训是否按计划完成、合格率是否达到预期效果和参加培训人员所掌握的知识、技能是否得到提高等进行评价。

对违反规章制度造成事故、障碍和严重未遂事故的责任者，除按有关规定处理外，还应责成其学习有关规章制度，并经考试合格后才能重新上岗工作。对重复发生“违章、麻痹、不负责任”行为的人员，必须进行有针对性的专门教育。

四、其他人员教育培训

水利水电施工企业要依法承担对相关方作业人员的安全教育培训。由于水利水电施工的环境较差，施工人员复杂，施工生产流动性强，使得工程施工的整体过程中潜在的危险因素很多。施工现场安全管理成为水利水电施工企业安全管理的重中之重。当前水利水电施工企业操作员工空洞化相当严重，工程建设项目分包、劳务分包十分普遍，而这些外协施工队伍的操作人员多由农民工来承担，他们的安全知识和技能相对较低，难以适应工作的要求。因此，必须将外协施工队伍的安全生产教育培训纳入本单位安全教育培训计划，督促分包单位对员工按照规定进行安全生产教育培训，经考核合格后方允许进入施工现场；需持证上岗的岗位，不安排无证人员上岗作业。

为保障外来人员（包括访问者、供货方等相关人员）人身安全、健康和施工现场安全，水利水电施工企业要指派安全生产管理部门和接待部门共同对外来参观、学习等人员进行安全教育和告知，使外来人员熟悉施工现场的安全要求、地理环境、可能接触到的危害及应急知识等。外来人员进入作业现场前，应根据其实际情况和可能接触到的施工范围、现场环境实施不同的安全教育培训。

五、安全文化建设

企业安全文化是企业在生产经营过程中逐步形成、凝结起来的一种文化氛围，是企业全体员工的安全观念、安全意识、安全态度，是员工对生命安全和健康价值的理解和领会，以及所认同的安全原则和接受的安全生产或安全生活的行为方式。

企业安全文化建设以提高企业全员的安全素质为主要任务，通过创造一种良好的安全人文氛围和协调的人、环关系，对人的观念、意识、态度、行为等形成从无到有的影响，逐步形成全体员工所认同并遵守的，带有本企业价值观、愿景、宗旨的安全理念，引导全体从业人员养成好的安全行为习惯，树立良好的安全态度，从而对人的不安全行为产生控制作用，达到减少人为事故的效果。

水利水电施工企业要围绕以下四个核心内容开展安全文化建设：

1. 构建安全文化理念体系，提高职工安全文化素质。

2. 构建安全文化制度体系，把安全文化融入企业管理全过程。

3. 构建安全文化行为体系，培养良好的安全行为规范。

4. 构建安全文化物质体系，创造良好的工作环境。

企业安全文化建设基本要素的主要工作包括：

1. 安全承诺：建立安全价值观、安全愿景、安全使命和安全目标等。

2. 行为规范与程序：建立清晰界定的组织结构、安全职责体系和必要的程序，有效整治与安全相关的所有活动和全体员工的行为。

3. 安全行为激励：建立激励机制，运用奖罚（正负激励）措施推动安全生产工作。

4. 安全信息传播与沟通：综合利用各种传播途径和方式，有效传播安全信息，确保企业与政府监管机构和相关方、各级管理者与员工、员工相互之间的沟通。

5. 自主学习与改进：建立有效的安全学习模式，使企业的安全绩效得到持续改进。

6. 安全事务参与：让员工和分包方参与安全事务，使其对安全做出贡献。

7. 审核与评估：对自身安全文化建设情况进行定期的全面审核与评估，以便给予及时的控制和改进。

8. 推进与保障：由企业负责人组织制定推动本企业安全文化建设的长期规划和阶段性计划，并提供充分的资源与必要的保障条件。

安全文化建设的载体包括：

1. 文学艺术，如安全文艺、安全文学等。

2. 宣传教育，如编写企业文化宣讲材料，对安全法律法规、方针、目标的宣传，对事故及防范措施的宣传教育等。

3. 科学技术，如安全科学的普及，发展安全科学技术。

4. 管理，如采用行政管理手段、法制管理手段、经济管理手段等，推行现代的安全管理模式。

5. 安全文化活动，如安全生产月（周）活动、安全文艺晚会、安全电视节目、安全表彰会、安全技能演练活动、安全宣传活动、安全文化知识竞赛、安全建议征集活动等。

《评审标准》强调水利水电施工企业要把安全文化建设当成一项长期的系统工程，领导重视，广泛宣传，全员参与，精心策划，有序推进。企业的主要领导须亲自参加安全活动，精心组织制定并落实企业文化建设规划和计划，要广泛宣传、普及企业文化基本知识，使员工对企业安全文化基本知识及核心理念有基本的了解、掌握，要对企业安全文化建设工作的经验及时总结推广，从而形成全体员工所认同、共同遵守、带有企业特点的安全价值观，形成安全自我约束机制。

第五节 职业健康管理

一、职业健康管理

（一）职业健康管理内容

《评审标准》要求水利水电施工企业建立职业健康管理制度；明确职业危害的监测、评价和控制的职责和要求，对施工生产过程中的职业危害因素进行识别，并采取有效措施，以预防、控制和消除职业健康风险。具体内容包括：

1. 设置职业健康管理机构，明确各有关人员、部门（基层单位）的职业健康工作责任。

2. 做好职业危害告知、申报工作。

3. 对职业危害因素进行监测。

4. 进行职业健康宣传教育培训。

5. 实施职业危害防治管理：对存在职业危害的岗位用工管理；对存在职业危害的作业，制定并执行操作规程；防护设施管理；防护用品管理；在存在职业危害的岗位、设备和场所配备警示标识。

6. 针对可能发生的职业病危害事故制定应急预案。

7. 职业健康检查。

8. 职业病患者的医治和补偿。

9. 员工保险。

10. 职业健康档案和员工职业健康监护档案等。

（二）提供符合要求的工作环境和条件

为员工创造健康、安全、有效率的工作环境，提供适当的工作条件是做好职业健康管理的一项重要工作内容。水利水电施工企业应对工作场所职业病危害因素进行分析及评价，对职业健康工作进行策划，为从业人员提供符合职业卫生标准和职业健康要求的工作环境和条件。

1. 生产布局合理，符合有害与无害作业分开的原则。

2. 在工作场所设置预防、控制或消除职业危害的设施，对职业健康保护设施的管理与生产设备、安全设施相似，需对其购置、安装、验收、运行、维护等工作进行有效管理。

3. 在工作场所配备职业健康保护工具和用品，对职业健康保护工具和用品采购、验收、保管、发放、使用、维修、检验等工作进行有效控制。

4. 在施工生产中，为从业人员提供防护用品，对防护用品的采购、验收、保管、发放、使用、维修、检验等工作进行有效控制。水利水电施工企业应根据职业危害因素情况制定防护用品配置标准，为员工配备相适应的劳动防护用品，教育并监督作业人员按照规定正确佩戴、使用个人劳动防护用品。

企业应制订职业危害场所检测计划，定期对职业危害场所进行检测，在检测点设置标识牌，将职业危害因素日常监测、检测及评价结果予以公告，以便员工知晓。同时，建立健全职业危害因素检测、监测、评价档案，使工作场所有害因素的强度或者浓度符合国家职业卫生标准，照明、安全距离等符合国家标准规定。例如，砂石料生产系统、混凝土生产系统、钻孔作业、洞室作业等场所的粉尘、噪声、毒物指标符合有关标准的规定。

企业应制订职业卫生健康检查计划，安排相关岗位人员进行职业健康检查。职业健康检查包括上岗前职业健康检查、在岗期间职业健康检查、离岗时的职业健康检查。职业健康检查结果提交相关部门，同时将每人的检查结果通知其本人。发现职业病的，要及时按规定给予治疗、疗养。在用工中，对存在职业危害的岗位，不得使用患有职业禁忌证的员工；如有使用的，应及时调整到合适岗位。

为了确保职业健康管理制度的落实，企业应定期或不定期地对各基层单位（部门）执行情况进行监督、检查、指导，建立健全职业卫生档案和员工健康监护（包括上岗前、岗中和离岗前）档案。

二、职业危害告知和警示

根据相关法律法规规定，水利水电施工企业应强化劳动用工管理，履行对从业人员的职业危害告知义务。与从业人员订立劳动合同时，应将作业过程中可能产生的职业危害及其后果、防护措施等如实告知从业人员，包括：

1. 劳动过程中可能接触的职业病危害因素的种类、危害程度。

2. 危害后果。

3. 提供的职业病防护设施和个人使用的职业健康防护用品。

4. 工资待遇、岗位津贴和工伤社会保险待遇。

5. 职业健康知识教育培训。

6. 职业病防治规章制度和操作规程等。

相关的信息应在劳动合同中载明。

水利水电施工企业应就职业健康教育培训做出规定。可以在职业健康管理制度中规定职业健康教育培训的内容，也可专门制定职业健康教育培训制度，或者融合在企业安全教育培训制度之中，纳入企业教育培训管理，建立职业健康教育培训档案。

职业健康教育培训包括上岗前、在岗期间的职业健康教育，也包括对承包商、协作方、合作方等相关方进行的职业健康教育等。通过开展形式多样、丰富多彩的职业健康教育，达到宣传贯彻职业健康相关法律法规、标准规范、规章制度、操作规程的目的，使从业人员了解生产过程中的职业危害、预防和应急处理措施，掌握职业病危害因素的预防和控制技能，降低或消除危害。

在存在严重职业危害的作业岗位，设置警示标识和警示说明，警示说明应载明职业危害的种类、后果、预防以及应急救治措施。存在高毒物品、放射性因素等严重职业危害的作业岗位，应按照《工作场所职业病危害警示标识》（GB/Z 158—2003）的规定设置警示标识和警示说明。

三、职业危害申报

企业应遵守《职业病防治法》《作业场所职业危害申报管理办法》等法律法规规定，建立职业危害申报制度，按照《职业病危害因素分类目录》所列职业危害，如实向县级以上安全生产监督管理部门申报，并接受监督。

（一）申报时提交的材料

企业应明确职业危害申报的部门或人员。申报时应当提交：

1.《作业场所职业危害申报表》。

2. 生产经营单位的基本情况。

3. 产生职业危害因素的生产技术、工艺和材料的情况。

4. 作业场所职业危害因素的种类、浓度和强度的情况。

5. 作业场所接触职业危害因素的人数及分布情况。

6. 职业危害防护设施及个人防护用品的配备情况。

7. 对接触职业危害因素从业人员的管理情况。

8. 法律、法规和规章规定的其他资料。

（二）需要申报变更的情形

作业场所职业危害每年申报一次。水利水电施工企业下列事项发生重大变化的，应当向原申报机关申报变更：

1. 进行新建、改建、扩建、技术改造或者技术引进的，在建设项目竣工验收之日起

30 d 内进行申报。

2. 因技术、工艺或者材料发生变化导致原申报的职业危害因素及其相关内容发生重大变化的，在技术、工艺或者材料变化之日起 15 d 内进行申报。

3. 企业名称、法定代表人或者主要负责人发生变化的，从发生变化之日起 15 d 内进行申报。

四、工伤保险

工伤保险即职业伤害保险，是社会保障体系的一部分，是国家用立法强制实施的，为在生产、工作中遭受意外事故或职业病伤害的劳动者及其家属提供医疗服务、生活保障、经济补偿等物质帮助的一项制度。实行工伤保险的基本目的在于防止工伤事故，补偿职业伤害带来的经济损失，保障工伤职工及其家属的基本生活水准，减轻企业负担，同时保障社会经济秩序的稳定。

为了最大限度地降低企业和员工的工伤事故风险，保障因工作遭受事故伤害或者患职业病的劳动者获得医疗救治和经济补偿，促进工伤和职业病康复，水利水电施工企业应当遵守有关安全生产和职业病防治的法律法规，执行《工伤保险条例》（国务院令第 586 号）的规定，依法参加工伤社会保险、意外伤害保险，按规定及时、足额为从业人员缴纳保险费。

企业应明确从业人员投保、事故救护治疗、报险和获得工伤补助等保险工作的办理程序，制定企业工伤补助及陪护标准，按照要求进行工伤认定和劳动能力鉴定，帮助受伤员工及时获得相应的保险待遇（就医、转院医治、陪护及出院后保险理赔、评残、安置、复工等）。

参考文献

[1] 卜贵贤 . 水利水电工程施工组织与造价 [M]. 咸阳：西北农林科技大学出版社，2014.

[2] 钟汉华 . 水利水电工程造价 [M]. 北京：中国水利水电出版社，2015.

[3] 李春生，胡建祥 . 水利工程造价编制实训 [M]. 郑州：黄河水利出版社，2012.

[4] 杨光煦 . 水利水电工程施工组织设计发展 [M]. 北京：人民长江出版社，2013.

[5] 韦志立 . 建设监理概论 [M]. 北京：中国水利水电出版社，2014.

[6] 袁光裕 . 水利工程施工 [M]. 北京：中国水利水电出版社，2015.

[7] 陈全会，王修贵 . 水利水电工程定额与概预算 [M]. 北京：中国水利水电出版社，2012.

[8] 刘士贤 . 建设项目进度控制 [M]. 北京：中国水利水电出版社，2015.

[9] 周克己 . 水利水电工程施工组织与管理 [M]. 北京：中国水利水电出版社，2014.

[10] 魏璇 . 水利水电工程施工组织设计指南（上、下册）[M]. 北京：中国水利水电出版社，2013.

[11] 曹吉鸣，徐伟 . 网络计划技术与施工组织设计 [M]. 上海：同济大学出版社，2014.

[12] 陈新元 . 水力发电工程概预算 [M]. 北京：中国水利水电出版社，2015.

[13] 梁建林 . 水利水电工程造价与招投标 [M]. 郑州：黄河水利出版社，2013.

[14] 赵香贵 . 建筑施工组织与进度控制 [M]. 北京：金盾出版社，2013.

[15] 张华明，杨正凯 . 建筑施工组织 [M]. 北京：中国电力出版社，2016.

[16] 余群舟，刘元珍 . 建筑工程施工组织与管理 [M]. 北京：北京大学出版社，2015.

[17] 周召梅，徐凤永 . 水利水电工程造价与招投标 [M]. 北京：中国水利水电出版社，2016.

[18] 尹贻林，阎孝砚 . 政府投资项目代建制理论与实务 [M］. 天津：天津大学出版社，2010.

[19] 何伯森 . 国际工程招标与投标 [M]. 北京：中国水利电力出版社，2012.

[20] 梁镇 . 国际工程施工经营管理 [M]. 北京：中国水利电力出版社，2014.

[21] 郑如刚，刘福鉴，水利部外资办公室 . 世界银行贷款水利项目管理 [M]. 北京：中国水利水电出版社，2015.

[22] 李开运 . 建设项目合同管理 [M]. 北京：中国水利水电出版社，2013.

[23] 韦志立，聂相田 . 建设监理概论 [M]. 北京：中国水利水电出版社，2014.

[24] 吴冠仁 . 水利水电工程概预算 [M]. 北京：中国水利水电出版社，2013.
[25] 刘士贤 . 建设项目进度控制 [M]. 北京：中国水利水电出版社，2015.
[26] 石庆尧 . 水利工程质量监督理论与实践指南 [M]. 北京：中国水利水电出版社，2014.
[27] 刘秋常 . 建设项目投资控制 [M].2 版 . 北京：中国水利水电出版社，2013.
[28] 水利部建设与管理总站 . 水利工程建设项目程序管理 [M]. 北京：中国计划出版社，2013.
[29] 聂相田 . 建设项目进度控制 [M]. 北京：中国水利水电出版社，2014.
[30] 徐希进 . 水利工程建设管理 [M]. 徐州：中国矿业大学出版社，2009.
[31] 王东升 . 建设工程质量与安全生产管理 [M]. 徐州：中国矿业大学出版社，2013.